数码摄影全手册

【德】米夏埃尔·海纳曼 著

何 娇 译

中国摄影出版社

China Photographic Publishing House

图书在版编目（CIP）数据

数码摄影全手册／（德）海纳曼（Hennemann,M.）著；
何娇译． —— 北京 ：中国摄影出版社，2015.1
　　ISBN 978-7-5179-0234-8

　　Ⅰ．①数… Ⅱ．①海… ②何… Ⅲ．①数字照相机-
摄影技术-技术手册 Ⅳ．① TB86-62 ② J41-62

中国版本图书馆 CIP 数据核字 (2014) 第 306346 号

- -

北京市版权局著作权合同登记章图字：01-2012-3736 号

数码摄影全手册
作　　者:【德】米夏埃尔·海纳曼
译　　者:何　娇
出 品 人:赵迎新
责任编辑:张　璞　谢建国
版权编辑:黎旭欢
装帧设计:李小兔
出　　版:中国摄影出版社
　　　　　地址:北京市东城区东四十二条 48 号　邮编:100007
　　　　　发行部:010–65136125 65280977
　　　　　网址:www.cpph.com
　　　　　邮箱:distribution@cpph.com
制版印刷:北京地大天成印务有限公司
开　　本:16 开
印　　张:36.5
字　　数:500 千字
印　　数:5000 册
版　　次:2015 年 1 月第 1 版
印　　次:2015 年 1 月第 1 次印刷
ISBN 978-7-5179-0234-8
定　　价:189.00 元

爱的智能不应匮乏，无论个人还是社会，也因此必不可缺。

——塞德希·墨顿·史密斯

内容纲要

迅速地设置相机菜单

数码相机的菜单设置总是被人忽略，本书将向你介绍多种设置技巧，它们能够帮助你改善画质，有效存储，简便拍摄，为你的拍摄增添乐趣。

认识你的数码相机

各种数码相机的性能和定位不同。本书将向你介绍数码相机的核心特性及其工作原理，这些知识有助于你购买新相机，也有助于你拍出更好的照片。

熟悉你手中的镜头

镜头在很大程度上决定了最终照片的质量和画面质感。本书将向你介绍镜头的工作原理，好镜头的标准，如何正确使用广角镜头、远摄镜头等。

用好附件为你的拍摄加分

光有相机、镜头，没有电池和存储卡仍无法拍摄。很多有用的附件都能简化拍摄过程，增添拍摄乐趣，一些特殊摄影题材必须使用特殊附件拍摄。

揭示完美曝光的秘密

别太亮，也别太暗——完美的曝光是好照片的前提。尽管自动拍摄模式已经很出色，但是，你不能因此盲从于相机。你将在本书中读到曝光和测光的相关内容。

如何保证照片的清晰度

相机抖动和对焦错误都会降低照片的清晰度，本书将告诉你：如何避免因抖动和失焦导致的不清晰，同时又利用模糊和虚化拍出好照片。

用好闪光灯为你的主体补光

电子闪光灯体积虽小，但却是摄影中使用最为广泛的光源之一，而且可对闪光灯光线进行有针对性的控制。本书将向你介绍如何使用闪光灯拍出完美的照片。

精巧构图让你的照片更美

完美曝光、绝对清晰的照片未必是好照片，而构图也是成功拍摄的关键所在。本书将为你介绍正确取景、和谐构图以及有效利用形状、色彩和对比的技巧。

有针对性地拍摄不同题材

著名的建筑、重要的家庭节日、期盼已久的假日旅行——很多时候，你都会用到相机。本书将向你介绍不同摄影题材的专门拍摄技巧。

电脑后期处理和影像存档

对数码摄影而言，直接用相机拍出来的照片，一般都不够完美。你可以使用电脑存储照片，优化色彩和锐度，为打印做好充分准备。

让你的照片更好地呈现

数码时代出现了很多有别于传统照片的新的呈现形式。把自己拍的照片做成画册或挂历，效果相当不错，你还可以通过网络向大众公开照片。

用数码相机拍摄精美短片

自从尼康D90发布起，如今大多数数码单反相机都带高清摄像功能，甚至有些无反相机都具备4K级超高清摄像功能。本书将向你介绍数码相机上实用的摄像技巧。

数码摄影不仅可以留存记忆，而且可以创造未知。

——詹姆斯·韦纳

内容纲要

迅速地设置相机菜单

数码相机的菜单设置总是被人忽略，本书将向你介绍多种设置技巧，它们能够帮助你改善画质，有效存储，简便拍摄，为你的拍摄增添乐趣。

认识你的数码相机

各种数码相机的性能和定位不同。本书将向你介绍数码相机的核心特性及其工作原理，这些知识有助于你购买新相机，也有助于你拍出更好的照片。

熟悉你手中的镜头

镜头在很大程度上决定了最终照片的质量和画面质感。本书将向你介绍镜头的工作原理，好镜头的标准，如何正确使用广角镜头、远摄镜头等。

用好附件为你的拍摄加分

光有相机、镜头，没有电池和存储卡仍无法拍摄。很多有用的附件都能简化拍摄过程，增添拍摄乐趣，一些特殊摄影题材必须使用特殊附件拍摄。

揭示完美曝光的秘密

别太亮，也别太暗——完美的曝光是好照片的前提。尽管自动拍摄模式已经很出色，但是，你不能因此盲从于相机。你将在本书中读到曝光和测光的相关内容。

如何保证照片的清晰度

相机抖动和对焦错误都会降低照片的清晰度，本书将告诉你：如何避免因抖动和失焦导致的不清晰，同时又利用模糊和虚化拍出好照片。

用好闪光灯为你的主体补光

电子闪光灯体积虽小，但却是摄影中使用最为广泛的光源之一，而且可对闪光灯光线进行有针对性的控制。本书将向你介绍如何使用闪光灯拍出完美的照片。

精巧构图让你的照片更美

完美曝光、绝对清晰的照片未必是好照片，而构图也是成功拍摄的关键所在。本书将为你介绍正确取景、和谐构图以及有效利用形状、色彩和对比的技巧。

有针对性地拍摄不同题材

著名的建筑、重要的家庭节日、期盼已久的假日旅行——很多时候，你都会用到相机。本书将向你介绍不同摄影题材的专门拍摄技巧。

电脑后期处理和影像存档

对数码摄影而言，直接用相机拍出来的照片，一般都不够完美。你可以使用电脑存储照片，优化色彩和锐度，为打印做好充分准备。

让你的照片更好地呈现

数码时代出现了很多有别于传统照片的新的呈现形式。把自己拍的照片做成画册或挂历，效果相当不错，你还可以通过网络向大众公开照片。

用数码相机拍摄精美短片

自从尼康D90发布起，如今大多数数码单反相机都带高清摄像功能，甚至有些无反相机都具备4K级超高清摄像功能。本书将向你介绍数码相机上实用的摄像技巧。

目　录

前　言 17

1　迅速启动：十大技巧打造更好的照片 21

　　1.1　抓住最佳拍摄时间 22

　　1.2　注意细节 23

　　1.3　合理放置水平线 25

　　1.4　白天也会用到闪光灯 26

　　1.5　暗处不用闪光 27

　　1.6　等待合适的时机 29

　　1.7　及时锁定具有特色的前景 31

　　1.8　关注背景 32

　　1.9　尝试不同机位 34

　　1.10　创造性地运用景深 35

2　设置：相机菜单 39

　　2.1　主菜单 40

　　2.2　RAW还是JPEG？文件格式的选择 41

　　2.3　图像大小和图像质量 42

　　2.4　白平衡 45

　　2.5　色彩空间 47

　　2.6　图像优化 48

　　2.7　感光度设置 50

　　2.8　抑制噪点 52

　　2.9　其他有用的设置 52

　　　　2.9.1　编号存储 53

　　　　2.9.2　日期/时间 53

　　2.10　重要设置一览表 55

3　数码相机 57

3.1	数码相机的结构 58
3.2	相机类型 60
	3.2.1　小型相机 62
	3.2.2　桥式相机 66
	3.2.3　无反相机 67
	3.2.4　数码单反相机 69
3.3	影像传感器 74
	3.3.1　影像传感器的结构 75
	3.3.2　传感器的不同结构类型 76
	3.3.3　传感器大小 79
3.4	影像处理器 81
3.5	快门 81
3.6	显示屏/即时取景 83
3.7	固件 84
3.8	省钱秘籍：购买二手相机 86
3.9	传感器清洁 87

4　镜　头 95

4.1	现代镜头的结构 96
4.2	镜头基础知识 97
	4.2.1　焦距 98
	4.2.2　照片的视角 99
	4.2.3　镜头孔径 102
4.3	镜头类型 102
	4.3.1　标准镜头/标准变焦镜头 102
	4.3.2　广角镜头 104
	4.3.3　远摄镜头 108
	4.3.4　微距镜头 111
	4.3.5　移轴镜头 112
4.4	变焦还是定焦 116

4.5　适配器 118

4.6　为什么需要图像稳定器 120

    4.6.1　镜头防抖 122

    4.6.2　传感器位移：机身防抖 122

4.7　镜头的像差 123

    4.7.1　暗角 123

    4.7.2　扭曲变形 125

    4.7.3　色差 125

    4.7.4　球差 126

    4.7.5　反射和漫射光 126

4.8　学会读MTF曲线，更好地了解镜头性能 127

5　附件 131

5.1　存储卡 132

5.2　电源 135

    5.2.1　相机电池 135

    5.2.2　AA电池和AAA电池 135

    5.2.3　万能充电器 136

    5.2.4　电池手柄 138

5.3　三脚架 139

5.4　遥控快门线 143

5.5　滤镜 147

    5.5.1　偏振镜 147

5.6　中性灰滤镜 148

    5.6.1　中灰渐变滤镜 149

5.7　反光板 150

5.8　灰卡 150

5.9　数据保护 151

5.10　GPS接收器 152

5.11　相机带 153

5.12　摄影包 154

5.13　根据不同的拍摄需求选择合适的摄影器材 157

　　5.13.1　数码单反新人 157

　　5.13.2　旅行用数码单反相机 157

　　5.13.3　旅行轻松拍 158

　　5.13.4　中端数码单反相机 158

　　5.13.5　高端数码单反相机 159

6　曝　光　161

6.1　确定所需光量 162

　　6.1.1　光圈 162

　　6.1.2　光圈值 163

　　6.1.3　快门速度 164

　　6.1.4　曝光时间长导致的图像模糊 165

　　6.1.5　曝光时间长导致的动态模糊 166

6.2　曝光值 167

6.3　ISO设置 170

　　6.3.1　感光度 170

6.4　图像噪点 170

6.5　测光 174

　　6.5.1　反射式测光和入射式测光 174

　　6.5.2　测光方法 175

　　6.5.3　多区评价测光 175

　　6.5.4　中央重点测光 176

　　6.5.5　点测光 176

　　6.5.6　曝光控制 176

　　6.5.7　手动曝光 177

　　6.5.8　程序自动曝光 177

　　6.5.9　快门优先曝光 177

　　6.5.10　光圈优先曝光 178

　　6.5.11　场景曝光 178

　　6.5.12　为不同场景特别设计的曝光模式 178

6.5.13　正确运用场景模式 179
6.6　评价曝光品质 180
6.6.1　好的曝光体现在哪些方面？ 180
6.6.2　曝光过度警告："闪烁" 182
6.6.3　直方图 183
6.6.4　曝光补偿 185
6.7　清单：正确曝光 186
6.8　三个关于感光度、光圈值和快门速度的例子 187

7　清晰度 191
7.1　拿稳：正确的相机拿法 192
7.2　自动对焦 193
7.3　不同的自动对焦系统 193
7.4　自动对焦模式 195
7.5　自动对焦区域 197
7.6　测试和调整自动对焦 199
7.7　景深 202
7.7.1　超焦距 205
7.8　衍射和最佳光圈 207
7.9　根据沙姆定律有针对性地控制清晰度 207

8　用好闪光灯 211
8.1　了解闪光技术 212
8.2　对内置闪光灯加以最优利用 213
8.3　外置闪光灯 219
8.3.1　闪光指数 220
8.3.2　外置闪光灯的优点 221
8.3.3　同步速度 223
8.3.4　反射闪光 226
8.3.5　离机闪光 227
8.4　像专业摄影师一样使用闪光 228

8.4.1 避免色彩失真 228

8.4.2 在前帘同步闪光，还是后帘同步闪光？ 229

8.4.3 多次闪光或移动闪光 231

8.4.4 超高速摄影 232

8.4.5 频闪 234

8.4.6 多灯闪光 234

9 拍摄秘籍   239

9.1 泰国清迈集市上的佛像 240

9.2 带露珠的蜘蛛网 241

9.3 自行车比赛 242

9.4 动态倾斜 243

9.5 霹雳舞者 244

9.6 别致的锈蚀 245

9.7 玻璃茶杯 246

9.8 柏林的红色市政大楼 247

9.9 晚景和水 248

9.10 太阳 249

9.11 梅彭县的房门 251

9.12 晚景和阿默尔湖 252

9.13 在工作室拍摄花朵 253

9.14 菲斯的蓝色大门 254

9.15 森林 255

10 构 图   257

10.1 关注重点 258

10.2 照片画幅的选择 259

10.3 黄金分割法 267

10.4 对比 269

10.5 线条、形状和目光导向 272

10.6 光线 276

　　　10.6.1　根据时间进行拍摄 277
　10.7　角度 284
　10.8　色彩 286
　　　10.8.1　加色混合和减色混合 286
　　　10.8.2　色环 287
　　　10.8.3　色彩对心理的影响 290
　10.9　并无一定之规 291

11　被摄对象 **293**
　11.1　建筑物 294
　　　11.1.1　如何更好地拍摄建筑物 294
　　　11.1.2　斜线以及如何避免斜线 298
　　　11.1.3　室内拍摄 305
　11.2　微距 307
　　　11.2.1　微距摄影的技术 308
　　　11.2.2　微距摄影所需附件 310
　　　11.2.3　微距摄影的被摄对象和相关讨论 312
　11.3　拍摄人物 320
　　　11.3.1　护照照片 320
　　　11.3.2　普通人像 322
　　　11.3.3　拍摄孩子 330
　11.4　婚礼 335
　11.5　体育运动 341
　11.6　风景 345
　　　11.6.1　风景摄影所需设备 347
　　　11.6.2　完美设置相机拍摄完美照片 347
　　　11.6.3　溪流和瀑布的拍摄策略 348
　　　11.6.4　像专业摄影师一样地拍摄日出日落 349
　　　11.6.5　风雨天进行拍摄 351
　11.7　全景照片 356
　　　11.7.1　这样拍摄完美的单张照片 356

11.7.2　无缝裁剪单张照片 360

11.8　拍摄动物 366

　　11.8.1　动物园和野生公园 366

　　11.8.2　宠物 370

11.9　夜景摄影 373

　　11.9.1　拍摄光线轨迹 375

　　11.9.2　烟花 377

11.10　对极端反差加以掌控 380

　　11.10.1　使用不同曝光进行拍摄 382

　　11.10.2　使用Photoshop Elements的Photomerge处理高动态范围 383

　　11.10.3　高动态范围摄影（HDRI） 388

11.11　现场光 394

11.12　黑白摄影 396

　　11.12.1　在电脑上进行黑白转换 399

　　11.12.2　美术打印 403

11.13　红外线摄影 405

　　11.13.1　使用数码单反相机进行红外线摄影 407

　　11.13.2　对红外照片进行黑白转换 409

11.14　为网店拍摄产品照片 414

　　11.14.1　静物 416

11.15　旅行摄影 417

　　11.15.1　"带全带精" 418

　　11.15.2　计划旅行 422

　　11.15.3　善于发现城市之美 424

11.16　创造性的光绘 427

12　在电脑上进行后期处理和存档 431

12.1　硬件设备和软件设备 432

12.2　色彩管理 436

　　12.2.1　在数码相机里对色彩配置文件归类 437

　　12.2.2　显示器配置文件 437

12.2.3 打印机配置文件 439
12.3 在电脑上的工作流程 441
　　　12.3.1 将照片上传Lightroom目录 446
　　　12.3.2 整理照片档案 454
12.4 图像优化 479
12.5 地理标签 496
　　　12.5.1 同步GPS追踪和照片 497

13 呈现照片 505
13.1 打印照片 506
　　　13.1.1 自己打印 506
　　　13.1.2 委托图片社冲印 512
13.2 制作幻灯片 513
　　　13.2.1 Lightoom的"幻灯片放映"模式 514
13.3 网络展示 518
13.4 用自己的照片制作画册 523

14 用数码相机摄像 541
14.1 数码相机在摄像方面的局限性 542
14.2 摄像小课堂 544
　　　技巧1：避免晃动 544
　　　技巧2：变换机位 545
　　　技巧3：遇到障碍时手动调焦 547
　　　技巧4：摇镜头和变焦 547
　　　技巧5：注意过渡 548
　　　技巧6：避免轴线跳跃 549
　　　技巧7：对摄像进行构图 550
　　　技巧8：别忘了声音 551
　　　技巧9：视频剪辑 552
　　　技巧10：输出 554

摄影词典/术语汇编 557

前　言

你是否曾经惊讶于数码相机的聪慧，惊讶于它的无所不能？图像防抖、人工智能、笑脸识别，这只是诸多功能中的几种，这些功能能够帮助我们拍出近乎完美的照片。

将模式调至"自动"，数码相机便会替你"做主"。你无须考虑拍摄技术，只须瞄准被摄对象，按下快门即可。

就摄影入门而言，自动模式确实很棒。然而，总有那么一天，你想在摄影方面寻求进一步的发展，不想再听命于相机。我坚信这一天一定会到来，否则，你不会购买这本书。

这本厚厚的大手册，包含了你应该知道的一切摄影知识。从基础的曝光组合开始，比如快门速度和光圈，接着是构图，直至后期处理以及数码照片的存档。

书中大部分案例适用于普通数码相机。个别案例对技术要求较高，须使用单反相机或新型的无反光镜相机——就这些个案而言，小型相机的功能是很有限的，既不能使用外接闪光，也不能使用偏振滤镜和中灰滤镜。

职业摄影师技艺超群，他们只须轻触快门，便可在存储卡内留下完美的照片。这种观点广为流传，却并非事实。事实刚好相反：为了避免错失一张好照片，职业摄影师往往反反复复拍上若干遍。数码摄影是一项"烧钱"的爱好，此话虽有一定道理，却不完全正确。依我之见，较之以前，数码摄影无须购买胶卷，只须在电脑上选片，节省了大量的冲印费。

　　充分利用数码摄影这一优势，赶快行动起来吧！调整快门速度和光圈大小，变换拍摄场景，尝试不同的照明，数码相机马上就能作出反馈，你只须保留最佳照片即可。

　　开篇是一些行之有效的小窍门和常用的相机设置。接下来的章节详细阐述拍摄技巧、后期处理、影像存档和最终呈现。越来越多的数码相机兼具摄像功能，所以，本书的最后一章对数码相机的摄像功能作了简要说明。各章节紧密相连，循序渐进地帮你达成最终目标。补充说明和实践技巧将以文本框和页边注释的形式呈现。

　　书中的大部分照片都是由一款尼康数码单反相机拍摄的，并无特殊原因，只因我对这一品牌的相机最为熟悉。当然，你也可以使用其他相机践行书中的技巧和建议。

　　尽享此书吧，你和你的相机都会爱上它的！

米夏埃尔·海纳曼

第 1 章

迅速启动：十大技巧打造更好的照片

你是否有过这样的经历？你发现了绝佳的被摄对象，按下快门，结果却大失所望。数码相机提供了模式转盘，还配备了人脸识别等其他功能，尽管如此，刚开始时，你还是无法做到张张照片都拍得好。本章将向你介绍十个行之有效的拍摄技巧。这些技巧简单可行，效果显著。

1.1 抓住最佳拍摄时间

自摄影诞生之日起，这一规则便确立下来。非影棚拍摄，大多数情况下，日光是主要光源。"技巧1"由来已久：清早和傍晚、破晓和黄昏是最佳拍摄时间。

太阳离地面近时，色调暖，光线强，景物投影清晰，光线富有戏剧效果。

随着太阳升高，颜色逐渐变得冷调，蓝色成为主色调。光线变得平淡无奇，投影缩短，颜色变深。

正午，太阳位于最高点，此时，除特殊情况外，你大可安心把相机装回包里。特殊情况包括高楼和低谷，只有太阳悬于高空时，它们才能被照亮。

最佳拍摄时间通常只能持续一两个小时（冬天，时间会长一些，因为太阳离地面近，不会离地平线太高）。

图1.1 鸟瞰格尔利茨的圣彼得教堂。本片摄于一个阴天的午后。天空很蓝，照片显得单调，难以给人留下深刻印象。

拍摄参数：奥林巴斯PEN E-P2，14mm，1/320秒，f/9，ISO100。

技巧 1

耐心等待理想的拍摄光线

　　请你务必于日出或日落前到位，这样，你才有足够的时间确定最佳拍摄地点。

1.2　注意细节

　　俗话说："一图胜千言"。"技巧 2"一处精心策划的细节，胜过一幅眼花缭乱的全景。无论是拍摄城市风貌、自然风光，还是具有纪念意义的孩子生日照，人们总是试图尽可能多地将其呈现在照片上，以捕捉当时的情绪。但一张照片，唯有取舍恰当，方能称为"拍摄成功"。以百年橡树为例，如果拍摄整棵大树，会毫无亮点。倘若使用长焦镜头，选取树干的某一部分，近距离拍摄（最好辅以"技巧 1"，选在夕阳西下时拍摄，以便突出树皮的纹理），在此基础上，再把一个人拉入镜头，人小树大，对比鲜明——如此拍摄，照片一定格外吸引眼球。

图1.3 格尔利茨市场，全景拍摄。
拍摄参数：尼康D300，22mm，1/400秒，f/8，ISO 200。

图1.4 侧移数步，换成长焦镜头，所拍照片明显不同，喷泉的滴水嘴十分醒目。
拍摄参数：尼康D300，85mm，1/400秒，ISO200。

技巧2

聚焦重点

　　请你关注具有代表性的细节，譬如娇艳的花朵，富有艺术气息的木雕或华丽的装饰。找到目标，尽可能地接近它，将与主题无关的东西排除在画面之外。

图1.5　水平线居中，照片很平淡，甚至有些无趣。本页三张照片的拍摄参数均为：尼康 D5100，16mm，1/200 秒，f/8，三脚架。

图1.6　水平线位于下 1/3 处，云朵占据了照片的大部分，凸显了景致的辽远宽阔。与上下均分相比，这种构图更具生气。

1.3　合理放置水平线

大多数情况下，水平线都会出现在照片中。然而，取景时它却总是被忽略。通常情况下，水平线居中，将照片均分为两个部分。这种对称的划分，虽然很和谐，却平淡无奇。

你不妨将水平线从照片正中移开，尝试略显极端的视觉效果。将水平线上移，前景得以突出；将水平线下移，辽阔的天空得以展现。水平线位于上 1/3 处或下 1/3 处，画面效果最为和谐。大胆尝试极端构图，例如将水平线移至照片边缘，效果将倍增。

无论水平线最终落在哪里，它都应该是一条直线！可使用取景器中的网格线或装在闪光灯热靴上的水平仪进行精确测量。如果水平线发生倾斜，可在后期处理时，使用电脑将其调直，简单又快捷。

图1.7　水平线贴近照片上边缘，前景得以突出。本应更好地构图，而非像本片这样，颜色单一，缺乏内容。

技巧3

注意水平线的位置

请你关注取景器中的水平线，避免一分为二的构图。

1.4 白天也会用到闪光灯

　　白天光线充足，不必使用闪光灯。然而，也有例外。除光线亮度外，光线方向也至关重要。比如，拍摄人像，模特站在洒满阳光的窗户前面，逆光会在模特身体周围形成漂亮的光边，而脸部细节、眼睛、嘴巴和鼻子则暗淡无光。这时，电子闪光灯就有了用武之地，它能够照亮并塑造被摄对象的暗部。热靴闪光灯和相机的内置闪光灯均可发挥作用。

　　数码相机的曝光系统拥有强大的闪光功能，无须人工调试，便可拍出出色的照片。

图 1.8　就亮度而言，前景中的女子和背景存在巨大反差。不用闪光灯直接曝光，能赋予脸部素描般的效果。如此一来，背景曝光过度，曝光时间长导致照片有点模糊。

拍摄参数：尼康 D80，20mm，1/20 秒，f/4，ISO100。

图 1.9　相机的内置闪光解决了明暗反差这一问题：脸部没有阴影，背景亮度适中。

拍摄参数：尼康 D80，20mm，1/60 秒，f/10，ISO100，相机闪光。

小型相机，只须按下"闪光"键，即可闪光。多次按下该键，可在不同闪光模式之间进行转换（开启 / 防红眼 / 自动 / 关闭）。具体操作和相关设置，请参考相机的使用手册。

数码单反相机的闪光强度可以手动调节。通常情况下，将闪光强度下调 0.5 ~ 1 挡，效果最佳。照明显得细腻，前景不显突兀，光线自然。

技巧4

充分利用闪光灯

逆光拍摄时，请你打开相机的闪光灯，对暗部进行补光。

应明确一点：闪光灯照明只适用于相机近处的被摄对象。就数码单反相机而言，4米常常是个极限。闪光设备的照明范围有限，范围之外的人和物，会暗淡无光。小型相机的闪光灯更加有限，范围不足4米。

1.5　暗处不用闪光

白天用闪光，暗处不用闪光？这听起来荒谬可笑，但确实如此：因为闪光设备的照明范围十分有限，只能照亮几米。

即便是电视上的足球转播，观众席中也是闪光不断。参观教堂，小型相机对准穹顶闪个不停。大多数情况下，在教堂使用闪光，会是这样一种结果：旁边的长凳亮得出奇，远处的圣坛却一片漆黑。所以，如果被摄对象远离相机镜头，还是放弃闪光吧！

暗处拍摄，应延长曝光时间，这样可以将有限的光线"集中"起来。此技巧只适用于拍摄静物，拍摄动态照片可能会变得模糊。手动拍摄有一种黄金法则：35mm 画幅等效焦距的倒数即为"安全"的曝光时间。图像稳定器可将手动极限提高两挡。曝光时间过长，须使用三脚架。

举例来说，你使用装有 35mm 镜头的 APS-C 画幅数码单反相机进行拍摄，35mm 等效焦距就是 $35 \times 1.5 = 52.5$mm。也就是说，你应该使用 1/60 秒的曝光时间，否则，照片会变得模糊。理想状况下，图像稳定器甚至能够胜任 1/15 秒的曝光时间。如需更长的曝光时间，则必须使用三脚架。

图1.10 拍篝火、拍烟花、夜间拍摄、室内拍摄，在这四种情况下使用闪光灯，都会破坏光线氛围。由于光线微弱，为了避免模糊，最好在三脚架的配合下，使用较长的曝光时间。

拍摄参数：尼康D300，25mm，8秒，ISO200，三脚架。

另一种选择是：调高相机的感光度。感光度的 ISO 值是影像传感器对光线敏感程度的一种计量单位，数值越大，影像传感器越敏感，所需光线越少。

但是，这也有一定难度：弱光拍摄时，传感器的模拟信号增强，会出现噪点。过去几年中，研发工程师们实现了技术突破，我们今天所用的高感光度 ISO 值，是前些年难以想象的。

图1.11 拍摄参数：尼康 D300，1 秒，f/11，ISO100，三脚架。

图1.12 拍摄参数：尼康 D80，28mm，15 秒，f/32，ISO100，三脚架。

图 1.13　拍摄参数：尼康 D5100，16mm，1/60 秒，f/3.5，ISO1600。

技巧5

利用现有光线

　　光线不足时，最好不用闪光灯，而使用三脚架或调高感光度。出现噪点，总比破坏照片氛围好。

1.6　等待合适的时机

　　孩童的嬉戏玩耍、足球场上的漂亮扑救……遇此情况，一定要按下快门，记录美好瞬间。定格被肉眼忽略的精彩瞬间（比如，运动的细节部分）正是摄影的魅力所在。

　　除影棚内的静物外，其他被摄对象都是不断变化的，照片的各个部分也在变化。无论何种被摄对象，或早或晚，总会出现一个理想瞬间，各种元素会完美配合，或整个过程达到高潮。

　　准备好相机，相信自己的直觉。耐心等待，直到完美瞬间出现。

为了避免错失佳片，请尽量多拍一些

图 1.14　本页三张照片的拍摄参数均为：尼康 D300，105mm 微距镜头，f/11，1/125 秒，ISO200。

抓住精彩瞬间，才能拍出佳片。数码摄影时代，你不必花重金购买胶卷。拍摄动态对象时，最好将相机调至连拍模式，宁可多拍，不要少拍。选片时，只需删除不满意的照片。

图 1.15　近距离拍摄其中一朵藏红花，此时飞来一只蜜蜂，这张照片比上一张有趣得多。

图 1.16　更有意思的是，这只蜜蜂居然回头看镜头。

1.7 及时锁定具有特色的前景

许多被摄对象需要用到广角镜头拍摄。比如，意大利的圣彼得广场和北海的日落。较短的焦距可以帮你把更多的内容拍进照片。

但是，用广角镜头拍摄也容易物极必反。若干毫不相干的元素堆积在一起，会令人眼花缭乱，观者很快就会失去欣赏照片的兴趣。

例如，你在拍摄罗马古城时，把一口水井拍进照片；再如，你在圣彼得－奥尔丁（海滩）拍摄时，把一只贝壳拍进照片，那么，你无疑是在混淆重点，误导观者。

> 所谓广角镜头，就是焦距小于标准镜头焦距的镜头，它能覆盖更加广阔的视角。第4章是关于镜头的详细叙述。

技巧7

打造吸引眼球的照片

想要好的构图，相机要放低。结构合理、细节突出的前景，才能引起观者注意。

图 1.17 傍晚的光线条件很好，尽管如此，拍出的照片并不出众前景部分桥梁在水面的倒影毫无特色，难以吸引眼球。

拍摄参数：尼康 D80，12mm，1/250 秒，f/8，ISO100。

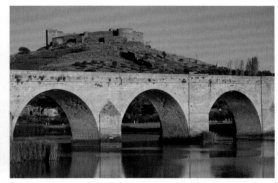

图 1.18 这张照片没在桥上拍摄，增加了前景中的细节，构图要好于左侧照片。

拍摄参数：尼康 D80，70mm，1/250 秒，f/8，ISO100。

图 1.19 晨光将沙海染成一片火红，沙海在投影的衬托下倍显生动。此照片很是抓人眼球。

拍摄参数：尼康D300，35mm，1/30秒，f/16，ISO200，三脚架。

实际上，真正的拍摄没有这么简单，有时甚至令人抓狂：刚开始时，我总是无法顺利找到合适的前景，时间一分一秒地流逝，直至夕阳西下。确定前景之后，不要轻举妄动，要耐心等到合适的拍摄条件。

1.8 关注背景

拍摄过程中，容易忽略"盲区"。只关注被摄对象的结果就是：直到看见照片，才不禁自问，模特身后的广告是怎么回事，它是什么时候"溜"进镜头的？

你觉得这个例子过于极端？然而，事实确实如此，人们总是忽略背景中那些破坏画面效果的细节，即便是专业摄影师也难以完全避免这样的错误。背景容易分散观者的注意力：惹眼的色彩、字样（人们总是试图阅读眼前的文字，此乃人之天性）、树枝或"长"在头上的路灯等都会破坏照片效果。

尽可能选择一致、简单的背景，仔细观察取景器。将被摄对象放大，对其四周进行检查。

焦点前后的一定范围内，能够清晰成像，这一前一后之间的范围，就是景深。景深因相机和拍摄条件而异。关于景深，详见第7章。

图1.20 长焦距，小景深，凤头鸊鷉清晰可见，背景一片模糊。尽管如此，左侧的睡莲还是有些碍眼。

如果背景有瑕疵，变换你站的位置即可——通常情况下，只需侧移几步。拍摄人像时，常常使用长焦距和大光圈的镜头来营造小景深。这样，脸部会非常清晰，与模糊的背景形成反差。

技巧8

背景不可喧宾夺主

背景不可喧宾夺主，分散观者的注意力。拍摄之前，仔细检查焦点的前后左右，确保无电线杆、栏杆、交通标识和其他干扰因素。

图1.21 背景一致，无干扰因素，凤头鸊鷉更加突出。拍摄参数：尼康D80，400mm，1/500秒，f/5.6，ISO200。

33

1.9 尝试不同机位

　　绝大多数情况下，让机位与眼睛等高，这种拍摄姿势最为舒服，拍出的照片符合视觉习惯。然而，传统并非不可突破，对机位进行大胆尝试，将收获非比寻常的构图效果。

　　巧妙选取合适的拍摄角度，定能拍出与众不同的照片。如跪下仰拍，或登高俯拍。拍摄机位越极端，拍出的照片越新颖。

图1.22 有的时候，只要仰头，就能拍出别具特色的照片，比如这张摄于柏林波茨坦广场的照片。
拍摄参数：尼康D300，20mm，1/640秒，f/8，ISO200。

图1.23 在费斯市的皮革厂进行拍摄，根本无法避开劳作的工人。然而，进入商店，登上阳台，染缸尽收眼底，一张佳片就此诞生。

拍摄参数：奥林巴斯 PEN E-P2，25mm，1/125 秒，f/9，ISO100。

技巧9

变换拍摄角度

寻找与众不同的机位。比如，躺在树下来拍摄树冠。非常规拍摄，最好使用装有可翻转显示屏的数码相机。

1.10 创造性地运用景深

翻阅摄影杂志上关于镜头的文章，即可得出结论：清晰乃数码摄影的重中之重。其实，模糊并非不专业。实际上，一张好的照片并不一定要处处清晰。虚实对比方能加强照片主旨，因此，应对清晰度进行有针对性地分配和运用。虚实相间，照片才有张力。当然，一般情况下，完全模糊的照片并不讨人喜欢。

图 1.24 照片中的罂粟，用长焦镜头拍摄而成。景深限于前景部分。
拍摄参数：尼康 D300，85mm，1/100 秒，f/6.3，ISO200。

微距摄影，以及采用大光圈、小景深的人像摄影，只能把非常有限的区域拍摄清晰。因此，必须精准对焦。对焦过程中，哪怕是小小的移动，如前移或后移几厘米甚至几毫米，都会对清晰度产生影响。

图 1.25 在长焦距和大光圈的作用下，其中几朵花格外惹眼，有实有虚，富于变化。
拍摄参数：尼康 D300，300mm，f/4，ISO400。

技巧10

有意营造的模糊美

营造模糊的途径多种多样：延长曝光时间以捕捉动态效果、使用大光圈镜头、将被摄对象同模糊的背景区分开。大胆创新，收获惊喜！

第 2 章
设置：相机菜单

在首次驾驶一辆新车前，司机一定会调整后视镜和座椅位置，使其满足自己的需求。但与之相反的是，数码相机的设置却总是被人忽略。本章将向你介绍多种设置选择，它们能够帮助你改善画质，有效存储，为你的拍摄增添乐趣。

菜单键

图像质量和
文件格式

下拉菜单

多功能键

拍摄菜单

影像品质　　　　　　　　　FINE
影像尺寸
JPEG 压缩
NEF (RAW) 记录
白平衡　　　　　　　　　　AUTO
设定优化校准　　　　　　　SD
管理优化校准　　　　　　　－－－
色彩空间　　　　　　　　　Adobe

白平衡

确定键

图 2.1 入门级数
码单反相机的主要
功能键和菜单，以
尼康 D5300 为例。

图像优化

2.1　主菜单

时下很多
相机都能提供
各项功能的详
细说明，非常
实用。一般而
言，选择标有
问号或"info"
字样的按键，
便可阅读相关
说明。

　　通常情况下，按数码相机背面的 Menu 或 Func/Set 键，即可进入菜单
设置，对拍摄、显示和润饰进行选择和控制。还可选择开机问候语、照片
回放时间、图像在存储卡上的编号方式、图像以何种分辨率存储等等。

　　设置的种类虽多，却没有一种能适用于所有拍摄环境和所有摄影师的
万能设置（实际上，我们也不需要这种设置）。

　　数码相机的菜单设置非常复杂，也并非一目了然。所以你最好能抽出
一天时间深入研究相机菜单。遇到不理解的菜单功能，马上查看使用说明，
掌握这些功能，将相机为己所用。

相机设置

　　你得花费一些时间才能玩转一台新的相机。一开始，你可能会觉得不习
惯，一旦熟悉菜单操作，便能很快上手。

显示拍摄参数

图像质量和
文件格式

白平衡

感光度

曝光设置

图像优化

自动对焦模式
和对焦区域

图 2.2　入门级
数码单反相机的
主要功能键和菜
单，以尼康 D5300
为例。

菜单操作会因相机厂商和相机类型而异，但基本符合下述原则：

1. 按 Menu 键，相机屏幕显示设置菜单。

2. 选择多功能键的上下左右按键，确定所需功能。

3. 按 SET 键或 OK 键，确定选择和更改。

4. 再按 Menu 键，结束菜单设置（如果是子菜单，按 Menu 键，返回主菜单）。

2.2　RAW还是JPEG? 文件格式的选择

除一些小型相机外，使用数码相机拍照，摄影师都会遇到这样一个问题：应该把照片存储为什么格式？ RAW、JPEG，还是两种都存？

此处仅做简单说明：若想汲取数码相机的精华，请选 RAW 格式。（否则，为什么要花那么多钱买那么好的相机？）只有选择 RAW 格式，相机才能把传感器在拍摄瞬间所"看到的"原原本本地保存下来，完整无缺。

取出存储卡，即可使用 JPEG 格式的照片，而且，不必先在电脑上打开照片并加以处理，即可将其上传至微博。

相比 RAW 格式，JPEG 格式在后期处理时比较受限，而且以图像质量受损作为代价。

如果你是使用小型相机拍照，那么，你完全可以忽略这段内容，因为小型相机只能存储 JPEG 格式的照片。

以上截图为"影像品质"。在菜单"影像品质"下选择文件格式,如果是 JPEG 格式,需要选择分辨率和压缩强度。

同时采用 RAW 格式和 JPEG 格式,则可以尽享它们各自的优势。

RAW 格式的缺点在于太占存储空间。然而,在我看来,这根本不算什么问题。后期处理时,RAW 格式能够赋予摄影师巨大的创作空间,这足以弥补其缺点。不信,你自己看看:

RAW 格式确实比 JPEG 格式需要更多的存储空间,然而,存储卡价格越来越低廉,多占点存储空间其实不算什么问题。

如今,可以直接在数码相机上对照片进行后期润饰。因此,要用 JPEG 格式的时候,比如度假期间要发送电子邮件,即使是在路上,不用电脑软件也能迅速完成。

Lightroom 和 Photoshop 能在短时间内对照片进行有效的批量处理。此外,有了 RAW 格式,你还可以优化图像或修复缺陷,且不会损失图像质量。

很多相机可以同时存储 RAW 和 JPEG 两种格式。当然,这就需要更大的存储空间(幸亏存储卡价格不贵),这样一来,便可享用两种格式的优势。

我本人对同时存储 RAW 和 JPEG 两种格式不是很感兴趣。着手下一步之前,我总是会先在电脑上查看每一张照片,因此,对我而言,这种双格式的意义不大。如果你急着使用所拍照片,而且只在紧急情况下留存 RAW 格式,那么,双格式就非常必要了。

使用RAW格式的摄影师请注意

下述用于图像优化的设置是以JPEG格式为前提的,用于控制相机处理器如何整理以JPEG格式存储的传感器数据。

如果没有图像预览,使用RAW格式的摄影师本可以不关注这些内容。为了能够在相机屏幕上迅速显示照片,RAW文件内嵌有JPEG文件。因此,使用RAW格式的摄影师也应该考虑一下相机的设置,比如色温和锐度,这样,预览才能为最终作品打下良好基础。

2.3　图像大小和图像质量

两大因素决定着所存图像的质量以及在存储卡上所占的空间。一个因素是以像素为单位的图像大小(大多数数码相机提供大、中、小三种级别的分辨率),另一因素是 JPEG 压缩的强度(很多相机提供低、中、高三种强度的图像压缩)。

像素数量虽然不是评价数码相机的唯一标准（见第 65 页，第 3 章），但是非常重要：照片的像素越大，可洗印的尺寸越大。

图像大小规定了照片高与宽的像素数值，该数值因传感器的分辨率而异。传感器为 1200 万像素的数码单反相机，照片大小为 4300 × 2850 像素。

依我之见，绝大多数情况下，都应该使用大分辨率（像素高，造价也高，但物有所值）。也有少数例外，比如用于在线拍卖的广告照片就是其中之一，拍摄时，我会直接把相机的图像大小调小一些，因为我知道拍卖论坛可显示的图像大小十分有限。

图像大小 / 质量	文件大小	2GB 存储卡可存照片的数量	以像素为单位的分辨率
大 / 精细	约 6.5MB	约 300	5184 × 3456
大 / 正常	约 3MB	约 580	5184 × 3456
中 / 精细	约 3.5MB	约 560	3456 × 2304
中 / 正常	约 1.5MB	约 1090	3456 × 2304
小 / 精细	约 2MB	约 860	2592 × 1728
小 / 正常	约 1MB	约 1640	2592 × 1728
RAW/JPEG（大 / 精细）	约 31MB	约 40	5184 × 3456
RAW	约 25MB	约 60	5184 × 3456

表 2.1　表格以传感器为 1800 万像素的佳能 EOS 550D 为例，展示了图像大小、图像质量与拍摄张数的关系。

除像素数量外，JPEG 压缩的强度也对图像文件大小有影响。JEPG 格式，是以牺牲照片细节来压缩文件大小。压缩强度越大，细节受损越严重。但也不必过于紧张：如果压缩强度不大，受损并不明显（只要不是打印照片壁纸就行）。

为了进行压缩，JPEG 格式的照片被分割为若干小块，每块 8 像素。结果就是每小块的细节受损。如果压缩强度非常大，那么，照片就会出现明显的细节缺失。你可以分级别选择压缩的强度。比如，以尼康相机为例，设置如下：精细（压缩比 1:4，用于高画质），正常（压缩比 1:8，若冲印照片，足够标准尺寸）和基本（1:16，用于发送邮件或上传至网络）。

在拍摄期间，如果存储卡的剩余空间不足，请你保留原来的图像尺寸，选择较大的压缩率。

图 2.3 原始照片，分辨率最大，压缩比最小（图像大小为"大"/图像质量为"精细"）。

图 2.4 截取原始照片的一部分。整张照片的文件大小为 3.45MB。

图 2.5 图像大小为"大"，图像质量为"基本"（也就是说分辨率最大/压缩比最大），文件大小下降至 1.22MB。视觉上，无明显差异。

图 2.6 图像大小为"小"，图像质量为"精细"（也就是说图像大小最小，压缩比最小）。仔细观察，无限放大，可见人为痕迹，清晰度受损。照片在存储卡上占据 1.08MB 的空间。

"咔嚓"，还是不"咔嚓"？

数码相机总是发出各种声音：微调时有一种声音，连小型相机也试图通过饱满的"咔嚓"声来模仿单反相机的快门声。

有些人觉得这些提示音颇有用处，另外一些人则将其视为一种干扰。必要时，你可以通过菜单设置将数码相机的声音关掉。比如，拍摄警觉的动物时，在歌剧院拍摄的时候，或相机声响干扰到被人的时候。

2.4　白平衡

光源不同，色温也不同。与蓝色的人造光相比，红色的烛光更加温暖。只有正确设置相机的白平衡，拍出的照片才不会色彩失真。

大多数相机针对不同的照明条件提供了预设模式（比如闪光灯、日光、阴天、人造光等模式），也允许手动设置以 K（开尔文）为单位的色温，而且能够选择自动白平衡。

如果你想自由地拍摄，不想一直去想正确的白平衡，那么，你就选择自动模式。在这种模式下，相机会在照片中寻找最亮的部分，并将其理解为白色。只有在最亮的部分根本不是白色的情况下，才会出现问题。

如果你所拍摄的是系列照片（比如，若干照片拼成一张全景照片），那么，与之相反，推荐使用依据日光或阴天等照明条件而定的模式。这样才能避免单张照片之间的色差。

自动白平衡效果不错，可用作标准设置。拍摄系列照片，如果想避免色差，你最好选择与当前光线条件相匹配的预设模式。

图 2.7　通过对比后，可以看出不同模式对照片的影响。色温调低（3000K），照片呈现淡蓝色。

图2.8 照片是在阴影下拍摄的，色温7500K，色彩中性。

图2.9 色温调高（如15000K），色彩偏红。

2.5　色彩空间

数码相机、显示屏和喷墨打印机能够完整地记录和复制大自然的缤纷色彩。

AdobeRGB 和 sRGB 奠定了色彩空间的标准。字母 RGB 代表三种基准色，即红、绿、蓝，其他色彩由这三种色彩按照一定比例混合而成。也就是说，电视机或电脑显示屏上的图像由微小的红、绿、蓝像素构成，这些像素在观者的眼中融合成色彩。

使用高级小型相机和数码单反相机，都必须在 AdobeRGB 和 sRGB 之间做出选择。

一些使用手册写得非常简单（"如果想在电脑上对照片进行处理，那你就选 AdobeRGB"）。实际上，究竟应该做何选择，至今悬而未决，一些摄影论坛甚至针对"正确的"色彩空间展开激烈的讨论。

毫无疑问，与 sRGB 相比，AdobeRGB 空间更大，包含更多的色彩层次。可进行高品质的打印，是 AdobeRGB 的优势所在，当然，这就对技术提出了更高的要求，必须深入研究色彩管理才行。

反之，对于那些不打算深入研究色彩管理，通常只在屏幕上欣赏照片或通过在线服务洗印照片（所有针对业余摄影师的洗印室都采用 sRGB 色彩空间）的人来说，sRGB 才是明智的选择。

如果不想深入研究色彩管理，请你选择 sRGB 色彩空间。

色彩空间描述了可供使用的色谱。

注意色彩空间转换的单向性！

拍摄时，如果你决定将 sRGB 色彩空间用于 JPEG 格式的照片，那么，你就不能把照片完整地转换成 AdobeRGB 色彩空间（因为电脑没办法把 sRGB 所缺少的色彩变出来）。

内置的图像润饰：你可以通过图像风格的选择来控制相机内置程序对图像数据的加工处理。

当你编辑JPEG格式的图像数据时，你可以根据个人喜好调整色彩、对比度和清晰度。

你可以自主设置图像风格，甚至可以将设置好的图像风格转至另一台相机（同一品牌）。这样，即便使用不同型号的相机进行拍摄，拍出的照片风格也能够保持统一。

2.6 图像优化

你可以通过拍摄菜单的子菜单"照片风格"或"优化校准"（佳能相机叫"照片风格"，尼康相机叫"优化校准"）设置锐度、亮度、对比度、色彩饱和度和色调。一般有多种预设，比如标准、人像、风光和单色。

1. 按 Menu 键，打开相机菜单。

2. 将多功能键移至"照片风格"或"优化校准"。

3. 选择最适合被摄对象的预设。

4. 按 OK 键或 SET 键确定所选。

色彩和对比度纯属个人喜好。一些人喜欢鲜艳的色彩，另一些人则喜欢柔和的色彩。可以不断尝试设置图像优化的各种参数，直至找到中意的照片风格。接下来以尼康 D5100 为例，就数码单反的不同设置带来的拍摄效果进行比较。

标准模式：饱和度高，锐化明显。该模式拍出的照片多姿多彩，栩栩如生。

人像模式：锐化没有那么明显，照片能真实地表现人物的肤色。

图 2.10　中性

图 2.11　鲜艳

图 2.12　单色

使用数码相机拍摄黑白照片

如果你选择单色模式，将拍出纯粹的灰度照片。这种设置适用于营造黑白照片的感觉。使用RAW格式进行拍摄，单色模式能够最大限度地发挥其优势：显示黑白照片，保留色彩信息。这样，你便可以在电脑上有针对性地进行灰度转化。相关内容见第293页（第11章）。

图 2.13　直接使用数码相机的单色模式并以JPEG 格式进行保存，你将得到纯粹的灰度照片。你无法对灰度转化加以控制。大多数情况下，拍出的黑白照片，虽然均衡，但显得乏味。

图 2.14　因此，与其选择单色模式，不如拍成常见的彩色照片，然后在电脑上转成黑白照片。

图 2.15　在电脑上制作黑白照片时，你能够有针对性地进行灰度转化。以这张照片为例，对蓝色通道进行过滤，以营造黑色的天空，使之与树上的白霜形成鲜明对比。

风光模式：拍出的照片中，蓝、绿两种色彩格外突出，景物细致入微。

中性模式：能够为需要在电脑上进行后期处理的 JPEG 格式照片提供广阔的创作空间。所拍照片色彩均衡，清晰度恰到好处。

单色模式：用于拍摄经典的黑白照片。

2.7　感光度设置

感光度数值是影像传感器的感光能力的计量单位。感光度越高，拍摄时所需光线越少。

数码相机能够调节传感器的感光度，使之适用于不同的拍摄光线。

那么，有没有问题呢？感光度越高，越容易出现噪点。所谓噪点，就是影响观感的细小的糙点。

近几年，从事影像传感器研发工作的工程师们实现了重大技术突破。我们今天所用的感光度数值是几年前难以想象的。

新型相机能够提供高达 ISO115000 的极值。相机在该数值下，一片漆黑也能拍摄，至于照片质量，则见仁见智。

如何设置感光度？

感光度数值越高，噪点越多。

1．尽可能将感光度设得低一些（比如 ISO100 或 ISO200），这样拍出的照片，质量最佳。

2．请你随时关注快门速度：如果快门速度过低，请你调高感光度数值；否则，拍出的照片一片模糊。

曝光时间足够短，照片才能清晰；感光度高，照片的噪点导致细节受损。感光度数值的选择是对两者的权衡。

很大程度上，传感器的大小决定了所能设置的感光度最高值：感光度高的时候，传感器越小，越容易出现噪点。所能设置的感光度最高值还取决于照片的用途和个人对于噪点的"承受能力"，你最好通过下述测试确定自己所能承受的极限：

1．选择黑暗的空间，用装在三脚架上的相机拍摄弱光下的对象，比如拍摄烛光下的静物。

图 2.16　本照片由佳能 G11 相机拍摄而成，感光度为 ISO3200，噪点非常明显——高感光度常常是小型相机的弱项。

2.　选择光圈优先模式（A/Av）。

3.　将光圈设为 f/4 或 f/5.6。

4.　将感光度设为 ISO100，拍第一张照片。

5.　调高感光度，再拍一张。

6.　重复步骤 5，直到相机达到最大感光度。

7.　将显示比例设为 100%，　仔细甄别显示器上的照片（或者，最好将照片按照你常用的尺寸洗出来），选择你所能接受的噪点的极限。

自动感光度

很多相机能够自动调节感光度。如果光线较暗（由于光线暗，曝光时间变长，难以手持拍摄），相机会自动提高感光度。使用自动感光度，如果相机允许的话，你可以设置一个感光度上限。你可以根据之前所述的七步测试，设定感光度的最大值。

2.8　抑制噪点

为了减少不受欢迎的噪点，包括高感光度产生的噪点和长时间曝光产生的噪点，相机各有对策。

你可以对高感光度产生的噪点进行弱化，强度由你决定。噪点被弱化的同时，图像细节也会受损。噪点的弱化强度越高，图像的清晰度越低。

不仅在高感光度时会出现噪点，长时间曝光时也会出现噪点。

长时间曝光产生的噪点则不同。除原片外，相机还会按照同样的曝光时间拍摄一张暗片（也就是说，在关闭快门的情况下拍摄）。接着，相机对原片和作为参考的暗片进行比较，算出传感器的噪点。这种方式不会对图像细节造成影响。当然，拍摄暗片，时间会翻倍。

2.9　其他有用的设置

除上述基本功能外，相机还有许多有用的功能，这些功能能够帮助我们简化拍摄。比如，液晶屏的亮度、个性化的按键分布等等。

由于无法在本章介绍相机的全部功能，我只挑选基本功能进行介绍。最后，我想再介绍两种功能，这两种功能看似简单，却非常有用。

2.9.1　编号存储

拍摄时，数码相机会对图像文件进行连续编号。一些相机还能够按日期分类，将照片放入相应的日期文件夹。

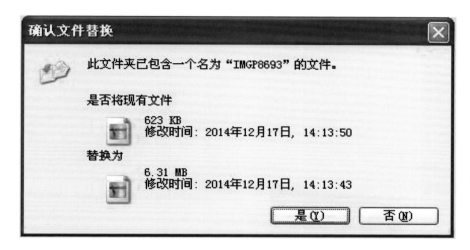

确认文件替换

此文件夹已包含一个名为"IMGP8693"的文件。

是否将现有文件

623 KB
修改时间：2014年12月17日，14:13:50

替换为

6.31 MB
修改时间：2014年12月17日，14:13:43

是(Y)　　否(N)

图 2.17　从存储卡往电脑拷照片时，为了避免重复命名，请选择编号存储。

编号存储非常重要，有时，不得不使用编号存储。即使更换存储卡，相机也会记得之前的图像编号，并在新的存储卡上继续编号。如果不使用编号存储，每张存储卡都从0001号开始，往电脑硬盘拷贝照片时，就会出现问题。

2.9.2　日期/时间

通常情况下，第一次使用一台相机，它都会提醒你重新设置日期和时间。对于相机的友情提示，你千万不要不耐烦，因为每张照片的拍摄时间都会自动存入元数据。

如果照片数据上有拍摄时间，那么，在电脑上整理图像文件时，就会简单得多。拍摄时间很重要，地理标签也很重要，你可以通过地理标签确定照片的拍摄地点。

举手之劳，效果惊人：请你确保相机显示正确的时间。这能够帮助你简化照片的后期整理。

一般来说，日期和时间的设置可谓一劳永逸，即使更换电池，内置的相机时钟也不会受到任何影响。你不妨试试看。

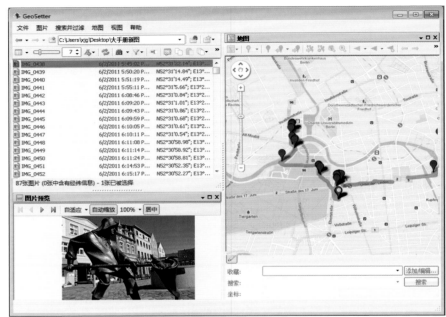

所谓地理标签，就是经 GPS 定位过的拍摄地点被写入照片的元数据。详细内容见第 498 页（第 12 章）。

图 2.18 有了地理标签，你再也不会忘记照片拍自哪里了。

至于是否对时区、冬令时和夏令时进行调整，完全取决于个人。我觉得没有必要。我常住地为德国，总是把时间设为中欧的夏令时，这样，离开拍摄地点之后，就不必再想着把当地时间调回本地时间了。

保存版权信息和照片评论

很多数码相机允许你输入个性化的版权说明（比如你的名字和网页地址），这些说明将被自动存入照片的元数据。

2.10　重要设置一览表

设　置	推荐的标准设置	备　注
文件格式	RAW 或 RAW+JPEG	
图像质量	最高分辨率 最低压缩比	为了节省存储空间，可以保留高分辨率，提高压缩比（仅适用于 JPEG 格式）。
白平衡	自动	也可根据需要选择相关的预设模式。
色彩空间	sRGB	可在需要时使用 AdobeRGB。
图像风格	根据个人喜好进行选择	
感光度	ISO100	光线弱时，调高感光度。
测光模式	矩阵测光	见第 6 章。
曝光模式	半自动或全自动	见第 6 章。
曝光补偿	关闭	+ 用于拍摄亮片 - 用于拍摄暗片
自动对焦	单点自动对焦 中等大小的对焦区域	动态拍摄时，要换成追踪对焦模式。 见第 7 章。

表 2.2　复杂多样的相机设置和菜单设置令人眼花缭乱。此表列出最为重要的拍摄设置，令人一目了然。

第 3 章

数码相机

数码相机拥有良好的销量。为了应对竞争，制造商不断推陈出新，相机市场一片欣欣向荣。翻开相机广告，就能看到 1600 万像素、防抖、人脸识别、全高清视频等性能。

各种性能的意义有所不同，有些性能具有实用价值，有些性能可为拍摄增添乐趣，有些性能则可有可无。本章将向你介绍数码相机的核心特性及其工作原理。这些介绍能帮助你为下次购机做好充分准备，另外，摄影技术的相关知识也有助于你拍出更好的照片。

3.1 数码相机的结构

无论相机的轻重大小，是拍黑白还是彩色照片，原则上，所有相机的机身都是一个不透光的空间，一侧装有镜头，另一侧装有感光材料。

无论是小型相机，还是专业的数码单反相机，原则上，数码相机是一个内置光敏传感器、存储设备、电子装置和电源的不透光的"盒子"。"盒子"的大小因相机类型而异，有的只有火柴盒那么大，有的则有牛奶盒那么大。

当你按下快门键进行拍摄时，快门打开，光线通过镜头的光圈到达影像传感器。传感器将这些光线转换成电荷，经影像处理器生成影像，最后，影像被写进存储卡。

相机侧面通常装有不同的连接插口，可连接电脑或电视等。另外，很多相机还配内置式小型闪光灯。

相机背面的各种装置中，液晶显示屏最为重要，它甚至取代了很多简易相机的光学取景器。液晶显示屏具有多种延伸功能：你可以通过它对影像和曝光进行控制，你还可以通过操作按钮和多功能键在显示屏上对相机进行设置。

配置较好的数码单反相机还在相机外部装有拨盘和开关，这样，无须使用相机菜单，就能快速选择重要的拍摄参数。

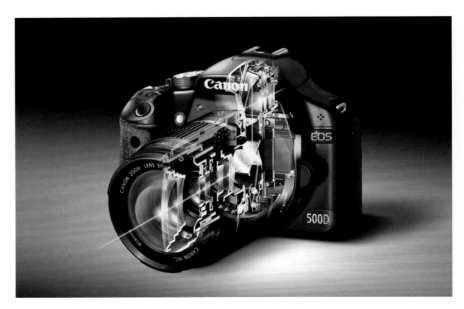

图 3.1 佳能 EOS 500D 相机的内部结构图。

正确阅读相机手册

相机的快捷使用说明常常写得很糟糕。幸好，大多数制造商在相机手册上多花了一些时间和精力。

无论是拍摄模式的应用、按键的个性化分布，还是闪光灯的设置，都能在相机手册里找到最佳答案。相机手册能够帮助我们最大限度地开发并利用相机的潜能。品牌不同、机型不同，手册也不一样，因此，阅读本书时，请你记得随时翻看自己所用相机的手册。

为了帮你迅速上手，几乎每台相机都附有基本操作的快捷说明。简单阅读之后，便可以开始拍摄。当然，这只是基本拍摄而已。

如果你想充分利用相机的各种功能，创造性地进行拍摄，那么，你就必须仔细阅读相机手册。遗憾的是，如今，很多相机制造商为了节约印刷成本，只提供一张附有 PDF 文件的 CD 光盘。

不管是数字化的相机手册，还是纸质的相机手册，都不是小说。你不必从头读到尾，现在的相机是真正的高科技产品，相机手册和《哈利·波特》一样厚，只是没有《哈利·波特》那么有趣。

手册内容是否属于新知识，取决于个人的摄影基础。如果你之前用数码相机拍过照片，那么，对你来说，电池的安装和镜头的更换肯定不是问题。如果你之前用过某一品牌的相机，那么，再用该品牌的其他相机，你很快就能熟悉菜单结构。当然，手册中也有你不了解的新知识。这些新知识包括一些常用的设置，比如测光方式的选择和自动对焦区域的选择，以及一些日后才能用上的设置，比如对相机进行个性化的配置或间隔拍摄等特殊功能。

对相机手册的 PDF 文件进行标记，以便能够在需要时迅速找到所需信息，这绝对是一门艺术。你可以通过点击屏幕上方工具栏中的彩色铅笔图标打开 Adobe Reader 的注释选项。屏幕下方将会打开一个新的工具栏，你可在此工具栏中找到各种工具，比如，使用彩笔对文本进行标记。如果你是在 Mac 电脑上使用"预览"查看 PDF 文件，那么，你可以使用书签进行标记，简单又方便。你可以从菜单栏选择书签，或同时按下 + 键。

3.2　相机类型

从商店或网店琳琅满目的相机中选出一款适合自己使用的机型可不是一件容易的事情。

佳能、尼康、索尼、柯达、松下、奥林巴斯、宾得、卡西欧和富士是最为重要的数码相机制造商。这些公司生产不同大小、形状、色彩、功能和价位的相机。

本章就各类相机的主要差别进行说明，方便你挑选符合个人拍摄需求的相机。

图 3.2　*小型数码相机，比如佳能* IXUS 115 HS，*操作起来非常简单。*

专业摄影师只用数码单反相机，业余摄影师才用小型相机。一直以来，这种观点都广为流传。2011 年，这种观念开始发生转变。这一年，著名纪录片摄影师达蒙·温特（Damon Winter）凭借新闻报道"格伦特的生活"（A Grunt's Life）获得"年度照片"三等奖。为了近距离地接触驻伊美军，温特弃用专业相机，改用 iPhone 手机拍摄，并使用 APP 的 Hipstamatic 模拟复古风格。评审结果在业内引起轰动，拍摄照片的不是相机，而是相机背后富有创造力的摄影师，孰轻孰重，一目了然。

如果你偏爱反光镜弹跳时饱满的声音，喜欢用超长焦镜头进行拍摄，那么，数码单反相机是不二选择。如果你喜欢旅行，常在路上拍，那么，小型相机很实用。如果你走到哪里拍到哪里，那么，便携式的小型相机是最佳选择。其实，拍照手机也不错。为什么呢？因为它能为你带来乐趣，拍出令你满意的照片，这才是关键。

向你介绍各类相机的优缺点之前，我想再补充一点：一台相机不够用。相机价格越来越低，不妨准备两台相机：一台可进行手动设置的小型相机，装在口袋里，随身携带；另一台数码单反相机，背在肩上，用于高级拍摄。

> 你可以一掷千金购买摄影器材，也可以不这样。任何相机都能拍出好照片。

附：数码相机简史

柯达公司早在20世纪世纪70年代就已经推出数码相机。重达4千克的电子设备，黑白传感器，10万像素的分辨率，这就是早期数码相机的技术参数。

1981年，当人们还在就由CPU控制曝光程序的纯电子反光式照相机是否为终极相机进行激烈讨论时，索尼公司已在科隆举行的摄影、电影展览会上推出了"马维卡"照相机。该相机将尺寸为570×490像素的照片以模拟视频信号的形式存储在2MB的磁盘上，尽管如此，它还是被视为数码相机的先驱。

1982年1月，家用电脑C64在消费电子展上面世。随着计算能力的提高和家用电脑的迅速普及，模拟拍摄的方式陷入困境，原因在于，若想在电脑上继续使用照片，必须将图像数据数码化，而这一过程是以图像质量严重受损作为代价的。即将到来的数字化图像处理因1988年确立的JPEG压缩标准以及第一款图像处理软件FotoMac的诞生而开始。

1990年，柯达推出第一款真正意义上的数码相机DCS-100。DCS-100建立在尼康F3机身的基础之上，用130万像素的传感器取代了常规胶卷。由于重达5千克的电子设备太占地方，这款相机根本没有办法塞进挎包里。

同年，用于苹果麦金塔电脑的第二款图像处理程序随Photoshop1.0一起面世，罗技科技推出早期家用数码相机Fotoman，相机的技术参数如下：焦距固定，376×240像素，黑白照片。从参数来看，该相机甚至不及今天的拍照手机，但在当时，它为数码摄影奠定了坚实的基础。

随着时间推移，数码相机的功能越来越完备，体积越来越小，价格越来越低，也越来越普及。1996年，柯达DC-25采用压缩闪存存储卡，可存储照片的数量大幅提高。1999年初，作为早期小型相机，奥林巴斯的Camedia C-2000和尼康的Coolpix 950突破了200万像素大关。

图 3.3 尼康 950 不仅外形独特，其分辨率更是达到了 200 万像素。

2003年，佳能推出EOS 300D和适用于摄影爱好者的数码单反相机。随后，数码单反相机迅猛发展，分辨率不断提高，价格不断下降。

胶片时代向数码时代过渡期间，一些传统的相机制造商选择坚守阵地，另外一些则适时抓住时机。2006年，徕卡凭借M8将其旁轴取景相机引入数码时代，两年以后，哈苏的中画幅相机H3D II-50达到了5000万像素的分辨率。

发展不断继续，不久前，各式各样的新型相机概念试图打破数码单反相机的统治地位。2008年，首款无反相机松下G1面世，两年后，索尼SLT-A33采用了固定式半透反光镜。

3.2.1 小型相机

小型相机适合随身携带，便于随手拍摄。

小型相机便于手持，售价通常仅 1000 元左右。一般来说，小型相机包括一只可伸缩的 3 倍变焦镜头和一只内置闪光灯。如今，所有小型相机都能拍摄高清视频短片。小型相机的装备虽然不少，但是重量很轻，只有一包黄油那么重。另外，小型相机机身平滑，可以轻松地装进衬衫或夹克的口袋里。

拍照手机取代小型相机？

如今，几乎所有的手机都能拍照。拍照手机恐怕是最为普及的数码相机了。普通拍照手机采用定焦镜头，智能手机也有采用变焦镜头的，还有LED灯，甚至还可以进行图像处理。分辨率在300万至1500万像素之间，足够打印要求。

比起本来就已经很小的小型相机传感器，拍照手机的影像传感器还要小一些。这将影响图像质量：传感器越小，所能提供的画质越低。

便携的拍照手机最大的优势，是马上就能用彩信和邮件发送照片，照片能够迅速上传至社交网页，比如微博或微信。使用手机拍照，不仅富有乐趣，而且不会错过精彩瞬间。不过，由于拍照手机的可调节性比较差，所以，它无法取代小型相机。

图 3.4　有智能手机就能拍照。本照片由 iPhone 3GS 手机拍摄而成，经过 Photoshop-APP 后期处理。

分辨率在 800 万至 1600 万像素之间，想要洗成 30cm×40cm 的照片，完全没有任何问题。大多数小型相机没有光学取景器，其背面是液晶显示屏，你不仅可以在该屏幕上对照片进行构图，还可以在拍摄之后迅速查看照片并进行调整。如果相机够先进，这一切可在触摸屏上完成操作。

图 3.5 有阳光的时候，小型相机能够拍出色彩鲜艳、对比鲜明的照片。拍摄参数：佳能 Powershot G11，30.5mm,1/200 秒，f/8,ISO80。

光线条件好的时候，即便是用小型相机随手一拍，照片质量都很好，清晰度好，色彩逼真。光线条件不好的时候，马上会出现问题。小型相机的影像传感器只有拇指指甲那么大，因此，单个光电二极管十分微小。光线弱的时候，为了能够正常拍摄，信号被迫加强，结果出现影响美观的颗粒状噪点。

幸运的是，相机制造商慢慢意识到了这个问题，停止了高像素之争。至少，目前有些千万像素级别的小型相机，即使是高感光度，也能拍出不错的照片。

小传感器不仅限制光线，而且限制了景深的控制。小传感器的相机，即使在光圈 f/5.6 时，照片从前到后基本都是清晰的。小型相机拍不了背景模糊的人像。

就动态拍摄而言，小型相机的能力非常有限，问题在于响应速度缓慢，尤其是快门时滞。所谓快门时滞，就是按下快门和真正拍摄之间的时间差。用小型相机拍过孩子玩耍的人，一定深有体会。

影像传感器越小，感光性能越弱。一般来说，ISO800 是所有小型相机可用的最大感光度。在此数值以下，图像质量不会受损。感光度数值越高，噪点越明显。

拍摄玩蹦床的孩子，即使在对的时间按下快门，拍出的照片可能也只是天空和下缘的一缕头发。

按下快门之后，数码相机开始进行测光、自动对焦和曝光。为了降低价格，制造商所使用的电子组件都很廉价。

图 3.6 佳能 G12 是一款装配齐全的小型相机，摄影师可根据需求手动调节所有拍摄参数。

小型相机的价格不一定便宜。高级小型相机，比如佳能 G12，能够提供类似单反的功能，价格高达 4000 元。

除一些共性外，比如体积小、传感器小，小型相机其实存在千差万别。最简单的机型，正如早期的柯达广告所言，"你只需按快门，其他的交给我们。"全自动模式和场景拍摄模式使我们能够全身心地关注被摄对象。功能简单，富有成效：打开相机，瞄准被摄对象，按快门（人们将这种相机称为"傻瓜相机"）。

也有高级别的小型相机。它们可根据需要存为 RAW 格式，手动调节快门速度、光圈、白平衡、曝光补偿和感光度。

什么才是好的小型相机？

一般来说，相机零售商比二手车交易员可靠得多。当然，也不能 100% 保证你的钱花得值得。你在挑选相机时，应该注意以下几点：

» **图像质量：**像素数值不代表真实的图像质量。你最好看一看摄影杂志上的测评结果或上网看看该款相机所拍照片的质量。

» **变焦镜头：**比起长焦焦距，广角焦距更加重要。真正的广角镜头（也就是说对应 35mm 画幅焦距在 28mm 之下）并不多见。

» **图像稳定器：**图像稳定器用于对付曝光时间长（影像传感器小，感光性能差，不得不延长曝光时间）导致的图像模糊。请你注意一下光学图像稳定器，这种稳定器通过可移动的透镜或传感器的移动，可以解决图像模糊的问题，你不要上经销商的当，他们给你拧开的是电子图像稳定器。隐藏其后的只是感光自动，感光自动通过调高感光度数值提高快门速度，而这正是你所要避免的！

3.2.2 桥式相机

桥式相机属于一种跨界产品，兼具小型相机和单反相机的特性。

桥式相机的结构和操作都很像数码单反相机，但镜头不能更换。桥式相机变焦范围非常大，一般为 12 至 20 倍变焦，像富士 FinePix HS10 这样的顶级机型甚至达到 35 倍变焦。无论是广角还是超长焦，全部焦距都融于一只镜头中。换算成 35mm 胶片等效焦距，HS10 的镜头相当于 24–720mm 的焦距范围。

图 3.7 佳能 PowerShot SX30 IS 是一款经典的桥式相机，35 倍光学变焦，携带方便。

桥式相机（又称"大变焦比相机"），操作简单，功能齐全，价格合理。

桥式相机是理想的"假日伴侣"，能够胜任各种拍摄：远景、足球比赛、动物、婚礼等。

桥式相机外观像小型数码单反相机，但它的影像传感器和小型相机的影像传感器大小差不多，所以，光线不佳时，也会出现和小型相机一样的问题。

不同于小型相机的是，桥式相机有取景器。当阳光刺眼的时候，也能隐约看清显示屏上的图像轮廓。电子取景器乃大势所趋，它是一个能够清晰取景的小显示屏。显示效果虽然不如传统的光学取景器，但它能够显示拍摄模式、剩余可拍摄照片张数，甚至还能显示实时直方图。

桥式相机操作简单，功能多于小型相机。它不仅具备更多的拍摄模式和自动功能，而且能够调整光圈、快门速度和感光度等重要拍摄参数。

因为配置好，所以桥式相机也能胜任动态拍摄。在完全手动控制的情况下，使用桥式相机拍出的 1920×1080 像素的全高清视频甚至可以媲美摄像机。

桥式相机的摄像功能甚至好过数码单反相机：自动对焦持续追踪，变焦杆（机械）变焦比变焦环（人工）变焦更加均匀。

图 3.8 奥林巴斯 E-P5，14-42mm 可换镜头，外置电子取景器 VF-2。

3.2.3 无反相机

为什么不把数码单反相机的优势（操控灵活、高画质）和小型相机的优势（体积小）结合起来呢？2008、2009 年，松下和奥林巴斯想到了这一点。于是，一种全新的相机类型应运而生，即无反相机。这种相机没有反光镜和五棱镜取景器，可更换镜头，影像传感器较大。

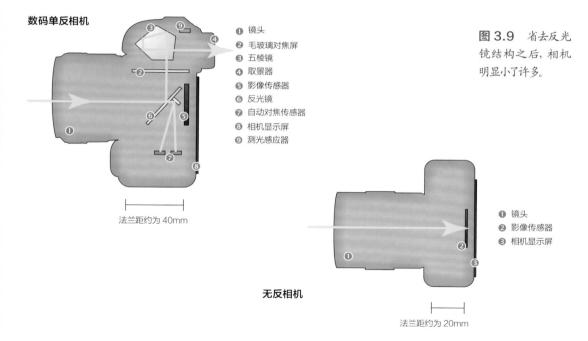

数码单反相机

① 镜头
② 毛玻璃对焦屏
③ 五棱镜
④ 取景器
⑤ 影像传感器
⑥ 反光镜
⑦ 自动对焦传感器
⑧ 相机显示屏
⑨ 测光感应器

法兰距约为 40mm

图 3.9 省去反光镜结构之后，相机明显小了许多。

① 镜头
② 影像传感器
③ 相机显示屏

无反相机

法兰距约为 20mm

从外表看，松下 Lumix DMC-G1 像是桥式相机，而奥林巴斯 Pen E-P1 的外观则让人想到小型相机。

两台相机均通过即时取景将图像传至显示屏或电子取景器，电子取景器分内置式的和外插式的。

电子取景器不同于相机背面的显示屏，阳光刺眼的时候，电子取景器也能用，不仅能够显示照片，而且能够详细显示全部拍摄参数。与数码单反相机的光学取景器相比，电子取景器的缺点在于：分辨率低，构图缓慢，需额外用电。

奥林巴斯和松下选用较小的 4/3 画幅传感器，而三星和索尼则选用 APS-C 画幅传感器。就使用而言，大小差异并无大碍，无反相机虽然只有小型相机那么大，图像质量却能达到数码单反相机的水平。

一机多名

作为新兴相机类型，无反相机至今没有统一的命名。常见的中文名称包括微单相机、单电相机、可换镜头数码相机以及电子式取景可换镜头相机等。

省去反光镜和五棱镜后，无反相机的体积明显小于数码单反相机。由于法兰距（法兰距指的是镜头卡口和影像传感器之间的距离）短，借助转接器，大部分数码单反相机的镜头（制造商不同也可以）都能用于无反相机。虽然用不了自动对焦，就可更换镜头这一点来说，无反相机确实是除数码单反相机外的一个不错的选择。

无反相机具有很多优点，但是，它还不足以完全取代数码单反相机。由于使用的是即时取景，无反相机采用反差式测距进行自动对焦，时间明显长于数码单反的相位式自动对焦。这使得无反相机无法胜任动态拍摄，比如方程式赛车和猎豹捕食。

无反相机正在制造一场激动人心的变革，而这场变革才刚刚开始。松下和奥林巴斯基于微型 4/3 系统标准联合推出互相兼容的镜头。即便是不兼容的索尼和三星也会在不久的将来推出更多的镜头。当然，在短时间内，无反相机的镜头阵容还赶不上数码单反相机的镜头阵容。

无反相机，体积小，又具备数码单反相机的优势。如果你喜欢体积小的相机，又想使用不同的镜头，那么，无反相机是最佳选择。

从 2010 年开始，三星和索尼也开始生产无反相机。尼康和佳能到后来也涉足生产无反相机，只是时间稍晚一些。到如今，各大品牌的相机厂商都推出了各自的无反相机。

在本书第 74 页可以找到关于传感器面积大小的简单说明。

数码单反相机的自动对焦可以归结为透镜分离和相位检测。透镜分离装置包括一组分离镜片和一组或多组由感光组件组成的测距组件（或称为 AF 传感器）。分离镜片的作用在于将通过镜头的光线分成两束，分别投影到测距组件上。合焦时，两束光线同时到达。离焦时，光束先后到达，其导出信号之间存在相位差。

3.2.4 数码单反相机

三合一: AF 辅助灯, 自拍指示灯, 红眼修正灯

内置闪光灯

快门

麦克风

红外线传感器

镜头释放键

视频按钮

电源开关

曝光补偿键

信息键

实时取景转换键

图 3.10 非专业级数码单反相机尼康 D5300 的多种功能。

模式转盘

取景器

外接闪光灯热靴

显示拍摄信息

对焦和曝光锁定键

菜单键

指令拨轮

回放键

数据线接口 (USB、音频 / 视频、HDMI 接口)

多功能选择键

删除键

放大 / 缩小

可翻转显示器

数码单反相机能够更换镜头，影像传感器大，可随时扩展功能。

按下相机快门，反光镜发出饱满的"咔嚓"声——数码单反相机令人感觉自己是在"摄影"，而非"照相"。1936年，德国 IHAGEE 公司推出第一台量产的 135 胶片单反相机 Kine-Exakta，直至今日，单反相机的基本结构都未曾改变。拍摄前，反光镜将光线从镜头引至毛玻璃对焦屏，光线从对焦屏经过棱镜到达目镜，形成明亮、清晰的图像。曝光时，反光镜上翻，为经过快门进入影像传感器的光束让路。

无论是鱼眼镜头、WLAN 引闪器，还是影室闪光灯，有了单反相机和各种附件，你就可以在任何条件下拍摄任意对象。你可以根据需要选择合适的镜头，并随时添加各种附件，如闪光灯、遥控快门、微距镜头、皮腔等微距摄影所需配置。

数码单反相机能够马上做好拍摄准备，其连拍模式可及时捕捉重要的精彩瞬间。

数码单反相机能满足不同摄影师的需求，堪称完美。手动设置使职业摄影师和资深爱好者能够随心所欲地发挥创造力。

SLT（固定式半透反光镜）—— 一种新的相机概念

索尼将固定反光镜用于SLT系列相机。其实，早在1989年，佳能的EOS RT就已经采用了这种技术。EOS RT连拍速度快，在当时是一款深受体育记者喜爱的专业机型。

SLT其实是single lens translucent mirror的缩写，也就是半透明反光镜单反相机。曝光时，反光镜不上翻，大部分光线毫无障碍地进入传感器。这样，即便是即时取景，也能做到每秒10张的连拍速度，连续自动对焦和持续测光。相反，在即时取景模式下，普通数码单反相机不是通过传感器来确定清晰度和曝光，就是不断发出噪音，因为反光镜在对焦时会落下，拍摄时又需要上翻。

图 3.11 索尼单电相机 SLT-A35 在机身里装了半透明反光镜，拍摄时，反光镜不再上翻，这使得相机变得小巧，连拍速度大幅提高。

对初学者来说，还谈不上创作，被摄对象才是关注的重点。数码单反相机提供了多种多样的拍摄模式和自动功能，从这一点来说，数码单反相机的操作并不比小型相机复杂多少。

数码单反相机还有一个很少被提到的优点。大多数数码单反相机都是"长跑选手"！就电量而言，小型相机最多能拍300 张照片，数码单反相机多的能拍 2500 张。

图 3.12　含配套镜头的入门级数码单反相机，如图所示为宾得 K50 加 18–55mm 镜头，可拍摄高清视频。从小型相机到数码单反相机，你的适应过程会因相机菜单中的帮助功能而变得简单。

粗略地说，数码单反相机可以分为三个级别，即入门级、准专业级和专业级。知名相机制造商均提供入门级数码单反相机，至少有一款。

4000 元的普通数码单反相机或 8000 元含标准变焦镜头的数码单反相机提供如下功能：高速连拍、可用 RAW 格式、千万像素以上的传感器分辨率。普通数码单反相机的影像传感器多为 24×16mm，比小型相机的传感器大，因此，即便是在感光度高的情况下，噪点也不明显。

准专业数码单反相机明显贵于入门级数码单反相机，价位在 12000 元到 18000 元之间，因厂商而异。准专业数码单反相机的优势不仅体现为传感器的分辨率高于入门级数码单反相机，而且体现在配置上明显超过入门级数码单反相机，包括更快的连拍速度、更高的快门速度和更加结实的机身。

20000 元以上的专业数码单反相机，明显超出绝大多数资深爱好者所能承受的价位。专业数码单反相机提供了全画幅传感器、更高的分辨率、更多的手动设置功能，能够经受恶劣环境考验的、更结实的机身。专业数码单反相机最大的缺点在于：相机明显重于入门级数码单反相机和准专业数码单反相机。如果你资金充足，不怕背着沉重的相机到处跑，那么，毫无疑问，专业数码单反相机是最佳选择。

数码单反相机的挑选标准

当你选定一台数码单反相机，往往也就是意味着你选定了某一相机品牌，因为不同厂商生产的镜头和附件是不能互换的。接下来，我向你介绍一些购买相机时需要注意的重要标准：

» 首先，你得想一想，你一般都拍什么，在哪里拍。这样，你马上就能确定自己需要什么样的数码相机，大相机、小相机、结实的相机，还是能够防水的相机。

» 显示屏的大小和分辨率。显示屏越大越好。起初，相机显示屏只有邮票大小，而如今，数码单反相机的显示屏可达2.5-3英寸，且分辨率高，照片质量和清晰度一目了然。

» 传感器大小。随着价格不断下调，资深爱好者现在也能买得起全画幅传感器。所谓全画幅，意味着影像传感器大小为36mm×24mm，能够达到经典35mm胶片的画面大小。APS-C画幅传感器只有35mm胶片大小的一半。APS-C画幅因APS（Advanced Photo Style）系统C型（裁切型）胶片画幅（23.6×15.8mm）而得名。两种传感器大小各有其优点和缺点。在分辨率一样的情况下，传感器越小，像素越密集。如果是全画幅传感器，即便是高感光度，噪点也不明显。另外，全画幅相机的取景器更亮、视野更大，便于构图和检测景深。对于那些从SLT（固定式半透明反光镜单反相机）换成数码单反相机的摄影师来说，可以不必考虑镜头焦距，仍能继续使用熟悉的焦距，这也是一大优势。如果是从APS-C画幅换成全画幅数码单反相机，有些时候，并不能毫无障碍地使用所有镜头。

你可以从型号上认出那些专门用于小型传感器的镜头，比如尼康是DX，佳能是EF-S，索尼是DT。这些镜头只能覆盖全画幅传感器的一部分面积。如果你将这些镜头用于全画幅数码单反相机，那么，照片的边缘会发暗。

图 3.13 佳能 EOS 7D Mark II是一款配有小型传感器（APS-C画幅）的准专业数码单反相机。相机小，但很结实，密封好，能够经受极端环境的考验。

» 反光镜预升。正式拍摄之前，反光镜上翻，即使反光镜翻动时产生振动，照片也不会模糊。对于微距摄影来说，这一点尤为重要。一般来说，可在相机菜单上开启"反光镜预升"这一功能。高档数码单反相机设有单独的按键，可直接开启此项功能。按键通常标有MUP（Mirror up的缩写，即反光镜预升）。

» 手动设置。很多特殊拍摄，比如微距摄影和全景拍摄，需要你进行手动设置，比如对快门速度和焦距进行设置。

» 分辨率。数码单反相机的分辨率其实是次要的。首批量产的数码单反相机只有600万像素，尽管如此，也足够30cm×40cm的洗印标准，且是高质量的，足够满足大多数摄影师的需求。只有在洗印更大尺寸的照片时，或是放大照片时，才需要更高的分辨率。

» 可换镜头。光有相机，还不能拍照。知名制造商均提供大量镜头，如相机的套机镜头，还有另配的专业镜头。此外，还有一些其他镜头。如果你专门拍摄某些题材，那么，购买相机时，千万别忘看看该品牌的镜头如何。比如，你喜欢拍摄建筑物，那么你日后恐怕还要配置专门的移轴镜头——这样就不会把建筑物拍斜了。

图 3.14　新发布的尼康 D750 是一款资深爱好者能买得起的全画幅数码单反相机。

3.3 影像传感器

接收光线之后再导出电荷——影像传感器其实相当于一块微型太阳能电池。

无论是拍摄模式、笑脸识别，还是其他特殊功能，说来说去，图像质量才是最重要的，而图像质量在很大程度上取决于影像传感器。

传感器取代了之前的卤化银胶卷，是数码相机的核心部件。基本上，数码相机都内置有一块矩形小芯片，该芯片能够捕捉和记录穿透镜头的光线。但理光 GXR 为一例外，其镜头、影像传感器和影像处理器融为一体，也就是说机身本身并不包括影像传感器。影像传感器将光线转化为电荷，电荷再由影像处理器加工成带亮度和色彩的数字图像。

图 3.15　佳能 EOS 5D Mark II 的影像传感器：35mm 胶片大小，2200 万像素。

传感器的像素数以百万像素为单位进行计算。比如，照片水平方向有 4048 像素，垂直方向有 3040 像素，那么 4048×3040＝12305920，也就是说相机的分辨率约为 1200 万像素。

你肯定知道所用相机的像素数，因为相机制造商总是格外强调这一特性。虽然像素数并不是评价图像质量的唯一标准，但是，一般来说，一张照片的像素数越高，可洗印的尺寸就越大。

分辨率	百万像素	照片的最大尺寸（以厘米计算）洗印质量最佳	照片的最大尺寸（以厘米计算）洗印质量良好
1152 × 864	1	7 × 10	11 × 14
1600 × 1200	2	10 × 13	15 × 20
2048 × 1536	3	13 × 18	20 × 30
2272 × 1704	4	14 × 19	20 × 30
2560 × 1920	5	16 × 22	25 × 33
3848 × 2136	6	18 × 32	27 × 48
3264 × 2448	8	20 × 27	30 × 45
3648 × 2736	10	23 × 31	35 × 46
4048 × 3040	12	26 × 34	39 × 52
5344 × 4008	22	34 × 45	51 × 68

表 3.1　传感器生成影像的长宽比为 4∶3，该比例为大多数小型相机、桥式相机和全部 4/3（微型 4/3）相机所采用，能以 300dpi（质量最佳）和 200dpi（质量良好）为标准洗印不同尺寸的照片。

图像大小给出照片高与宽的像素的绝对数值。数值因传感器的分辨率而异，配有千万像素 APS-C 画幅传感器的数码相机，所拍照片的大小为 3900 × 2600 像素。

多年来，制造商一直在努力表述这种概念：像素的绝对数值并不能说明图像质量。真正重要的是传感器单个感光二极管的密度（尤其是在感光度高出现噪点的时候）。

你可以在相机手册或相机的包装盒上找到单个传感器像素的密度是多大。绝大多数小型相机和桥式相机采用小传感器。相应地，单个像素面积很小，感光能力较为微弱。因此，小型相机只要 1000 万像素就够了。

传感器越大，所能捕捉的光线越多，细节越突出，动态范围越广。

3.3.1　影像传感器的结构

除了起感光作用的光电管以外，影像传感器还包括一系列的其他构件。

为了更好地利用光线，在每一像素前都装有微透镜，该透镜起到"捆绑"光束的作用。微透镜能够减少边缘光的损失。不同于传统胶片，影像传感器的光电二极管难以对倾斜射入的边缘光束加以利用，照片四周较暗。微透镜能使传感器边角处的光线也能垂直射入单个的光电管。

单个光电管只能记录亮度值，也就是说，光电管是"色盲"。为了拍出彩色照片，在光电二极管的前一层加装了红、绿、蓝三原色滤色镜。

图 3.16 1975 年，柯达研发出 RGB 色彩模式，并沿用至今，该模式因其发明者拜耳博士而得名。

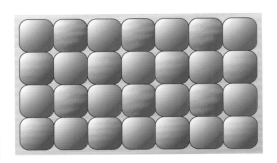

拜耳滤镜中，各滤镜之间的比例关系为红 25%、蓝 25%、绿 50%。电脑屏幕上的所有色彩都是由这三种色彩按照不同比例混合而成的。如果三种色彩全部记录下最大光量，像素显示为白色。反之，如果三原色什么都没记录下来，像素显示为黑色。红、绿、蓝三种色彩相互叠加得到的各种色彩，涵盖了人眼视力所能感知的所有色彩。绿色之所以占到一半，是因为人眼对绿色更加敏感。

传感器前装有一系列滤镜，用于消除不想要的效果。基本上每台数码相机都装有低通滤镜。低通滤镜加装在相机的传感器前，允许低频光线通过，阻挡高频光线。低通滤镜的作用在于减弱摩尔纹。摩尔纹是一种因数码相机的感光元件受到高频干扰，而在图像上出现的彩色的、形状不规律的干涉条纹。如果数码相机感光元件的空间频率与被摄对象的空间频率接近，就会产生摩尔纹。如果镜头的分辨率小于感光元件的空间频率，影像中就不会出现与感光元件空间频率相近的条纹，也就不会产生摩尔纹。但是，目前的技术水平有限，只能靠加入低通滤镜来减弱摩尔纹。然而，低通滤镜有一弊端，那就是它会大大降低相机的成像锐度，影响画质。

通常 1200 万像素的相机实际上只有 600 万绿像素（G）、300 万红像素（R）和 300 万蓝像素（B 在起作用。若想拍出超过 1200 万像素的照片，只能从周围像素中插值。这听起来很复杂，其实不然，相机能够在你毫不知情的情况下拍出分辨率更高的彩色照片。

3.3.2 传感器的不同结构类型

将光线转化成电荷，这是适用于所有影像传感器的工作原理。然而，传感器的结构和功能千差万别，各有千秋。CCD 和 CMOS 是两种常见的数码相机传感器，其中，采用 CMOS 传感器乃大势所趋。

理论上，传感器也能感知红外线。关于红外摄影，详见第 407 页，第 11 章。

图 3.17　在 CMOS 传感器中，每个像素都会连接一个放大器及模 / 数转换电路，用类似内存电路的方式将信号输出；而在 CCD 传感器中，每个像素的电荷信号都会依序传送到下一个像素中，由最底端的部分输出，再经由传感器边缘的放大器进行放大输出。因此，CCD 传感器要比 CMOS 传感器运行得慢。

  CCD 是 Charge-Coupled Device 的缩写，中文叫作"电荷耦合器"。CCD 将光线转化成电荷，先保存电荷，再按行读取各组件的电荷。电荷在传感器外转换成图像信息。CCD 传感器运行较慢，但动态范围广，感光效果良好，即便是在高感光度下也能拍出噪点较少的照片。

蓝色竖条

  使用CCD传感器的旧式数码相机会出现明显的蓝色竖条。当相机对准明亮的光源时，比如夜晚的路灯，光源处会出现一条蓝色竖条，在显示屏上看得一清二楚。这不是相机的问题。CCD传感器的感光元件只能记录有限的电荷数量，于是，光源处的电荷就"跑去"旁边的传感器光电管了。

  CMOS 传感器是一个带光电二极管的小半导体。光线进入光电二极管后，游离的电荷会给相关的电容器充电。电容器被一个像素接一个像素地读取，并转换成数字信号。CMOS 传感器的信号处理速度快，能够胜任视频拍摄和即时取景，因此，现在的数码相机大多采用 CMOS 传感器。这种传感器的缺点在于：光电二级管需要很多电子元件，这些电子元件不仅占地方，而且降低了传感器的感光度。

  CMOS 传感器依次由红外滤镜、微透镜、拜耳滤镜、星罗密布的电子元件和精细的导线组成，最后才是带有光电二极管的感光层。

传统 CMOS 传感器

"背照式"传感器

① 微透镜 ④ 感光层

② 拜耳滤镜 ⑤ 光电二极管

③ 信号处理层

图 3.18　传统的 CMOS 传感器结构：最上层是微透镜，下层是拜耳透镜。这种传统结构不利于光线采集。

"背照式"传感器：光电二极管就在色彩滤镜下面，接着才是电子元件。

这种结构使得部分光线在经过传感器的途中流失，技术革新迫在眉睫。"背照式"传感器刚好相反，感光的光电二极管就在微透镜和拜耳滤镜下面，电子元件被排在最下层。这样，光线的采集得以改善，即使是采用小面积传感器的小型相机和拍照手机，也能拍出噪点少的好照片。

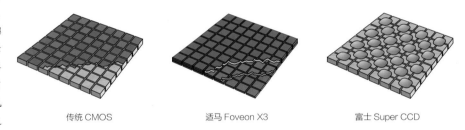

传统 CMOS　　　　适马 Foveon X3　　　　富士 Super CCD

图 3.19　传统的影像传感器（左）只有通过拜耳滤镜才能看见色彩。适马 Foveon X3 传感器（中）的结构与传统传感器的结构类似，但它是由三层构成。光的波长不同，到达的深度也不同。每种色彩只到对应的那一层，省去复杂的计算过程。富士 Super CCD（右）采用八边形像素，并为每一像素提供两个不同感光度的传感器，旨在提高动态范围。

一些制造商在传感器革新方面别出心裁。Foveon X3 传感器（适马）和 Super CCD（富士）是两种非常有意思的结构形式。

Foveon X3 是一种特殊形式的 CMOS 传感器，通过内置硅光电传感器检测色彩，光线的波长不同，硅的吸收不同。Foveon X3 在一个像素上通过不同深度分别感应色彩，第一层感应蓝色，第二层感应绿色，第三层感应红色。因为光的不同色彩只到达对应的那一层，所以，每一像素可以同时记录红、绿、蓝三原色。这便省去了色彩马赛克及随之而来的色彩信息计算，也不必内插所缺像素。

Foveon X3 传感器比采用拜尔滤镜的传感器成像更加逼真。缺点在于色彩分离差，曝光时间长，容易出现绿色的噪点。

富士在 CCD 的基础上进一步研发出 **Super CCD**。单个感光二极管不是四边形的，而是八边形的，也能处理附近像素的光线信息。此外，两个光电管负责一个像素：一个为正常感光度，另一个的感光度略低。这样，图像能保持高光的细节，从而达到较高的动态范围。

Foveon X3 传感器就像一个模拟的彩色胶卷，上下三层，相互重叠。

3.3.3　传感器大小

在胶片相机时代，胶片尺寸是一目了然的。胶片一共有三种尺寸：使用最广的是小型相机和单反相机所采用的 35mm 胶片；用于专业中画幅相机的胶片；以及用于特殊专业相机的单页胶片。而进入数字摄影时代，传感器大小规格不一，多种多样，经研发不断产生新的尺寸。

像素不能单看绝对数值，而应将其与传感器大小结合起来看，这一点，前面内容中已经提过。遗憾的是，制造商没有做好功课，导致我们难以辨识和比较传感器的大小。小型相机的制造商经常不提供传感器大小的信息，提供的话，也是晦涩难懂的。对于那些尺寸比较小的传感器，其大小几乎被忽略掉了。1/2.5 英寸实际上指的是传感器的对角线，也就是 0.4 英寸（将近 7mm）。说得明白点就是：分母越小，传感器面积越大。

影像传感器就像视频电子管一样，采用英寸作为单位。由于视频电子管的可用面积比实际面积小，所以，1 英寸约合 16mm（相当于 1 英寸视频电子管的净高值）。

下面是一些数码相机常见的传感器大小。图片按照 1:1 的标准展示真实的传感器大小。

1/2 英寸
（拍照手机）
5.6mm×3.2mm

1/2.3 英寸
（小型相机和桥式相机）7.6mm×5.7mm

微型 4/3
17.3mm×13mm

APS-C（入门单反和准专业单反相机）
23.6mm×15.8mm

拍摄画幅规格为 6cm×4.5cm、6cm×6cm、6cm×7cm 或 6cm×9cm 的的相机被称为中画幅相机。中画幅数码相机的传感器大小为 30cm×45mm、33cm×44mm 或 36cm×48mm。

APS-H（佳能 EOS 1D 数码后背）
28.7mm×19.1mm

全画幅（专业单反相机）
36mm×24mm

中画幅（中画幅数码相机、数码后背）

视角决定镜头的成像效果。视角由传感器大小和镜头焦距决定。转换系数使焦距的等效换算变得简单易行。比如，你将25mm的镜头用于4/3型相机，图像效果相当于50mm（25mm×2=50mm）的镜头用在35mm胶片相机上（或全画幅数码相机）。

名称	尺寸（mm×mm）	对角线（mm）	焦距转换系数	相机类型
数码全画幅	30×45（其他尺寸包括33×44、36×48）	54	0.8（用于30mm×45mm）	比如：徕卡S2、传感器面积为33mm×44mm的哈苏H4D-40
全画幅	24 × 36	43.3	1	专业数码单反相机，比如：佳能 EOS 5D Mark Ⅱ、尼康 D700、尼康 D3x，全画幅数码旁轴相机徕卡 M9
APS-H	19.1 × 28.7	34.5	1.3	佳能数码单反相机 EOS 1D 系列
APS-C	15.8 × 23.6	28.4	1.5	尼康、佳能和索尼的入门级数码单反相机，三星和索尼的无反相机
4/3	13 × 17.3	21.6	2	松下和奥林巴斯的数码单反相机和无反相机
1/2.3	7.6 × 5.7	9.5	4.5	小型相机
1/2	4.3 × 5.8	7.1	6.3	拍照手机

图 3.20　3750 万像素的超大型单反相机,它的传感器尺寸为 30mm×45mm。徕卡 S2 的起售价高达 18 万元,不含镜头。

3.4 影像处理器

在胶片摄影中，一张照片的产生须经过以下两个过程：一是相机曝光时的化学过程，二是随后在暗房进行的冲洗过程。而在数码摄影中，是由影像处理器将来自传感器的数据加工成照片。影像处理器是数码相机最重要的组成部分之一，也可以把它当作数字显影仪，影像传感器和相机所用的镜头共同决定影像质量。

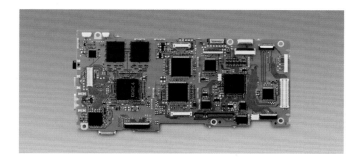

图 3.21 使用了 DIGIC4 影像处理器的佳能数码单反相机的主电路板。

影像处理器位于相机的主电路板上，是一个专门用于加工影像的微型高效计算机。将 RAW 格式转换成 JPEG 格式的照片需要多长时间？数码相机的影像处理器能在 1 秒钟之内多次完成这样的影像转换，且耗电量很低。

拍摄时，影像处理器对来自影像传感器的数据进行加工并计算出色调、饱和度和亮度。影像处理器的加工范围因相机设置而异。如果你使用 JPEG 格式进行拍摄，那么，噪点和清晰度也是影像处理器的加工对象。如果是用 RAW 格式拍摄，那么，影像处理器的大部分加工被略去，你可以事后在电脑上自行处理所有设置。

3.5 快门

图 3.22 佳能数码单反相机 EOS 5D Mark II 的快门。

影像处理器由硬件（比如：处理器和缓冲存储器）和影像处理的特定算法组成。相机制造商不同，影像处理器的叫法不同。最重要的影像处理器包括 DIGIC（佳能）、EXP-EED（尼康）、TruePic（奥林巴斯）和 VENUS Engine（松下）。

影像处理器不仅可以加工传感器数据，而且能够进行测光、自动对焦和白平衡处理。在自动模式下，影像处理器会在拍摄之前分析所有重要的影像数据并决定最佳的相机设置。

相机快门的作用在于严格控制光线到达传感器的时间。小型相机大多采用中心快门（又称"镜间快门"），而数码单反相机则采用焦平快门（又称"卷帘式快门"）。对于焦平快门来说，最高的快门速度和最低的快门速度相差甚远。

数码单反相机的焦平快门就在传感器的前面，由垂直固定的金属片组成，能够独立开关。

拍摄时，你一旦按下快门，反光镜首先弹起。接着，快门前帘帘幕打开，给通过镜头光圈射入的光束让路，使其进入传感器。在所选曝光时间结束之前，快门后帘帘幕启动，关闭光线通道。

如果曝光时间非常短，第一道帘幕还没有完全打开，第二道帘幕就已经开始关闭。两道帘幕之间产生一道小小的缝隙，这正是焦平快门的特征。两道帘幕平行运动，经过传感器，光线经过两道帘幕之间的狭缝到达传感器。

拍摄时，快门的金属片高速运转。

为了在历经千万次曝光之后还能保证快门速度的准确性，现在的相机可以自行计算快门速度，并在必要时对其进行校准。

对一台相机的使用寿命做出判断很难（如果快门出现问题，那么，更换新快门的价格与该相机的售价无关）。查看相机说明书可知，小型相机快门寿命约为 8-10 万次。专业相机更结实一些，快门寿命高达 20 万次。

依据焦平快门的工作原理，闪光灯的使用会受到限制：使用闪光灯拍摄时，最快的闪光同步速度一般是 1/125 秒或 1/250 秒。否则，会造成部分画面接受不到闪光照明的情况。

因为闪光灯只是非常短地亮一下（约 1/1000 秒），所以，快门速度高的时候，闪光灯发出的光线只能在开启的缝隙上发挥作用。只有快门完全打开，才能实现正确的闪光灯曝光。这个最短的时间也叫同步速度，大多数数码相机的同步速度为 1/125 秒或 1/250 秒，因机型而异。想要同步速度更快一些，那么，必须提高快门运行速度，这就对技术提出了更高的要求。只有专业相机才能提供更快的同步速度。

数码单反相机的曝光时间在 30 秒至 1/4000 秒之间，有的甚至高达 1/8000 秒。

快门速度和曝光时间其实是一个意思，指的是快门打开，光线进入传感器的时间间隔。

关于同步速度和闪光灯的使用，详见第 8 章。

3.6 显示屏/即时取景

数码摄影刚刚兴起的时候，小型相机胜过单反相机的一个优点是，使用小型相机可以在显示屏上对照片进行构图，而数码单反相机则只能靠取景器进行构图，相机背面的显示屏只能查看已拍照片。

图 3.23 有了可旋转的显示屏，尼康 D5100 能够灵活地以多种拍摄角度即时取景。

只有当图像转换器的电子信号持续地传输到显示屏时，相机显示屏才能显示当前的预览照片。持续传输会使传感器变热，容易出现噪点。

单反相机制造商意识到了这个问题，现在的数码单反相机采用了即时取景模式，可在相机显示屏上对照片进行构图。其优点如下：

» 有了可翻转的显示屏，任何拍摄角度都不是问题，比如将相机举过头顶进行拍摄。

» 此外，一些相机还针对预览插入色阶曲线（柱状图）。色阶曲线显示照片的亮度分配，有了该曲线，便可对曝光质量做出准确评判。

如果显示屏出现划痕，就很难对照片质量做出准确评判；若想转卖相机，还会影响其售价。这一点让人尤为恼火，却难以避免。很多制造商提供专业的保护壳。另外，你还可以在摄影器材商店里买到保护膜，可根据显示屏大小对保护膜进行剪裁。

» 还能实现局部放大取景对焦，这样便可以进行人工微调，比如，微距摄影时，构图简单又精确。

» 大多数数码单反相机的取景器只能显示照片的95%，或更少。相反，相机显示屏则能显示照片的100%，做到精确构图。比如，当你想把被摄对象置于照片的边缘时，就非常方便。

即时取景在对焦时，是根据对比度侦测进行距离校准，速度要明显慢于通过取景器进行对焦的自动对焦系统。一些具备即时取景功能的数码单反相机虽然采用传统的相位法进行微调，但这会造成反光镜在拍摄过程中不断上下翻动：反光镜必须上翻，光线才能进入传感器（你才能看见显示的影像）；反光镜下来，光线改道进入自动对焦传感器；真正曝光时，反光镜又再次上翻。

直到今天，即时取景模式下，自动对焦仍是个问题。因此，即时取景模式不怎么适合拍摄跳跃的孩子或射门的足球运动员。

显示屏的亮度

光线强烈的时候，显示屏上什么也看不见，你可能想提高显示亮度。虽然很多相机都提供这样的功能调节菜单，但是，你一定要三思而后行。

如果你主要使用显示屏来控制照片的曝光，那么，显示太亮或太暗，都会导致误判。你最好这样设置显示亮度：让一张照片在相机显示屏上的显示和它在电脑显示屏上的显示相一致。使用柱状图，能够更加准确地评判曝光。具体操作详见第7章。

3.7　固件

固件是数码相机的操作系统，负责协调所有任务，比如闪光控制、自动对焦和测光。作为电脑用户，我们会持续升级软件，并已形成习惯。相机制造商也会不断发布固件升级。固件升级新功能很少，而且大多只是排除故障，尽管如此，还是应该随时关注相机网页（网址见包装盒），及时升级相机，使其处于最新状态（比如升级相机，使之能够使用新型存储卡和新型闪光灯）。

不同于 Windows 升级和 OS X 升级，相机升级需要一点手工操作。一些固件（比如尼康），下载之后，你得把数据复制到相机存储卡，通电之后，开始安装。其他品牌，比如奥林巴斯，须用数据线把相机接到 USB 接口上，才能传输固件。

固件升级的操作方法因制造商而异。请你随时关注所用相机的升级信息！

1.　首先，请你检查相机的固件版本。一般来说，可以通过相机菜单的"固件"选项查看现在所安装的版本。

2.　上网看看，有没有新的固件版本。通过版本序号，便可知晓该版本是否为最新版本。请你千万注意一点：该固件是否适用于你的相机。

3.　下载固件升级，必要时要先解压缩。

4.　如果是尼康相机，要先格式化相机存储卡，然后用数据线将相机连接到电脑，之后才能开始复制固件。之后再拔掉数据线。

5.　如果可能的话，请使用外接电源。如果没有外接电源，电池电量一定要够用。电量不足，固件安装会被中止。

6.　现在可以开始安装。选择菜单选项"固件"，按照显示屏上的步骤进行操作。安装期间，千万不要关闭相机。

主流相机品牌的固件升级途径

» 尼康

http://support.nikonusa.com/app/answers/detail/a_id/13783

» 佳能数码单反

http://web.canon.jp/imaging/eosd-e.html

» 佳能小型相机

http://web.canon.jp/imaging/firmware-dcp.html

» 富士

http://www.fujifilm.com/support/digital_cameras/software/

» 松下

http://panasonic.jp/support/global/cs/dsc/download/fts/

» 宾得

http://www.pentax.de/de/Foto_Service_Downloads.php

» 索尼

http://support.sony-europe.com

3.8 省钱秘籍：购买二手相机

数码相机的技术已经非常成熟。购买二手相机，能够节省一大笔开支。

通过EXIF信息可查看相机的快门次数。

可以显示EXIF元数据并且又适用于Windows系统的免费图像查看器有XNView（www.xnview.com）等。

随着科技发展和技术进步，新的机型层出不穷。面对多种选择，不必追逐潮流，满足自己需求即可。如果经费有限，不妨考虑一下二手相机。

通过在线拍卖、网站交易平台或二手商店等等都能买到二手相机。为保险起见，最好还是到信誉好的二手商店当面购机。这样，不仅有保障，而且可以亲眼看到相机，并且可以进行试拍。

前面介绍过，快门使用寿命有限。在一些数码单反相机的EXIF信息里可以找到快门释放次数。你可以用JPEG格式拍一张照片，然后用EXIF查看器对数据进行检查。

图 3.24　除拍摄参数外，EXIF信息还有很多附加信息，包括快门释放次数。如果你使用Photoshop，你可以通过"文件－文件简介－相机数据"调出EXIF数据，并可以查看到快门释放的次数。

购买二手相机的注意事项

　　购买二手相机在很大程度上有赖于你对卖家的信任。理论上，购买过程中难以发现相机的隐藏问题。接下来介绍一些客观的遴选准则，这将有助于你选择正确的相机：

» 向机主了解相机的使用情况。不要购买那些每天都用于职业拍摄的相机。

» 注意一下快门次数，看看最少还能拍多少次。

» 传感器如何？有没有机械损害和划痕？

» 液晶显示屏上有没有坏点或划痕？

» 镜头在变焦和对焦时，是否嘎吱作响？

» 电源开关有没有问题？

» 镜头前组镜片和后组镜片是否有划痕？

» 镜头内部的透镜组之间是否积有尘粒？

3.9　传感器清洁

　　无论是数码单反相机还是无反相机，每次换镜头的时候，相机的内部结构都会暴露在外。更换镜头时，即便你动作娴熟且小心翼翼，也会有尘粒趁机进入相机内部，危及传感器。想想看，假期结束之后，你回到家里，打开电脑，却发现照片上斑斑点点，这实在令人懊悔不已。

　　遗憾的是，我们无法做到完全防止灰尘。以下步骤能够帮助你尽量减少尘粒：

» 考虑一下在哪里更换镜头。找个避风的地方，如果是在尘土多的地方，比如海滩或沙漠，最好回到车里换镜头。

» 如果可能的话，尽量使用变焦镜头，这样可以避免更换镜头。

» 更换镜头时，背风而站，拿相机的时候，确保机身的卡口和传感器向下。

» 换镜头时，动作要流畅有序。把盖子拧到刚换下来的镜头之前，先把要换的镜头装到相机上。

图 3.25 传感器上的污点如果在明亮的单色区域会格外显眼。

保持相机和镜头的清洁

　　除传感器外，还要定期清洁机身和镜头。比起传感器，机身和镜头的清洁要容易得多。最好使用气吹去除镜头镜片和反光镜上的灰尘。大气吹气比较足，清洁效果更好。

　　最好用柔软的、不起毛的、由超细纤维制成的布擦拭相机和显示屏上的脏东西。清洁镜头表面，最好到摄影商店购买专门的镜头纸和清洁剂。

图 3.26 气吹、刷子、镜头纸和清洁剂，能帮你保持相机和镜头的清洁。

浴室是一个相对无尘的空间，是个更换镜头的好地方。当然，如果之前有人刚洗过热水澡，一定要等水蒸气散去之后再换镜头。

在摄影包里放个气吹，随身携带，定期清除相机上的灰尘。

现在的数码单反相机都配有清洁传感器的功能。清洁方法因制造商而异，大多是靠超声波清洁传感器或通过振动来抖落灰尘。你可以对相机菜单进行设置，使其每次开机时自动清洁，或者手动清洁。污渍多的时候，恐怕要连续清洁数次才行。

对于那些无法通过自动清洁去除的顽固污渍（或是没有传感器清洁功能的老款数码单反相机），你只能手动清洁。

利用空气来清除传感器上的污渍，这种方法最简单，也最保险。请你使用气吹（可在摄影商店买到），千万别用压缩气罐。压缩气罐里的空气经过降压形成冷凝液，这些冷凝液会把灰尘牢牢地粘在传感器上。

气吹是唯一经相机制造商公开推荐的清洁方法。如果这样还是不能清除污渍，那么，只能把相机送去维修，价格因制造商而异。

面对顽固污渍，自动清洁功能也束手无策，你只能自己动手清除污渍。

如果你想自行清除顽固污渍，可以在摄影商店里购买如下辅助工具：

» Dörr 牌传感器清洁系统（www.doerrfoto.de）。根据真空原理，在不接触传感器的情况下，可吸走灰尘。

» Visible Dust 牌静电除尘扫（www.visibledust.com）。类似于传统的除尘刷，但刷毛是经过改良的，由高科技材料制成。按下按键，静电除尘扫开始旋转工作。使用前必须先充电。

» 医用棉签和甲醇是性价比最高的除尘工具。可以在摄影商店购买该套装。

传感器清洁步骤

　　影像传感器是数码相机的核心部件，日常清洁很重要。如果传感器受损严重的话，相机可能会报废，无法继续使用。因此，清洁时，一定要格外小心。请你依照下述说明，一步一步慢慢来。只有那些无法利用清洁功能清除的污渍和无法用气吹吹走的灰尘，才能用液体清洁剂进行清除。

图 3.27 清洁传感器，并不需要昂贵的特殊工具，你只要防静电抹布、圆珠笔、棉签、异丙醇和气吹就足够了。

　　1.　先拍一张照片，以便确定污渍在传感器上的位置。请使用长焦距、小光圈（也就是说设置成大的光圈值）拍摄均匀的平面，比如一张纸或一片蓝天。

　　2.　把照片传到电脑上，放大之后，确定污渍位置。如果是单反相机的话，左右是颠倒的：污渍在照片的左下角，其实它是在传感器的右上角的。

　　3.　检查电量，必要时，请充电。如果没电的话，反光镜会在清洁过程中降下来，后果非常严重。

图 3.28 清洁时，反光镜必须上翻。请你确保相机电量充足，在相机菜单里找到选项进行清洁。

4. 把镜头从相机上取下来，在相机菜单里找到"清洁影像传感器"选项（名称因制造商而异）。确定选项，反光镜上翻，传感器外露。

图 3.29 请你使用防静电抹布清理相机内部。

91

5. 从超市买一块防静电抹布带回家，把布裹在圆珠笔笔尖上，沿相机内壁"走"一圈（千万别碰到传感器）。

图 3.30 *使劲捏几次气吹，清除传感器上的灰尘。*

6. 将相机卡口朝下拿着，使劲捏几次气吹，清除传感器上的灰尘。有一点须特别注意：气吹的头不要碰到传感器的表面。

7. 重新装上镜头，解除清洁模式。

8. 按清除键删掉之前拍的照片，重复步骤1，再拍一张照片。

如果所拍照片没有任何污渍，说明清洁成功了。如果还有污渍，你还必须进行下述步骤：

9. 重复步骤4，选择清洁模式。

10. 用棉签（请使用不起毛的棉签，比如Q-Tips牌的棉签或摄影商店里卖的专用棉签）沾一点异丙醇，一两滴就足够了！

图 3.31 在所有清洁步骤均不奏效的情况下，再用液体清洁剂清洁传感器。

11. 用棉签擦拭传感器。擦的时候，不要来回反复擦，要始终按照一个方向擦，比如从左到右。

12. 用干棉签重复步骤11。

13. 删除之前所拍照片，再新拍一张。如果污渍还在，重复步骤9到步骤13。

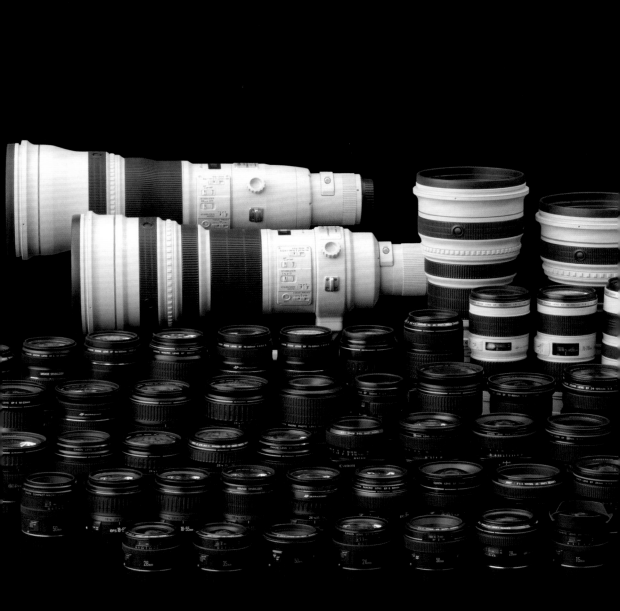

第 4 章
镜　头

没有镜头，无法拍摄。镜头——相机的"眼睛"将被摄对象记录到传感器上，并在很大程度上决定最终照片的质量和画面质感。本章向你介绍的内容包括：镜头的工作原理、好镜头的标准、如何正确使用广角镜头、何时使用远摄镜头等等。

4.1　现代镜头的结构

玻璃、塑料和金属——从外表看，镜头并无惊人之处。然而，镜头内部布满各种高科技部件，比如位移传感器、专用透镜、超声波马达，因为这些部件的存在，影像才能够尽可能真实地记录被摄对象。各部件的配合堪称完美，现代镜头简直就是科技产品的典范。

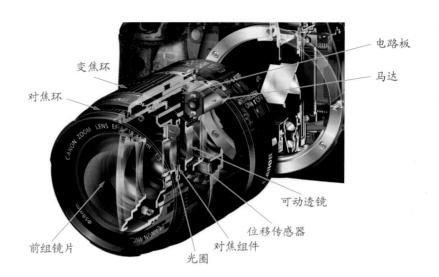

电路板

马达

变焦环

对焦环

可动透镜

位移传感器

图 4.1　现代自动对焦镜头的内部结构，含图像稳定器。

前组镜片

对焦组件

光圈

你可以通过变焦环改变焦距，从而改变照片的视角。旋转或推动变焦环至一个较大的数值（比如 200mm），被摄对象被放大；旋转或推动变焦环至一个小的数值（比如 18mm），拍摄范围扩大。

必要时，你可以通过对焦环手动调节被摄对象的清晰度。

位移传感器是图像稳定器的一个重要组成部分，用于应对拍摄过程中的镜头抖动。图像稳定器其实是一种可动透镜，通过修正光学部件的移动，减小手持颤抖对成像的影响。

主电路板及其芯片是一个电子中心，对位移传感器采集的数据进行处理，控制自动对焦马达，负责和相机进行数据交换。

对焦透镜在马达的作用下来回移动，对影像的清晰度进行微调。超声波马达通过超声波驱动透镜，速度尤其快。

光圈对射入镜头的光量加以控制。开大光圈（设置一个较小的数值，比如 f/2、f/2.8 或 f/4），大量光线进入；收缩光圈（设置一个较大的数值，比如 f/16 或 f/22），少量光线到达传感器。

对焦组件是一个透镜，或更准确地说是一个透镜组。微调时，对焦组件发生移动（通过半按快门自动对焦或手动操作对焦环）。内对焦的镜头，对焦组件的运动是在镜头内部进行的，镜头长度不变，前组镜片不转动（这一点对偏振镜来说非常实用，因为偏振镜的效果取决于旋转角度）。

现在的镜头，前组镜片大多具备保护镜头和滤除紫外线的作用。

4.2 镜头基础知识

目前，仅尼康一个品牌就提供了 60 种不同的单反镜头。虽说不是所有制造商都能提供如此之多的镜头，不过，所有大品牌的镜头都不少，从广角镜头到远摄镜头，一应俱全。另外，还有独立镜头制造商（副厂），比如适马、腾龙和图丽，提供与各大品牌相机卡口匹配的镜头。

大多数情况下，你所购买的相机为套机，也就是说，相机含配套镜头。一般来说，包含一只变焦镜头，焦距可变，从小广角到中等的焦距（最典型的是 18–55mm）。

对焦距离　　镜头相对孔径

滤镜直径

光圈　　焦距

图 4.2　镜头上的数字刻度非常重要，必须搞懂才行。

在本书中无法就镜头的购买给出太多具体的建议。你可以在网上找到拍摄样片和详细的测评，比如www.photozone.de 或 www.digital-kamera.de。www.dpreview.com 是一个不错的英语网站。

焦距：焦距越小，画面的视角越大，也就是说，拍摄范围越广。焦距范围说明，比如"18-55"表明焦距可变的变焦镜头。

镜头相对孔径：数值越小，镜头能够捕捉的光线越多（一只 f/1.4 孔径的镜头，通光能力非常强；一只 f/5.6 的镜头，通光能力则弱一些）。

对焦距离：在对镜头进行手动对焦时可显示对焦距离。

光圈环：老款镜头有光圈环，用于调节光圈大小。新款镜头大多没有光圈环，取而代之的是用机身上的拨轮调整。

滤镜直径：给出了镜头滤镜螺纹的直径，使你能迅速找到合适的滤镜。

除上述特性外，现在的镜头还有很多其他功能，比如超声波马达，能够迅速进行微调对焦；图像稳定器，曝光时间长的时候，能够自动补偿手的抖动。下表是不同厂家镜头的重要缩写。

	自动对焦镜头及自带马达	APS-C 画幅	图像稳定器	内对焦	移轴镜头	专业镜头标志
尼康	AF-S	DX	VR	IF	PC-E	-
佳能	USM	EF-S	IS	-	TS-E	L
适马	HSM	DC	OS	IF/RF（后组镜片对焦）	-	EX
腾龙	USD	Di II	VC	IF	-	SP

表 4.1　制造商给出的镜头描述晦涩难懂。此表为你揭开镜头缩写的神秘面纱。

4.2.1　焦距

焦距是镜头的一个重要特性。物理课本是这样定义焦距的：焦点和透镜中心之间的距离，一个无限远的物体在焦点被清晰地记录下来。

该理论的直观说明就是，你一定记得，我们小时候试着用放大镜在报纸上烧出一个洞。如果放大镜和报纸的距离刚刚好，光束就会聚集起来，形成一个小的光点，光点很烫，能在报纸上烧出一个洞。

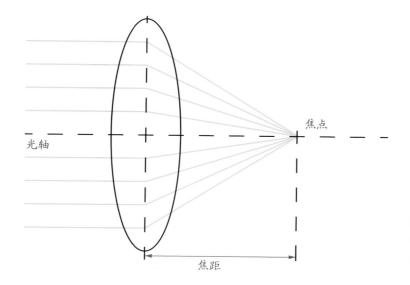

光轴

焦点

焦距

图4.3 焦距是透镜中心和它的焦点之间的距离。

纸和放大镜之间的距离其实就是焦距。如果你换成其他放大镜再试一次，那么，你会发现，这个距离是会变的，也就是说你必须将放大镜和报纸之间调整到另一个合适的距离，纸才能被点着。

焦距越长，放大镜和纸之间的距离越大。数码相机的镜头也是同样的原理。焦距长的镜头将无限远的物体拉近，并将其放大。

4.2.2 照片的视角

某一镜头所产生的画面效果不是取决于焦距，而是取决于由焦距产生的画面视角，也就是从镜头投射到影像传感器上的图像部分。焦距和传感器大小共同决定照片的视角。说得明白点：某一特定焦距总是在相机传感器上留下相同的影像，而不同的传感器则记录不同大小的经剪裁的影像。

数码相机的传感器是传统35mm胶片的替代物。它将被摄对象（确切地说是从被摄对象反射的光束）转化成电子信号，这些信号能够存于处理器，并在处理器上对其进行加工。

小型相机的传感器介于1/2英寸至4/3英寸之间（小型相机最常用的传感器大小为7.6mm×5.6mm，比大拇指的指甲还要小），数码单反相机

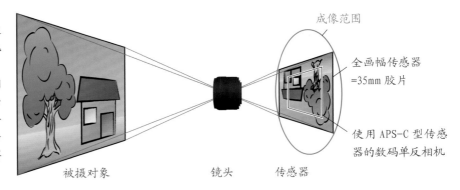

图 4.4 镜头将被摄对象在数码相机上记录成圆形的、左右颠倒的、头朝下的图像。不过,传感器只记录其中一块方形的图像。传感器越小,剪裁得越小(见红圈)。

成像范围

全画幅传感器 =35mm 胶片

使用 APS-C 型传感器的数码单反相机

被摄对象　　　　　　镜头　　传感器

的传感器要明显大得多(入门级机型和准专业机型达到 1 1/8 英寸)。除使用全画幅传感器的专业数码单反相机之外,所有的影像传感器的面积都比传统的 35mm 胶片(36mm×24mm)小。

就照片的构图和照片效果而言,照片的视角比焦距重要得多,尽管如此,照片视角却很少被提及,很多摄影师都只想焦距。究其原因,须追溯摄影的发展史。

胶片摄影时代,焦距被视为衡量镜头图像效果的唯一标准,因为 35mm 胶片(也就是 36mm×24mm 的底片)是当时的标准摄影格式。而数码相机则使用不同大小的传感器:焦距为 10mm 的镜头用在传感器为 1/2.5 英寸的小型数码相机上,是标准镜头;同样的镜头,用在传感器为 22mm×16mm 的数码单反相机上,则是广角镜头。

焦距和传感器大小决定了照片的视角。所以你应该根据对照片视角的要求,来选择使用标准镜头、远摄镜头或广角镜头。

相机类型	转换系数	标准镜头的视角 44-55°	广角镜头的视角 > 55°	远摄镜头的视角 < 44°
35mm 相机、全画幅数码单反相机	1	50mm	< 35mm	> 70mm
4/3 型相机	2	25mm	< 20mm	> 35mm
APS-C 型数码单反相机	1.5(尼康等) 1.6(佳能)	35mm	< 28mm	> 50mm
传感器为 1/2.5 英寸的小型数码相机	2	10mm	< 6mm	> 22mm

表 4.2 标准镜头、广角镜头和远摄镜头在不同类型相机上的焦距。

为配合传统焦距，数码相机会给出经典 35mm 胶片的焦距参考值（即等效焦距）。小型相机和桥式相机的传感器比较小，所需的焦距也比较小，镜头前标示的小数字就是相机的真实焦距，比如小型数码相机的焦距范围是 6.2-18.6mm。如果没有给出真实的焦距，那么给出的就是换算成 35mm 胶片的等效焦距。

数码单反相机的镜头则相反，一般会给出真实的焦距。镜头焦距转换系数，使我们能够更好地计算镜头的画面效果。

该转换系数告诉我们，35mm 胶片比相机所用的传感器面积大多少。

用转换系数乘以镜头的真实焦距得到与 35mm 胶片等值的焦距。目前的入门级数码单反相机和准专业数码单反相机的转换系数是 1.5 或 1.6。

目前，大多数数码单反相机的传感器约为 35mm 胶片的一半大小。这样的传感器适用于 APS－C 系统，该系统由柯达公司在 1996 年提出，之后一直被称为 APS-C 型传感器。

影像传感器的大小基本相当于经典 35mm 胶片的数码相机，即是全画幅相机。

对小型数码相机而言，镜头前标示的焦距就是相机的真实焦距。其他焦距则是等效焦距。变焦倍数始终针对的是初始焦距。初始焦距为 35mm，3 倍变焦的最长焦距为 105mm，8 倍变焦的最长焦距为 280mm。

图 4.5 全画幅相机所拍照片（整张照片）和转换系数为 1.5 的相机所拍的照片（红色方框）的对比。

用真实焦距乘以转换系数得到的焦距，相当于该镜头用于 35mm 胶片相机的焦距。转换系数为 1.5 的相机，50mm 的镜头，其成像视角相当于 75mm 的镜头用于 35mm 胶片相机（或全画幅数码单反相机）。

4.2.3　镜头孔径

镜头的孔径大小是镜头的另一特征，它以比数的形式出现，比如"1：2.8"。镜头的孔径越大，所能开启的光圈越大，光圈开得越大，镜头所能"捕捉"的光线就越多。光线弱或使用远摄镜头的时候，较大的孔径能够提高快门速度，从而避免成像模糊不清。

但是，根据我的个人经验，镜头孔径经常被"小题大做"。购买镜头的时候，你应该认真考虑一下，是否有必要在镜头孔径上花那么多钱。客观地说，贵的镜头不仅贵在拥有较大的孔径，而且贵在聚焦性能和机械性能，而且它主要针对的是专业摄影师。

> 光圈、快门速度和感光度的设置，详见第6章。

一般来说，你用不着将光圈全开，因为镜头的质量在边缘部分有所削弱，所以，把镜头光圈缩小一点，拍出的照片效果更好。很多数码相机允许我们根据拍摄需要调整感光度，光线弱的时候，可以调高感光度数值。

4.3　镜头类型

一台转换系数为1.5的数码单反相机，焦距不同，成像视角也不同，参见对页图。所有照片均由尼康D80相机加不同的镜头在同一地点拍摄而成。相机的转换系数为1.5，分别给出真实的焦距。

4.3.1　标准镜头/标准变焦镜头

所谓标准镜头，或标准焦距，指的是成像视角与人眼视觉（约为44°–55°）相近的镜头。胶片摄影时代，传统35mm相机以50mm的镜头作为标准镜头。而数码单反相机很少配备标准定焦镜头，多为标准变焦镜头。

使用这些镜头拍出的照片，非常真实，符合视觉习惯。

图 4.11　适马 17–70mm f/2.8–4 DC OS HSM 是一款标准变焦镜头（用于 APS-C 型数码单反相机），镜头孔径较大，内置图像稳定器。

图 4.6　12mm

图 4.7　24mm

图 4.8　70mm

图 4.9　155mm

图 4.10　300mm

图 4.12 标准镜头拍摄的照片，画面既协调又漂亮。拍摄参数：尼康 D70，35mm，1/80 秒，f/11，ISO200。

4.3.2 广角镜头

广角镜头适合拍摄壮丽的风景和建筑物等。

所有小于标准焦距的镜头都叫广角镜头。采用 APS-C 型传感器的数码单反相机，常用的焦距范围在 12-24mm 之间。

超广角镜头的焦距非常短，适合拍摄具有强烈空间感的被摄对象。一般的广角镜头则适合拍摄狭窄的空间、高大的建筑物和风景。广角镜头还适合拍摄带背景的人像和婚礼上的集体照。广角镜头不适于拍摄人像，因为稍近点拍摄就会产生明显的变形。

图 4.13 适用于尼康 DX 格式数码单反相机的广角变焦镜头：AF-S DX 12-24mm f/4G IF-ED。

图 4.14　使用广角镜头拍摄时，适当地安排前景，能使画面富有立体感。拍摄参数：尼康 D300，12mm，1/500 秒，f/11，ISO200。

图 4.15　拍摄内部空间时，请选用广角镜头。拍摄参数：尼康 D300，12mm，1/30 秒，f/8，ISO800。

广角镜头的使用

　　要想用好广角镜头，先要水平放好相机，这是前提条件。水平放置相机的方法有两种：一是使用网格线，一些相机的显示屏可以显示网格线；二是使用水平仪，它可以插在热靴上。广角镜头适合拍摄广阔的自然风光。因为广角镜头着重突出前景，所以，拍摄时须保证这一部分的画面质量，如鲜花、石头或地上的图案都是不错的选择。相比远处的景物，前景更大一些，这样能够突显景致的宽阔和辽远。

　　拍摄时，千万不要贪多。即便使用广角镜头，也要注意构图，结构清晰，只拍重点。

图 4.16　佳能 EF 8-15mm f/4L USM 鱼眼镜头。

　　鱼眼镜头是广角镜头的一种特殊形式。鱼眼镜头是一种极端的超广角镜头，焦距非常短，成像视角可达 180° 以上。鱼眼镜头拍出的照片因焦距而异，要么是全景照片，要么是极短焦距下拍出的黑边圆形照片。

　　为达到极广的视角，鱼眼镜头保留了广角形畸变，只有画面中心的线

图 4.17　鱼眼镜头能够把树木拍成倾斜的线条，该照片就是典型的鱼眼效果。
拍摄参数：尼康 D300，10.5mm DX 鱼眼镜头，1/125秒，f/11，ISO200。

条为直线，其他线条都不是直的。鱼眼镜头使用恰当的话，能够拍出极具戏剧效果的照片，但使用不当的话反而会破坏效果。

循序渐进：轻松更换镜头

镜头可更换是数码单反相机和新型无反相机的一大优势。必须经过练习，才能熟练更换镜头。更换镜头的重点在于细节：

更换镜头时，一方面会把敏感的影像传感器暴露在外，另一方面很难用两只手同时搞定机身和镜头。按照如下步骤更换镜头，以保证传感器与灰尘接触的机会尽可能少一些：

1. 把镜头盖盖到镜头上。

2. 把相机挂在脖子上，这样，镜头是朝下的（镜头卡口开口朝下，不易进灰）。

3. 按下镜头旁边的镜头锁，按照逆时针方向拧下镜头（尼康相机是顺时针方向）。

4. 将从相机上换下来的镜头放在一个平面上，盖上镜头尾盖。

5. 拧开新镜头的尾盖，将镜头装到相机上（注意对准镜头和相机的标记点），按照顺时针方向旋转，锁上卡口（尼康相机是逆时针旋转）。

6. 把换下来的镜头收进摄影包里。

使用鱼眼镜头进行拍摄，须花时间练习才能适应其成像视角。你很容易就会把自己的脚拍进照片里（地上的阴影就更不用说了）。

步骤 4 尤其容易出现问题，因为很难找到放镜头的地方。这时，你需要一个可以帮你拿镜头的人。如果你经常一个人外出拍摄，那么，下面的步骤或许对你有所帮助：从摄影商店再买一个镜头背面的盖子，把两个镜头盖背靠背粘到一起。双面盖用于替换镜头，这样，就能把从相机换下来的镜头直接放到背面拧开的盖子上，不需要找地方放下镜头。

4.3.3 远摄镜头

焦距大约为 50-100mm 之间的小型远摄镜头（针对 APS-C 型数码单反相机）尤其适合拍摄人像和人体照片。你可以与被摄对象保持一定距离，开大光圈，使背景变得模糊。

远摄镜头能够放大被摄对象。中小型远摄镜头（35mm 等效焦距约为 85-135mm）的体积相对小一些，适合拍摄经典的人像照片。因为焦距较长，拍摄时，你可以与被摄对象保持一定距

图 4.18 尼康 AF-S VR 70-200mm f/2.8 G IF-ED 是一款大口径的高性能远摄镜头，业余摄影师也乐于去购买它。

离，拍出的人脸非常自然，不会发生扭曲变形。利用好景深，你能够把人物的脸拍得很清晰，而把背景拍得模糊。

拍摄运动场景、动态场景和动物，要用长焦距的远摄镜头才能近距离"接触"被摄对象。

图 4.19 无论是在动物园，还是在露天猎场，长焦距的远摄镜头都是拍摄动物的首选。拍摄参数：尼康 D300，300mm（带图像稳定器）1/80秒，f/5.6，ISO200。

图 4.20 远摄镜头可将远处景物拉近，并"压紧"空间。
拍摄参数：尼康D300，300mm，1/640秒，f/11，ISO200。

　　说起焦距在 200mm 以上的远摄镜头，人们马上就会想到野生动物的拍摄。拍摄危险、警惕的动物，必须选用"长枪大炮"。远摄镜头也可用于风光拍摄，突出某些细节并对空间进行"压缩"。远摄镜头能够把相距甚远的山峰"挪"到一起。远摄镜头不仅能够真实再现风景，而且能够很好地塑造形状和色彩。

图 4.21 远摄镜头经常用于风光拍摄。
拍摄参数：尼康 D300，240mm，1/1000 秒，f/5.6，ISO200。

增距镜

增距镜并非独立的镜头，而是能够影响镜头焦距的一种附件。远摄增距镜装在数码单反相机的镜头和机身之间，能够延长焦距。摄影商店出售 1.4 倍的增距镜和 2 倍的增距镜。1.4 倍的增距镜最多可将焦距延长 40%，代价就是减小 1 挡光圈。2 倍的增距镜则要减小 2 挡光圈，光线会少很多，光学质量下降较大。

图 4.22 佳能 EF 1.4X III增距镜可为远摄镜头提供更远的焦距。

使用固定镜头的小型相机和桥式相机，既有远摄增距镜又有广角增距镜。这些光学附件要么拧在镜头上，要么插在镜头上，能够影响镜头的焦距范围。

4.3.4 微距镜头

微距镜头适合近距离拍摄，它可以把微小的东西拍得很大，比如近距离拍摄花朵或昆虫。有了微距镜头，无需其他附件，就能近距离接触被摄对象，并将其"原原本本"地记录下来。焦距为100mm的中型远摄镜头不仅体积小，而且能够与被摄对象保持必要的距离（这一点对于"胆小"的被摄对象来说至关重要，比如蝴蝶）。

放大倍率1∶1（也就是说，镜头所拍摄的图像和真实的被摄对象一样大）的镜头才称得上"真正"的微距镜头。至于变焦镜头，制造商的定义则相对宽松一些，放大倍率达到1∶4的变焦镜头就算具备微距功能了。普通镜头的放大倍率多为1∶8。

图4.23 适马105mm f/2.8 EX DG OS SM 镜头的放大倍率能够达到1∶1。

焦距为70–100mm、具备微距功能的小型远摄镜头，能够把小的东西拍得很大。

图4.24 一旦有了高的放大倍率，就算是针线这样的日常小物件也能拍得格外醒目。拍摄参数：尼康D80，适马150mm微距镜头，1/60秒，f/8，ISO100。

图 4.25 逆光下的水滴。调小光圈使照片中形成闪烁的亮点。

拍摄参数：尼康 D80，适马 150mm 微距镜头，1/90 秒，f/22，ISO100。

4.3.5 移轴镜头

胶片摄影时代，专业拍摄建筑物必然使用移轴镜头。拍摄时，移轴镜头通过视轴的偏转对视角进行修正。移轴镜头能够真实再现建筑物，不会把建筑物的线条拍斜。

如果建筑物不是你的拍摄重点，那么，你大可不必在移轴镜头上"一掷千金"。因为你用家用电脑就能修正变形，不费吹灰之力。

图 4.26 佳能 TS-E 24mm f/3.5 适合拍摄建筑物用于数码单反相机，如果不是全画幅传感器的，焦距会显得略长。

图 4.27 如果想把建筑物拍全，只能斜着拿相机，这时建筑物的线条就会发生倾斜。而使用移轴镜头，在拍摄时就能避免线条倾斜。

循序渐进：镜头宝贝，创意无限

镜头宝贝（Lensbaby）的透镜被安装在一支灵活的镜筒上，该镜筒可以延伸、压缩和翻转。和移轴镜头一样，镜头宝贝的透镜可随着拍摄平面转动。镜头宝贝的价格相当便宜，但是拍摄效果略差，所以无法替代移轴镜头。不过，镜头宝贝尤其适合创意拍摄，非常有趣。照片中只有一个区域是清晰的（也就是所谓的"清晰对焦区域"），其他部分的清晰度依次递减。

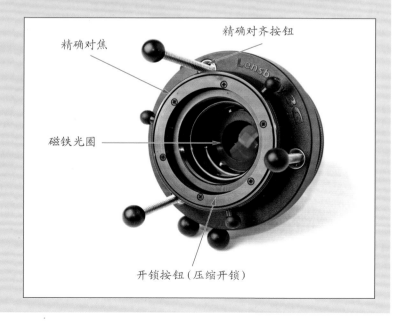

精确对焦

精确对齐按钮

磁铁光圈

开锁按钮（压缩开锁）

图 4.28 镜头宝贝能够准确地对齐"清晰对焦区域"。

1.   前面几张照片，请你使用中等大小的光圈。

镜头宝贝完全不同于你所惯用的镜头。和镜头的叶片光圈不同，在镜头宝贝中，射入镜头的光束受到一个金属环的限制，该金属环固定在透镜前的三块小磁铁上。起作用的还有一组直径各异的磁铁光圈和一小块磁铁，你可以通过这块磁铁更换光圈。光圈不仅限制光量，而且决定景深和清晰区域的范围：光圈越大，清晰对焦区域越小。

2.   将相机设置为光圈优先模式（A或Av）。

3.   很遗憾，尼康的一些机型，选择光圈优先模式无法使用镜头宝贝。在这种情况下，请你手动调整曝光（M）。试拍一张照片，在显示屏上查看其曝光情况。通过快门速度调整曝光，如果照片太亮，请你选择快一点的快门速度；如果照片太暗，请你选择慢一点的快门速度。

4.   压缩对焦环下面的两个按钮，打开镜头镜筒的定位锁。

5.   请你将精确对焦按钮移至两根金属棒的中间位置。

镜头宝贝是纯机械的，不会和相机交换任何数据。

图 4.29 通过一些练习，才能在拿稳相机的同时，对镜头宝贝进行操作。请你将小拇指放在下面支撑相机。

6. 请你把大拇指放在相机上面或相机背面，这样你才能用食指和中指对镜头镜筒进行操作。

7. 请你推动或拉动镜头镜筒，将画面中心设为清晰区域。从机身算起，45cm的距离是清晰的；压缩镜筒，能够把45cm以外的物体拍清楚；拉开镜筒，能够把45cm以内的物体拍清楚。

8. 单向挤压控制环，能够使镜头镜筒变得弯曲，这样，"清晰对焦区域"就偏离了画面中心。请你将控制环向你想要的"清晰对焦区域"挤压。

9. 找到满意的"清晰对焦区域"，请你用右手的食指和中指按下对焦环的小按钮，锁定镜头镜筒。

10. 按下快门，拍摄照片，在显示屏上查看照片。

11. 必要时，你可以通过对焦环上的按钮对清晰度进行微调。

12. 需要时，你还可以通过三根金属棒尾端的按钮来校正"清晰对焦区域"。

13. 请你重复步骤10。

图4.30 镜头宝贝的"清晰对焦区域"能够营造微缩景观的感觉。
拍摄参数：尼康D300加镜头宝贝。

4.4 变焦还是定焦

变焦镜头将若干焦距融于一只镜头之中。变焦镜头通过可动透镜的相互移动，实现镜头焦距的变化。很多装有固定镜头的小型数码相机和桥式相机都采用这种焦距可变的镜头。数码单反相机，品牌各异，变焦镜头的种类更是多种多样。

很多制造商为初学者提供由机身和一只或两只镜头组成的套机。一般来说，使用配套镜头，是不会错的。当然，配套镜头肯定不是高品质的高端镜头，但是，价格非常便宜，适合日常使用。

变焦镜头包括标准变焦、广角变焦、远摄变焦以及焦距范围甚广（比如18-200mm）的超级变焦镜头。变焦镜头必然在最大口径和图像质量之间做出权衡，不过，现在的镜头，图像质量已经非常好了。

图 4.31 佳能 EF-S 18-200mm f/3.5-5.6 IS的焦距范围非常广，从小广角到超级远摄全部融于一只镜头。

就光学性能而言，好的、高品质的变焦镜头并不比定焦镜头差。很多人误以为变焦镜头比定焦镜头小和轻，其实，像 16-35mm f/2.8 变焦镜头并不一定比两个口径相同、焦距分别为 20mm 和 35mm 的单个镜头体积小、重量轻。

一个小小的摄影包就能装下焦距范围广泛（比如18-200mm）的变焦镜头，这种镜头适合旅行拍摄。内置图像稳定器的镜头能够弥补口径较小的不足，拍摄效果更佳。

很多小型相机都有数字变焦功能。你最好关掉它！数码变焦，变的不是焦距，而是通过内插像素来放大照片。拍摄时，你最好采用长焦端的光学焦距，然后在电脑上设法剪裁照片。

循序渐进：使用变焦镜头拍摄动态效果

变焦镜头不仅便于构图的选择，而且还可以用于创意构图。变焦效果能帮助你使静态被摄对象"动"起来，使你的照片变得生动。

方法很简单：请你使用较低的快门速度进行拍摄，并在曝光过程中转动变焦环。持续变焦之下，照片不再"死气沉沉"，图像元素看似由照片中心向照片边缘运动。

1. 变焦效果的前提条件是镜头带有机械变焦功能。遗憾的是，这种拍摄技术无法用于小型相机和桥式相机，因为这两种相机的变焦位置在曝光过程中是锁定的。

图4.32 夜间拍摄，曝光时间变长，使用变焦拍摄的方法。曝光开始时和曝光结束时稍作停顿，这样，才能把文字拍得清楚。拍摄参数：尼康D70，腾龙28-75mm镜头，8秒，f/19，ISO200，曝光期间结束变焦。

2. 请你将相机装在三脚架上。照片的某些部分是清晰的，才称得上变焦效果，如果整张照片一片模糊，就不是变焦效果了。因为曝光时间比较长，所以，你需要使用三脚架拍摄，以避免模糊。

3. 请你选择最低的感光度，也就是说最小的ISO值。

4. 请你选择光圈优先模式（A或Av），尽可能调小光圈，以达到最长曝光时间。

5. 在理想的情况下，前几张照片的快门速度可设为5秒甚至更长。快门速度越高，转动变焦环的速度必须越快。如果你想在非常亮的环境下使用变焦效果，那么你需要使用中灰滤镜，减少光量，并保证快门速度足够低。

6. 请你把左手放在变焦环上。

7. 右手按下快门，快门开启的时候，转动变焦环。

8. 这种拍摄技术，照片效果具有偶然性。不过，这正是数码摄影的魅力所在：请你看看显示屏上的图像，必要的话，请重新拍摄。

对于经验丰富者：拍摄开始时和拍摄结束时，将变焦停顿一下。这样，初始照片和结束照片会更加清晰，图像效果有所增强。

117

4.5 适配器

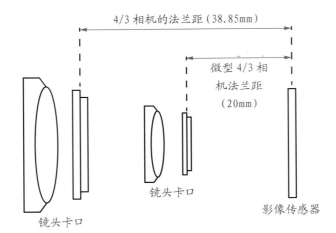

图 4.33 法兰距指的是镜头卡口和影像传感器之间的距离。因为微型 4/3 相机的法兰距比 4/3 相机短，4/3 系统的镜头要通过适配器才能用于微型 4/3 相机。反之，则行不通。

你必须通过卡口才能把镜头装在相机上。同时，相机和镜头通过这个连接来交换重要信息，比如对焦和测光数据。

不同品牌相机和镜头的卡口不一样（4/3 系统是个特例，不同品牌之间是兼容的），所以，不同品牌的镜头不能直接用到其他品牌的相机上。有时候，同一品牌的相机甚至也存在卡口不兼容问题。尼康将 1959 年的尼康 F 卡口沿用至今，然而，佳能在 1987 年将自动对焦镜头换成了 EF 电子卡口。这样一来，采用 FD 卡口的老款佳能单反镜头就不能用于今天的佳能 EOS 系列相机了。

2003 年奥林巴斯引入的 4/3 系统是一个开放标准，不论哪一家制造商，4/3 系统的镜头可用于任意 4/3 相机。

利用摄影商店所售的专用适配器（也称"转接环"），可将 A 品牌的镜头用于 B 品牌的相机。一般来说，这样的适配器会带来一些问题：你无法再使用快门优先模式功能和自动对焦功能等。

当然，适配器还是有用的，比如：你想在数码相机上继续使用胶片时代的老镜头，或者你想使用不同品牌的各种相机。以我为例，我就经常使用适配器，因为我喜欢将尼康的专业镜头，比如远摄变焦或微距镜头，用于奥林巴斯 Pen E–PL2。

图 4.34　尼康微距镜头用于奥林巴斯 Pen 相机。因为适配器上有光圈环，所以，即使尼康 G 型镜头自身没有光圈环，也能使用。

一个品牌的镜头是否适用于另一品牌的相机，关键在于法兰距。所谓法兰距，指的是卡口和传感器平面之间的距离。

如果 A 品牌相机的法兰距大于 B 品牌相机的法兰距，那么，使用简单的、纯机械的适配器就能将 A 品牌的镜头用于 B 品牌的相机。反之，则行不通。如果 A 品牌相机的法兰距小于 B 品牌相机的法兰距，那么，就需要带附加透镜的适配器，才能进行精密调整。这种适配器非常昂贵，而且有损图像质量——在这种情况下，适配器就毫无意义了，你还不如花钱为新相机买一只原装镜头。

下表列出了部分相机系统的法兰距。扫一眼法兰距，你马上就会发现，徕卡 M 卡口的传奇镜头，由于法兰距比较短，无法适用于单反相机。

"异类"还包括新型的无反相机，比如奥林巴斯 Pen 系列，松下 Lumix DMC-G2、GF10、GF1 和 GH1，三星 NX10 和索尼 Alpha NEX-3 和 NEX-5。由于这些相机的法兰距非常短，所以，就算使用适配器，它们的镜头也不能用于全部单反系统或徕卡 M 系统。

你可以在 www.novoflex.de 和 www.zoerk.de 上找到用于不同相机和镜头的适配器，种类非常多。

卡口类型	法兰距（以 mm 为单位）
尼康 F	46.50
索尼 Alpha A	44.50
佳能 EF	44.00
奥林巴斯 4/3	38.85
徕卡 M	27.80
微型 4/3	20
三星 NX	25.50
索尼 E	18.00

表 4.3 部分相机系统法兰距一览表。

4.6 为什么需要图像稳定器

无论你相机拿得多稳，当曝光时间长到一定程度，也就是所谓的手持拍摄的极限，成像模糊在所难免。图像稳定器（防抖功能）是模糊的克星，使用远摄镜头和小口径的变焦镜头进行拍摄将变得简单。

当然，你可以在曝光时间长的时候借助于三脚架来拍摄清晰的照片。但是，有一些地方，比如很多博物馆是不允许使用三脚架的。另外，随手拍摄的时候是没法使用三脚架的（比如，你乘坐公共汽车游览城市时进行拍摄）。

无论是三脚架，还是图像稳定器，都只能预防因相机抖动而产生的模糊。对于镜头抖动造成的模糊，两者均束手无策。拍摄跑车时，如果曝光时间长，跑车会变成彩条。

注意：简单的小型相机也标称提供了"电子"防抖功能。虽然这听起来很动听，但它其实并不是真正的光学稳定器，而是一种自动感光度功能：当快门速度低于某一界限时，相机会自动提高传感器的感光度。销售人员是不会告诉你的：感光度高，容易出现噪点。

关于手持拍摄的极限以及快门速度和清晰度的关系，详见第 6 章。

现在的图像稳定器最多能将手持拍摄的极限降低 4 挡快门速度。也就是说，比起不带图像稳定器的镜头或机身，可将曝光时间延长 16 倍，影像不会出现模糊。

图 4.35 拍摄参数: 尼康 D300, 16-85mm VR 镜头 (65mm), 1/6 秒, f/5.3, ISO400, 图像稳定器关闭。

图 4.36 采用 APS-C 型传感器的数码单反相机, 焦距为 65mm, 手持拍摄, 快门速度的极限为 1/100 秒。低于此快门速度, 清晰度可能出现问题。此被摄对象, 就算全开光圈, 提高感光度, 快门速度也只达到 1/6 秒。不用图像稳定器, 成像会模糊, 打开图像稳定器才能拍出清晰的照片。拍摄参数: 尼康 D300, 16-85mm VR(65mm), 1/6 秒, f/5.3, ISO400, 图像稳定器开启。

避免成像模糊的关键在于: 最低快门速度等于焦距 (35mm 画幅等效焦距) 的倒数。比如, 你用 APS-C 型数码单反相机进行拍摄, 镜头焦距为 200mm, 转换系数是 1.5, 那么, 等效焦距就是 200mm × 1.5 = 300mm。为了拍出清晰的照片, 你必须将快门速度设为 1/300 秒或更高。

如果镜头 (或相机) 采用新一代图像稳定器 (你可 "赢得" 2 挡快门速度), 你还能用 1/50 秒进行拍摄。现在的图像稳定器, 快门速度甚至能够低至 1/25 秒或 1/5 秒。

所谓 4 挡快门速度, 是在理想条件下的最大值, 常见于广告。图像稳定器的效果如何, 取决于不同因素, 包括所用焦距、所选快门速度, 以及摄影师的手有多稳。

你最好自行测试相机，在打开和关闭稳定器的情况下，使用不同的快门速度拍摄对比照片，从而找出某一特定镜头的手持拍摄极限。

4.6.1 镜头防抖

带图像稳定器的镜头的标识: IS（佳能）、VR（尼康）、OS（适马）、VC（腾龙）。

1995 年，佳能凭借 EF 75–300mm f/4–5.6 IS USM 将首款带内置图像稳定器的镜头引入市场。传感器将拍摄期间相机和镜头的抖动记录下来，微型处理器推动镜头中的透镜组，以此抵消模糊。其优点在于：镜头不仅能够清晰拍摄，而且取景器中的图像也是清楚的。缺点在于：每一只镜头都得耗费成本来安装图像稳定器。

4.6.2 传感器位移：机身防抖

奥林巴斯、宾得、三星和索尼是采用移动传感器来实现防抖效果的。

2003 年，美能达推出首款机身内置图像稳定器的相机 Dynax 7d。虽然该公司如今已经不再生产相机，但是，传感器位移这一技术却在今天得到广泛应用。影像传感器的抖动探测器对晃动情况进行分析，然后向晃动的反方向移动。

这种技术的优点在于：影像传感器适用于所安装的任一镜头。它的缺点在于：照片是清晰的，但取景器内的图像是模糊的，在使用远摄镜头时，难以对照片构图做出选择。

循序渐进：使用防抖功能尽心拍摄

1. 如果是相机内置图像稳定器，请你选择使用即时取景模式，因为 LCD显示屏能显示稳定的图像，这一点不同于光学取景器。

如何生动拍摄行进中的被摄对象，详见第346页第11章相关内容。

2. 电子设备需要一些时间分析相机的晃动并抵消这些晃动。先半按快门，激活图像稳定器，等一会儿，再完全按下快门进行拍摄，这样才能消除模糊。此过程所需时间取决于相机的机型。老款机型需要1秒钟的时间，新款机型则明显快得多。

3. 很多带图像稳定器的镜头会针对不同的使用目的提供相应的操作模式。比如：保留水平方向上的运动，抵消垂直方向上的抖动——这一点对于拍摄行进中的被摄对象很重要。或者，相反的，你想从行驶的汽车、火车或飞机向外拍摄，图像稳定器则须抵消所有震动。

	尼康	佳能
固定站立	VR 普通	IS- 模式 1
相机装于单脚架	VR 普通	IS- 模式 1
相机装于三脚架	可关闭防抖	可关闭防抖
在行驶的交通工具上拍摄	VR 主动	IS- 模式 2
运动的被摄对象	VR 普通	IS- 模式 2

表 4.4　表格告诉你，某一特定拍摄情境下，哪种防抖模式最合适。

　　4. 如果你将带防抖功能的镜头装到具备防抖功能的机身上（比如松下 Lumix 镜头装到奥林巴斯 Pen 相机上），在两个图像稳定系统中，你必须关闭其中一个，千万别同时使用两个系统。

　　5. 要等图像稳定器不工作了（你也可以通过镜头上的开关关闭图像稳定器），再把镜头从相机上取下来。

　　6. 如果不小心把图像稳定器还在工作中的镜头从相机上取下来，有时候，图像稳定器正在运作的部分会吱吱作响。不用担心，只需把镜头再装回到相机上。开启相机，所有运作的部分都会复原，噪音随之消失。

4.7　镜头的像差

　　图像的视觉原理很复杂。镜头由若干片透镜组合而成。之所以有这样的组合，是为了尽可能避免不受欢迎的像差。然而，无论镜头结构有多好，还是无法 100% 消灭像差。

　　我们有必要了解这些像差。这样，你才能够更好地评估镜头的性能，并能够事后在电脑上清除这些像差。比如：有一张照片拍得非常成功，你想把它放大成高质量的明信片；或者你对照片质量的要求非常高，甚至要求达到完美。

4.7.1　暗角

　　渐晕（物理层面上，由镜头的视场决定）和边缘暗淡（斜射到投影面上的侧光，照明强度较弱）是两种截然不同的光学现象。但结果是一样的：照片四角暗淡无光，甚至是一片漆黑。

就利用倾斜射入的侧光而言，数码相机的影像传感器远远不如传统的胶卷，因为影像传感器的感光光电二极管是"坐"在一个小槽里的。所以，边缘将光电管遮住，就好像日落时，群山将其身后的山谷遮住。

图 4.37 明亮、单色的区域（比如天空），亮度的减弱尤其明显。使用全画幅相机、广角镜头，无法避免渐晕。

工艺上，无法完全避免照片四周出现暗角。大多数情况下，你可以通过缩小 2-3 挡光圈（比如变焦镜头，你可将光圈设为 f/8 或 f/11，而不是最大光圈 f/4）来有效避免照片四角的暗淡无光。

实际上，并没有听起来那么糟糕。很多数码相机，相机内的图像处理功能就已经对暗淡的照片四作了平衡。相机做不到的，完全可以在后期处理时补上。基本上，好一点儿的图像处理软件都提供了相应的渐晕修复功能。

镜头不是导致照片出现暗角的唯一原因。用与镜头不匹配的遮光罩，用太厚的滤镜（会阻挡射入的光线），这些都会导致照片四角暗淡无光。而使用广角镜头尤其应注意：当你使用广角镜头时，请配上较薄的滤镜，并时刻关注显示屏上的照片，仔细观察以防止暗角的产生。

4.7.2 扭曲变形

扭曲变形（畸变）是一种几何像差。焦距不同、镜头质量不同，都会使照片中的直线（比如电线杆或建筑物的边缘）或多或少地变得弯曲。这种像差被称为扭曲变形，线条离照片中心越远，弯曲越严重。

图4.38 只有极少数的镜头能够做到没有扭曲变形（中图）。远摄镜头通常会出现枕形变形（左图），广角镜头则容易出现桶形变形，直线向外拱（右图）。

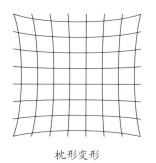

枕形变形

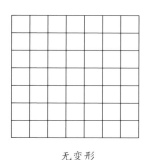

无变形

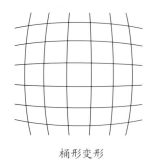

桶形变形

远摄镜头比较容易出现轻微的枕形变形。相比远摄镜头，广角镜头更容易出现像差。焦距非常短的时候，经常出现桶形变形。照片看起来"大腹便便"，原本笔直的线条拱起来向外翻。

4.7.3 色差

白色光线由不同波长的光束组成，镜头以不同的强度折射这些光线，色彩偏差就此产生，专业术语叫作"色差"。

色差

焦点差异

图4.39 像棱镜一样，透镜将白色光线分解成单个的光谱色彩。

在电脑上进行后期处理时，可对大部分的镜头像差进行修复。Lightroom 3的镜头像差修复功能非常好用。该软件针对不同的相机镜头组合提供相应的预置模式，通过操作区域"镜头像差修复"可对扭曲变形、色差和渐晕进行处理。当然，你也可以通过移动滑块来手动修复。

像棱镜一样，镜头的透镜将光线分解成光谱色彩，因为不同光线的折射是不一样的，比如，蓝光的折射就比波长更长一些的红光强。结果就是：从亮处向暗处的过渡地带，会出现色边（通常是绿色或品红色）。

制造商试图通过低折射的透镜或由折射能力不同的透镜组成的透镜组（无色透镜）尽可能地降低有色像差。所谓"复消色差物镜"，指的是那些能够将三原色（红、绿、蓝）聚焦于一点的透镜，几乎消除了色差。

4.7.4　球差

"球差"是一种影响镜头清晰度的像差，成因在于：表面为球面的聚光透镜无法绝对均匀地折射光束。透镜不能将同一波长的（也就是说同一色彩）光束准确地集中在焦点上，因为透镜外缘的光束比透镜中心的光束折射强。

因此，点不再是点，光束重叠，在焦点周围形成漫射的晕影。镜头设计师企图通过多层透镜来减小清晰度损耗。质量较好的镜头装有非球面透镜，该透镜的外缘磨得更平。

4.7.5　反射和漫射光

正如你所知道的，每只镜头都是由若干透镜组成的。遗憾的是，每一透镜表面都会反射部分光线。漫射光从镜头的内侧被反射。

结果就是：对比度下降，照片显得浅淡。为了尽可能弱化这种影响，制造商采用经过加工处理的透镜，并在透镜表面加一层薄如蝉翼的镀膜涂层，以消除反射。

遮光罩并不总是随镜头附赠，有时你必须单独购买，购买时，你得选择正确的遮光罩形状和大小。如果款式不合适，照片边缘会出现阴影（渐晕）。你最好购买制造商提供的原装附件，它们针对不同镜头提供了相对应的附件。

遮光罩是专门为镜头配备的附件。比起逆光遮光罩或日光遮光罩，"漫射光遮光罩"对于遮光罩功能的描述更加准确。加装遮光罩后，只有拍摄所必需的光线才会进入镜头。倾斜射入的漫射光被挡在外面，不必要的光线反射得以避免。

开启相机闪光灯时，请卸掉遮光罩！

　　遮光罩并非始终要装在镜头上，也有例外：开启相机内置闪光灯时，就一定要卸掉遮光罩。如果是用广角镜头拍摄，遮光罩会挡住闪光，被摄对象就会出现难看的阴影。

图 4.40　很多镜头都附有配套的遮光罩。通常情况下，你可以始终把它罩在镜头前（也有例外）。

　　正常情况下，对于经过多层镀膜处理的现代镜头来说，光线的反射和漫射已不是什么问题。如果是逆光拍摄（日光或其他光源），镜头就会出现问题，就算使用之前提到的漫射光遮光罩也无能为力。

　　照片中会出现彩色的光斑（又叫透镜光斑），出现这些光斑，在所难免。对于这些光斑，我个人不仅欣然接受，而且乐于将它们用作构图的手段。如果你实在不喜欢，很简单，往旁边挪几步，太阳就被挡在树冠或高楼之后不见了。

4.8　学会读MTF曲线，更好地了解镜头性能

　　你一定在摄影杂志上看到过镜头的测试报告，面对复杂的曲线，你一定会问，这些曲线究竟什么意思。这些错综复杂的曲线叫作 MTF 曲线，它们可以对镜头的成像质量（尤其是分辨率）给出客观评价。

　　TMF 其实是 Modulation Transfer Function（调制传递函数）的缩写。

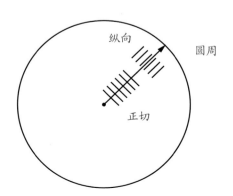

图 4.41　纵向正切的 MTF 测量。

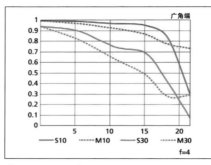

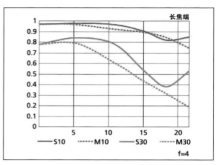

表 4.42　尼康 24-120mm ED VR 变焦镜头广角端 MTF 曲线。

表 4.42　尼康 24-120mm ED VR 变焦镜头长焦端 MTF 曲线。

　　MTF 曲线图显示的是镜头对被摄对象对比度的忠实再现情况，纵轴表示对比度的高低，横轴表示与成像中心的距离。

　　MTF 曲线是评价镜头质量的重要途径。当然，这些科学的曲线也有不足之处。因此，请你批判地看待这些数据，解读曲线时，请你注意以下几点：

» MTF曲线只对镜头的对比度做出描述，并没有对渐晕、扭曲变形等其他重要特性做出描述。

» 很大程度上，曲线走势取决于所用光圈，如果是变焦镜头，还取决于焦距。你只需对镜头的有效区域加以关注。比如，你主要拍摄风景，那么，请你关注调小光圈时镜头的曲线。再比如，你经常使用光圈f/1.8拍摄人像，那么，全开光圈时的曲线比较重要。

» 制定曲线的测量条件很不一样。因此，很难对不同来源的曲线进行比较（不是所有制造商都公布实际镜头的曲线，公布的只是电脑计算的理论曲线走势）。

如何保持镜头清洁

无论多么小心，镜头还是会被弄脏。下述技巧可以帮你保持镜头清洁：

1.　随时从不同角度检查镜头前组镜片，最好是在明亮的光源下进行检查，比如在写字台台灯旁。

2.　一旦发现尘粒，千万不要用手帕或衣角擦。这样只会更加糟糕！不但不能清除污渍，反而会刮坏昂贵镜头前薄如蝉翼的镀膜。

3.　请使用气吹或细毛刷子，尽可能小心地将灰尘从透镜表面移除。

4.　去除顽固污渍，比如难以去除的手指印，最有效的方法就是使用摄影商店所售的专业清洁套装（比如镜头纸、清洁剂或由超细纤维制成的布）。

5.　不用镜头时，请把镜头盖盖上，拍摄完毕，请马上把镜头收进摄影包里，这样可以避免前组镜片积灰。

第 5 章
附 件

　　一台相机、一只镜头、一个好的被摄对象、一组戏剧性的灯光和一位富有创造力的摄影师，足以拍出一张好照片。

　　但是，没有电池和存储卡，什么都是空谈。很多有用的附件能够简化拍摄过程，增添拍摄乐趣，有些照片的拍摄必须使用特定附件。

5.1 存储卡

微型硬盘、多媒体卡（MMC）、智能媒体卡（SMC）、xD 卡⋯⋯若干年前，存储卡的标准一片混乱。渐渐地，存储卡统一为现在的两种类型：

» CF卡，外形稍大（42.8mm×36.4mm×3.3mm），存储能力较强。CF卡结实、容量大、存储速度快，常用于专业数码单反相机。

» SD卡，外形明显更小（32mm×24mm×2.1mm），而且非常省电。SD卡一般用于小型相机、入门级数码单反相机和无反相机。

写入速度与③有关（这里是 class10，也就是说每秒钟至少 10MB）。常见速度②（这里是 30MB/s）只和数据读取有关，和数据写入无关。

① 写保护：将开关向下推，存储卡上的影像被写保护，无法删除。
② 读取速度：给出数值是 150KB/s 的倍数：

    40x　6MB/s
    66x　10MB/s
    100x　15MB/s
    133x　20MB/s
    300x　45MB/s
    600x　90MB/s

③ 速度级别：速度级别描述的是稳定的写入速度。最高级 class10 可保证达到 10MB/s。
④ 存储卡标准：SD 卡最大 2GB，SDHC 卡可达 32GB。最新发展：SDXC 卡高达 2TB。
⑤ 存储能力。

选择何种存储卡，SD 卡还是 CF 卡，取决于相机。相机对存储卡类型具有一定要求。

很多特殊存储卡未能发展下去（比如奥林巴斯研发的 xD 卡），只有索尼进一步发展了它的记忆棒（MS 卡）。然而，索尼也面临着巨大困境。目前，所有的索尼相机都支持 SD 卡。

2000 年，松下、东芝和 SanDisk 引入 SD 卡标准，将容量限制在 2GB。2007 年，存储能力更强的 SDHC 卡标准面世。SDHC 卡不是向下兼容的，只支持新型相机。老款相机须进行固件升级（见第 3 章）。

2009 年，SD 卡标准再次扩展。理论上，SDXC 卡的存储容量能够达到 2000GB（＝2TB）。为了实现这一标准，存储卡须在一个名为 exFAT 的新的操作系统里进行格式化。Windows 7（从补丁包 1 开始）才能控制 exFAT，Windows XP 用户须从微软网站下载补丁程序。Mac 用户至少需要 Mac OS X 10.6，才能在电脑上查看 SDXC 存储卡上的照片。

购买存储卡的时候，首先要考虑的是卡的存储能力，它决定所能存储照片的数量。存储卡的大小取决于所用相机的分辨率。分辨率越高，图像文件越大，所需存储的存储空间也就越大。

容量大的卡能够存储更多的照片，不必频繁换卡。但它不仅价格昂贵，而且有一个致命缺点：一旦出现故障，存在卡里的照片全部"不翼而飞"。

所以，最好不要把所有照片存在一张卡上。与其买一张超大存储卡，不如买两三张能存 150–250 张照片的小存储卡。一张 RAW 格式的照片，每百万像素约需 1MB。一台千万像素的相机，一张 2GB 的存储卡，每张照片需要 $10 \times 1MB = 10MB$，一共能存 RAW 格式的照片 200 张。

其次要注意存储卡的存储速度。写入速度决定照片需要多长时间才能存到卡上（同时决定需要多长时间才能开始拍摄下一张照片）。对于连拍和大的 RAW 文件来说，写入速度很重要。读取速度也很重要。读取速度快的存储卡，能够在电脑的读卡器上迅速做出反应。

SD 存储卡在不断升级。目前，很多高级数码单反相机能够使用两种存储卡。售价 7 万元的专业中画幅相机宾得 645D 只能使用 SD 卡。

Eye-Fi：带WLAN模块的SD卡

专业的影棚摄影，经常会在拍摄后马上将照片传至电脑。电脑屏幕比相机背面的显示屏大得多，更容易看清照片，并及时发现问题。

佳能和尼康均提供WLAN传输器，使用该传输器，数码单反相机能够接入无线网络。该技术只适用于专业摄影。

使用USB数据线，摄影爱好者会觉得很麻烦，带内置WLAN模块的Eye-Fi型SD卡能够解决这一问题。

图 5.1 所有采用 SD 卡的数码相机，只要换上 Eye-Fi 存储卡，都能无线传输。

Eye-Fi卡是一张加入了WiFi模块的SDHC卡。

选好网络之后，照片不仅会被存在卡上，而且会被传输到所选电脑上。Eye-Fi卡还可以把照片直接上传到Flickr、微博和其他网站。通过App，你还能在智能手机上使用Eye-Fi功能，比如，你可以在路上通过智能手机的数据将照片传到网上。

数码相机的存储卡和电脑上的 RAM 存储器不一样，闪存芯片能够在关闭电源的情况下持续存储。也不同于硬盘，闪存芯片没有可动组件，所以，闪存芯片耗电量小，而且能够经受强烈的震动。就写入而言，存储卡并非不受限制，不过，写入操作多种多样，能够经得起考验。

制造商企图通过 40x、80x、100x 等标示来突出存储卡的速度。实际上，这些标示是投机取巧的。

处理能力以 MB/s 为单位，通常只和读取能力有关。对于日常拍摄而言，写入速度更加重要，而写入速度明显要慢许多。

出于某种原因，给出的速度倍数（比如 133 x）与 CD 的读取速度有关，也就是 150KB/s。标有 200x 的存储卡，其读取速度为 150KB/s × 200 = 30000KB/s，即 30MB/s。

SDHC 卡标准也有速度级别。以 MB 为单位，即每秒钟持续写入存储卡的兆字节。连拍时和摄像时，数据源源不断地写入存储卡，因此，速度级别对于连拍和摄像非常重要。

存储卡入门知识

» 等存储过程结束之后，再关闭相机。

» 只有在相机关闭的情况下，才能取出存储卡。

» 取出或插入存储卡时，要小心，不要用力。

» 存储卡应远离电磁辐射（比如电视、手机和液晶显示器）。

» 把从未备份过的存储卡装进专门的盒子里保存，并用笔做好标记，避免在不知情的情况下，删除所有已拍照片。

» 在相机上对存储卡进行格式化，千万别在读卡器上格式化。格式化非常重要，做不好的话，可能出现下述情况：存储卡里有照片，而相机则显示0张照片。拍摄重要照片之前，须对存储卡的存储空间进行确认。为了保险起见，可将所拍照片备份到另外一张卡上。

» 运气好的话，使用专门的软件（比如http://www.datarescue.com或http://www.lexar.com）可以重新找回被删除的照片。

很多小型数码相机和入门级数码单反相机无法使用高速存储卡。在这种情况下，与其一掷千金，不如买一张速度慢一些、但性价比更高的存储卡。相机使用说明书上标有相机所支持的速度。

5.2　电源

假期里，你想在海滩拍摄梦幻一般的日落，此时，相机开始闪烁，说明电量不足了。遇到没电，什么数码相机都会束手无策。没电是相机"失灵"最常见的原因。无论是开启相机、按快门，还是调整镜头、在显示屏上查看照片，都要用电，没有电，数码相机什么也做不了。

5.2.1　相机电池

几乎所有数码单反相机和其他各类数码相机都采用专用的锂离子充电电池。不同品牌相机的电池互相之间不兼容，有时，甚至同一品牌、不同机型的电池也不兼容。

锂离子电池的优点在于：电池容量大，一块电池够数码单反相机拍摄1000 多张照片。

其缺点在于：每块电池都需要专用的充电器。在紧急情况下，比如在路上，没有办法替换电池，因此，要始终在摄影包里放一块充满电的备用电池。出门之前，先想想是否带对了充电器。

可通过多种途径购买备用的锂电池。购买由相机制造商生产的原装电池肯定没错，价格虽贵，但品质有保证。如果购买由专业电池制造商生产的备用电池，比如质量过关且价格公道的 Varta 或 Ansmann 牌锂电池，能够节省 50% 的花销。

千万别从 eBay 或其他网店买 50 元的锂电池。我本人并不反感这些电池，但是，一旦使用这些电池，你就会知道，网上的广告究竟有多骗人。

5.2.2　AA电池和AAA电池

如果是采用标准小电池的闪光灯或小型相机，AAA 和 AA 两种电池都能用，既环保又便宜。镍镉电池不算理想。这种技术已经过时，所用材料很不环保，电容量相对较小，且随时间推移电量越来越小。

如果经常只让电池部分放电，电池会"记住"以前的电量需求，只提

电池容量是相机电池最重要的性能。mAH值给出了电池的电量。

供到现在为止所需要的电量（即"记忆效应"）。

电池容量 2300mAh 以上的镍氢电池比较理想。几年前，低自放电的镍氢电池才开始进入市场。电池容量虽然比传统的镍氢电池低一些，但是，电压在不断加强的放电过程中始终保持稳定，所以，真正使用起来，低自放电的镍氢电池更加耐久。另外一个优点是：这种电池可在低温情况下使用，使用任意镍氢电池充电器，都可对其充电。

图 5.2　低自放电的镍氢电池采用了最新的电池技术，充电快捷、稳定。

5.2.3　万能充电器

每台相机都有自己的电池和充电器。然而，这还远远不够，因为移动存储器、GPS 接收器、外接闪光灯和手机也都要用电，迟早需要补充新的电源。

各种各样的充电器塞满了整个摄影包，各种电线缠在一起。在市面上有多种品牌的万能充电器供你选择，它们能够帮你解决这些问题。

图 5.3　万能充电器能够给不同的电池充电，可节省摄影包的空间，避免电线缠在一起。

万能充电器分为两种：要么采用不同的连接板，要么充电触点可以移至同一母线，以适应各种电池不同的触点距离。

这样能使电量更加持久

» 新出厂的电池还"有待历练"。充电三四次之后，电池才能发挥最佳功效。这一点很正常。开始阶段非常重要：充电过程之间，电池须尽可能放电。

» 锂离子充电电池一旦彻底放电，电池组就彻底废掉了。一般不用担心，因为相机能够及时关机。如果长时间不使用相机，至少应把电池充满一半电，把电池从相机上取下来，放进一只干燥的盒子里。电池自己也会放电，三个月内，约遗失80%的容量。你最好在日历上记上标记，每季度充电一次。

» 如果是AA电池或AAA电池，请你务必使用有质量保证的充电器。便宜的充电器通常没有断路装置，就算电池已经满电，还是会继续充电。好的充电器经得起时间和温度的考验，能够及时断电，并自动转换成维护性充电。

» 不要乱放电池，要把它们放入专用盒子或电池包里，避免放电和短路。请你做好分类和标记，电池是充过电的还是没电了的，一目了然。

» 千万别把不同工艺、不同制造商、不同容量和不同充电状态的电池搞混。购买电池之后，最好马上用防水的笔做上标记，避免出错。

» 不要在每次拍摄之后，都给相机充电。电池的使用寿命有限，充电达到一定次数之后，电池就报废了。相机显示电池电量低的时候，要及时充电。

5.2.4　电池手柄

不久之前，我还根深蒂固地认为，电池手柄就像高级跑车一样：中看不中用。但把 MB-D10 电池手柄装到尼康 D300 上之后，我一发不可收拾地爱上了它。因为有了电池手柄，我买了一只新的摄影包，因为旧的摄影包装不下相机和电池手柄，新摄影包在装完电池手柄后还能装下导游手册，这对远途拍摄而言，非常实用。

电池手柄能为相机提供额外电量。这对耗电量大的拍摄来说很有用，比如夜间拍摄，曝光时间长非常耗电。

另外，有了电池手柄，会更便于拿相机，尤其是加了沉重的远摄镜头的相机。有些体积小巧的入门级数码单反相机，只有在加上电池手柄后，手大的人才好握持相机。

图 5.4　尼康相机 D7000 的电池手柄 MB-D11，既能延长相机的使用时间，又便于竖拍。

电池手柄能够为人像摄影和竖拍提供很大帮助。电池手柄为相机提供额外的快门按键和其他重要的功能按键。相机按键的分布一般以水平机位为准，竖拍时，会存在一定困难。一旦有了电池手柄，就算把相机竖起来，你也能一如既往地用右手对相机进行操作，不必到处摸索着寻找相关按键。

普通的 AA 电池或锂电池，都可安装在电池手柄中。因为 AA 电池的效能比锂离子充电电池的效能弱得多，所以一般来说不是什么问题。遇到紧急情况时，你只要找到一家卖 AA 电池的书报亭，就能解决问题，完全不用担心，不是吗？另外，电池手柄也能装自放电低的镍氢电池，温度低的时候，还能供电。

5.3　三脚架

现在的数码单反相机，就算使用高感光度也能拍出清晰的照片，图像稳定器的防抖性能越来越好，即使曝光时间长，也能手持拍摄。尽管如此，在很多情况下，还是会用到三脚架，有时甚至必须使用三脚架。

微距摄影，因为景深小，聚焦绝对是个技术活。相机够稳，才能确保精确对焦。高动态范围（HDR）摄影和全景摄影也都需要三脚架。全景摄影使用三脚架才能准确地使多次拍摄的画面保持在同一水平线上。夜间拍摄时，曝光时间长达几秒钟，甚至几分钟，再出色的图像稳定器也难以招架，必须使用三脚架。

除了稳定之外，三脚架还有一个优点：一旦使用三脚架，整个拍摄过程都会随之慢下来。支三脚架之前，必须考虑一个问题，三脚架放在哪里最合适。相机一装到三脚架上，你就开始会有意识地构图，如果是拿在手里，构图意识会差很多。相机装在三脚架上，还便于发现破坏画面的干扰因素，比如被摄对象后面的电线杆。使用三脚架进行拍摄，不会随手乱拍，拍摄到的都是佳作。

三脚架的价格差异很大。简单的铝制三脚架只要 200 元，专业三脚架则高达上万元。三脚架的类型也是多种多样，各型号之间存在巨大差异。

轻便、体积小、稳定、便宜，同时满足这四个条件，才称得上完美的三脚架。然而，现实中，很难找到集四大优点于一身的三脚架。有一条亘古不变的原则：越稳越沉。说实话，我也很不喜欢，但是，没有任何办法。

购买三脚架时，请注意三脚架的最大负荷能力。它至少应能够负荷相机和沉重的镜头，最好负荷能再大一点。如果你喜欢微距摄影，请选择中轴能够撤掉的三脚架，这样，在接近地面的地方也能拍摄。

选择三脚架的时候，最好先问自己一个问题："我为什么需要三脚架呢？"

文中一直在谈三脚架。其实，还有单脚架。单脚架无法取代三脚架，它只是对三脚架的一种补充而已。曝光时间长的时候，不宜使用单脚架，但是，如果使用远摄镜头进行拍摄，单脚架能够使拍摄变得简单易行。

图 5.5 如果你是出于兴趣使用小型相机拍摄的话，迷你三脚架是不错的选择。重量虽轻，但效果明显，用于夜间拍摄或自拍，都很不错。

如果你只是偶尔使用小型相机进行夜间拍摄，那么，专业的碳纤维三脚架实在是大材小用了。如果是这种情况，从商店购买物美价廉的铝制三脚架就足够了。100 多元的东西，你就别抱太大期望了。当然，便宜的三脚架也能满足基本功能：固定（重量轻的）相机，使长时间曝光成为可能。

如果你经常出远门，想给入门级数码单反相机或无反相机配一副体积小一点的三脚架，那么，你得多花点钱。这样的三脚架最少也要 600 元，三条腿能从不同角度进行支撑。这种类型的三脚架，三条腿一般比较细，总体结构不是特别稳定。刮风的时候，会出现一些问题，三脚架无法支撑大型相机和沉重的镜头。如果只是偶尔用用，倒也不是什么大问题。

图 5.6 使用小型相机进行拍摄，曝光时间偶尔长一些，性价比高的入门级三脚架足矣，比如金钟牌 CX-888。

体积大的数码单反相机对三脚架的要求高一些。中档价位，也就是 1000–3000 元之间。可以买一个坚实的、能够胜任所有任务的三脚架。装备好，可动部件轻便灵活，易于开关。你想一想，三脚架几乎伴你始终，换几台相机，也不见得换一副三脚架，因此，花大价钱买一副好一点的三脚架，也算是物有所值。

普通三脚架一般配有云台，好一点的三脚架则须另外购买云台，你可选择不同结构的云台。

云台在相机和三脚架之间建立起连接。云台应该尽量稳定一些，能够灵活并准确地定位相机。

使用球形云台，快捷方便。你只需松开螺丝，拧上相机，找准相机位置之后，再把螺丝拧紧，固定好相机即可。

三向云台，手柄多，螺栓多，不仅看起来很奇怪，而且操作很复杂。如果是动态拍摄，千万别用三向云台，因为你根本没有时间换来换去。而对于需要时间构思的微距摄影和全景摄影来说，三向云台再合适不过了，三向云台的精确度是球形云台无法企及的。相比球形云台，三向云台更占地方，且不便于携带，因为三向云台的手柄相对较长。也有一些型号的调节杆短一些。

碳纤维三脚架，重量轻，稳定性好，价格较贵。

图 5.7 碳纤维三脚架，比如欧米茄 Carbon III，鉴于其采用增强碳素纤维材料，稳定性非常好，且重量相对较轻。中轴可以撤掉，三条腿加了可伸缩的钢头，保证绝对稳定。

图 5.8 相比三向云台，球形云台的体积更小，能够更快地把相机调到合适的位置。

正确使用三脚架

» 彻底张开三脚架的三条腿，关闭镜头的图像稳定器。

» 有时候，中轴不需要抽出来（购买时，请注意三脚架是否足够高）。

» 刮大风的时候，把摄影包挂在中轴上，以增加重量。

» 为了避免模糊，请你使用快门线或遥控器进行拍摄。

» 球型云台比三向云台小得多。

» 使用快装板，很容易就能把相机固定到三脚架上。

» 请阅读使用手册，了解镜头图像稳定器的工作情况。如果不确定，请你把图像稳定器关掉——这时再用三脚架，相机才是稳定不动的。

图 5.9 快装板有一个托盘，一面固定在三脚架螺丝上，另一面拧到相机的接口上。这样的话，就能很方便地将相机固定到三脚架上或从三脚架上拆下来。

反光镜预升

三脚架只有和快门线配合使用，才能发挥最大功效。直接按快门，相机产生震动，清晰度受影响。影响照片清晰度的还有反光镜的震动。

正常情况下，按下快门，反光镜向上翻（你能够听到数码单反相机特有的响声），快门为光线让路，射入的光线到达传感器。

反光镜上翻也会导致相机震动，导致图像模糊。为了避免这一问题，中高档数码单反相机提供了"反光镜预升"功能。

开启"反光镜预升"功能，按下快门钮，反光镜向上翻；至少等上2秒钟（等反光镜的震动消退），再次按下快门进行拍摄。"反光镜预升"功能必须和遥控快门线配合使用。

胶片摄影时代，若想激活"反光镜预升"功能，只需扳动单反相机上的操纵杆即可。遗憾的是，现在，这一功能被"藏"进了相机菜单里。如果你想知道所用相机是否具备"反光镜预升"功能，请你查看相机使用手册，英文缩写MUP（Mirror up）代表"反光镜预升"。

请注意：平时你一定要记得关闭"反光镜预升"功能。否则，下次再用相机时，它会莫名奇妙地"罢工"。

5.4　遥控快门线

顾名思义，遥控快门线是指在不接触相机的情况下，远距离控制相机快门。为实现这一目的，将快门线固定在胶片单反相机的快门按钮上。约30cm 长的橡皮管末端有一按钮，通过控制该按钮，金属销在橡皮管内来回移动，快门下压。

传统的机械快门线已经过时，今天的遥控快门线都是电子快门。种类繁多，适用于不同的拍摄距离和拍摄环境。包括 100 元的有线快门、红外远程控制的无线快门，以及高达千元的带即时取景功能的无线电遥控器系统，它采用无线电触发装置，引闪器和接收器之间的距离可达 100m，即使中间存在障碍物，也能正常工作。

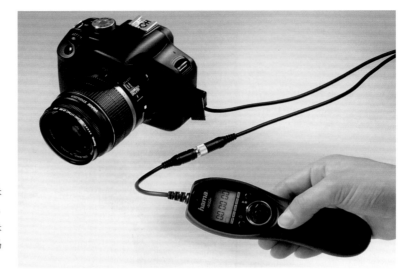

图 5.10　有线快门的结构多种多样。一些升级后的快门线能够进行间隔拍摄。

如果你既没有有线快门也没有遥控器（或你的相机不支持这些功能），那么，你可以使用自拍功能，确保在没有手抖的情况下触发相机快门。

长时间曝光，必须使用三脚架，尽管如此，仍会有轻微振动。为避免这一问题，可采用"反光镜预升"加有线快门或"反光镜预升"加遥控器，操作简单，效果显著。只需将电线插入相机相应的插孔，按下按钮即可。就这么简单。有线快门不需要电源，损耗极低。一般只有一个按钮，体积非常小，可装进任意摄影包。电线长度从几厘米到十几米不等。

此外，很多相机机型具备曝光锁定装置。该功能尤其适用于长时间曝光：曝光期间，无须持续按住快门。

相比相机制造商提供的原厂有线快门，其他厂商的产品会便宜得多。有线快门没有太高的技术含量，厂家会尽量节省成本。

除有线快门外，无线的遥控器也是一种选择。很多相机都有内置的接收器，你只需购买一个小的引闪器。不同于有线快门，红外遥控器需一枚小电池，比有线快门灵活得多，可在 10 米左右的距离控制相机快门。遥控器和相机接收器之间必须方向对应。接收器通常装在相机正面，如果你是站在相机后面，通过红外遥控器控制相机快门，那么可能会导致失灵。

一些特殊拍摄场景，除远距离控制快门外，还可能有其他要求。因此，除有线快门和红外遥控器外，还有装有计时器的快门线和能够间隔拍摄的快门线。

图 **5.11** 很多数码单反相机都装有红外接收器。你只需一个小的遥控器，就能在 10 米左右的距离遥控相机快门。

慢速摄影和快速摄影，比如拍摄开放的花朵和划过的流星，摄影师不可能一直站在相机旁边，不停地按快门。这种情况下，自动的间隔拍摄能够帮你节省很大力气。这种快门线一般会有一个显示屏，你可以在这个显示屏上设置：拍摄的开始时间、拍摄照片的总张数、每张照片的拍摄间隔。小小的显示屏，看起来既不舒服也不直观。如需使用间隔拍摄，最好随身携带使用说明书。计时器快门线的价格约为 600 元，不算便宜。所以，你可以购买借助适配电线便可用于不同相机的计时器快门线。这样，如果再买新的相机，只需购买相应的电线，便可继续使用以前的快门线。

图 **5.12** 通过无线快门遥控器，你可以在百米以外控制相机快门。

如果想在非常远的地方控制相机快门，红外技术就不够用了。无线电遥控系统能够胜任这一任务，其覆盖距离可达百米，即便遇到障碍物，也能正常工作。无线电遥控快门由遥控装置和额外的接收器组成，接收器必须连到相机上。如果途中电池电量用尽，可使用附带的电线将遥控装置直接连到相机上。倘若距离过长，遥控装置无法发挥作用，但是，至少你手里还有有线快门可用。

即时取景是无线电遥控的又一发展。该功能价格虽然昂贵，但用处并不大，在自然摄影中可能会用到，如拍摄胆小的动物，摄影师不得不躲进隐匿的地方，但又不得不随时查看远处相机取景器中的图像。

快门类型	适用	优点	缺点	例子	价格
有线快门	长时间曝光	无需电池，体积小、重量轻，性价比高	快门和相机之间的距离受电线长度限制	品色牌的 RC-201、JJC-MA-C	100 元起
红外遥控快门器	长时间曝光	灵活，没有电线的干扰	需要电池，快门和相机的方向必须对应	Kaiser牌的Twin R3-UT、Bilora牌的IR-RC-Uni	150 元起
计时器快门线	慢速拍摄 快速拍摄	自动连拍，借助适配电线可用于不同相机	操作复杂	Kaiser 牌的Twinl ISR iC、哈马牌的 DCCS Base、JJC TM-C	600 元起
无线电遥控快门	远距离控制快门	距离甚远，不惧障碍物	价格比红外快门贵，需要引闪器和接收器	爱图仕牌的Trig- master MX1I、Quenox 牌的RFN3-TX、Kaiser 牌的 Twin R3-TRC	600 元起
无线电遥控快门加即时取景	远距离控制快门的同时，查看相机取景器中的图像	距离甚远，通过即时取景传输对图像加以控制	价格昂贵，用处不大，耗电量高	爱图仕牌的Gig- tube、福达斯牌的 Hero	3000 元起

5.5　滤镜

或许你要问，是否有必要投资价格不菲的滤镜。数码相机有了白平衡功能，色彩滤镜和很多特效滤镜都是多余的，使用电脑就能制作各种效果，简单易行。但是，有三种滤镜仍能在数码摄影时代继续发挥效用，使用这三种滤镜，可以省去复杂的后期处理，而且其效果是电脑处理无法企及的。

5.5.1　偏振镜

偏振镜是拍摄风光照片的"神器"：它能够遮暗天空，提高云朵和天空的对比度，吸收反光，强化色彩。其缺点在于：它"吞掉"了相当于1–2挡光圈的光线，经常需要使用三脚架拍摄。

偏振镜与太阳成90°角时，能够发挥最强功效。逆光拍摄时，效果较微弱。此外，照片效果还取决于滤镜的转向角。不要总是选择最强功效，否则照片会显得不自然，天空的某些部分几乎全部变黑。使用(超)广角镜头，必须格外小心：太阳对天空各个部分的照射是不同的，因为镜头视角广，大部分光被吸收。滤镜把某些区域遮得很暗，其他部分则丝毫不受影响。

不要因为贪图便宜而购买线性偏振镜（PL）。大多数相机使用线性偏振镜，测光和自动对焦时，容易出现问题和错误。

你最好多花点钱买一枚圆形偏振镜（CPL），比较保险。

图 5.13　使用偏振镜，天空变得更暗，色彩更加浓郁。尼康D5100，40mm，1 / 6 0秒，f / 8，ISO100。

5.6　中性灰滤镜

摄影师经常抱怨光线不足。不过，也有光线过于强烈的时候。我们在明信片或画册上见过潺潺的流水，丝绸一般，因为流动，河水变得模糊；也见过名胜古迹，前景部分的人物，因为运动，变得模糊。有时在自拍中为了让景深尽可能小一些，人们喜欢开大光圈。但是即使已将快门速度设为最快，相机仍然自动把光圈f/16显示为正确曝光。如果遇到上述这些情况，应该怎么办？

中性灰滤镜（也叫"减光镜"）能够减少射入的光线。中性灰滤镜可分为不同强度。比如，使用一枚2×滤镜需要增加1挡曝光。强度经常以对数形式给出。别害怕，别被数学计算吓倒！其实很简单，ND0.3（=2×）代表1挡曝光，ND0.6（=4×）代表2挡曝光。可买到的最强的灰度滤镜的强度为ND3.0（=1000×）——相当于需要增加10挡曝光！最强效果就是，加上滤镜，什么也看不见了。

使用可变灰度滤镜，可分不同级别减少光线，在摄影中非常实用。你只需要一枚这样的滤镜，便可以实现多枚不同级别中性灰滤镜的效果。

强度为N-D0.8的灰度滤镜可减少相当于3挡光圈的光线。比如，不加滤镜，快门速度为1/250秒，加上滤镜，可将快门速度设为1/30秒。

图5.14　中性灰滤镜能够减少通过镜头的光线。阳光耀眼的时候，也能保证适当的快门速度，拍出丝绸一般的潺潺流水。尼康D80,31mm,1.5秒, f/27, ISO100。

5.6.1　中灰渐变滤镜

中灰渐变滤镜能起到缓和强烈对比的作用。一个典型的例子是：天空一般比地面的景物明亮，拍摄时，难以设置合适的曝光。拍照时，在镜头前加上中灰渐变滤镜，天空变暗，可以省去大量后期处理时间。

比起旋入式滤镜，通过专用支架安装的方形滤镜，用途更加广泛。方形滤镜可用于不同镜头，明暗渐变不一定居中。

图 5.15　中灰渐变滤镜能降低照片中强烈的对比。尼康 D70，75mm，1/45秒，f/11，ISO200。

紫外线滤镜和天光滤镜

从视觉方面看，紫外线滤镜或天光滤镜是没有效果的。如今，所有的镜头都能够有效滤除短波的紫外线。只有在高山地带，在镜头前加紫外线滤镜才有额外作用。

很多相机销售商大肆鼓吹紫外线滤镜或天光滤镜对镜头的保护作用，但他们绝口不提：镜头前的每一层玻璃都会损害照片质量，安装遮光罩可为镜头的前组镜片提供有效的保护。

5.7　反光板

对于明暗差异，数码相机的传感器比人眼敏感得多。拍摄前，人眼尚能识别的细节，拍成人像照片后，却发现位于阴影下的半张脸几乎成了黑色。

如果额外使用闪光灯，会造成明暗对比过于强烈。更加简单有效的方法是，使一部分现有光线转向，反射到暗部，从而照亮暗部。

理论上，凡是能够反射光线的东西都可以用作反光板：可以是一张白纸，也可以是一块浅色的手绢。如果你想更专业一点，可以到摄影商店购买折叠式反光板，它可以折得很小，重量轻，便于携带。折叠式反光板通常具有不同的表面，能够塑造不同的光线效果。金色表面可营造暖色调，有利于肤色再现；若想高效利用光源，请选择中性的银色表面；白色表面适合拍摄产品照片，阴影少。

反光板的大小，取决于被摄对象。反光板应和被反光的被摄对象一样大小。对微距摄影而言，折叠反光板的直径大小约为30~50cm；对全身人像而言，则需要比较大的反光板（如145cm×200cm）。宁可大一点，也不要太小。

5.8　灰卡

灰卡是一块看似普通实则重要的纸板或塑料板。它一面被染成中灰色调，反射18%的入射光；另一面为白色，反射90%的光线。如此普通的一张卡，却要花200元，原因在于灰卡的制造成本非常高。灰卡采用特殊染料，无论何种光源，如日光、白炽灯还是霓虹灯，该表面都能够达到反射值。

使用灰卡，能够查明曝光和白平衡，简单又准确。18%的反射值——正是相机曝光表进行校准的数值。

测光时，请你将灰卡放入画面，通过点测光测量灰面，为接下来的拍摄保存曝光值。同样，使用灰卡的背面，也就是白面，手动设置相机的白平衡。经过校准的相机，拍出的照片呈中性、自然的效果。

对胶片摄影而言，虽然不必考虑白平衡，但灰卡仍然是不可或缺的辅助工具，照明困难的时候，能够实现正确曝光。

我早就不用灰卡了。拍摄之后，马上就能在相机显示屏上对曝光加以控制，情况复杂的话，可借助直方图。多亏有 RAW 格式，拍摄之后，可随时在电脑上细调白平衡。

只有遇到对色彩有精确要求的翻拍，我才会把灰卡拿出来用一用。如果要进行系列拍摄，我会在开始时，用灰卡拍一张参考照片。接着，拿开灰卡，进行正常拍摄。有了带中性灰平面的参考照片，很容易就能在 RAW 转换软件里选择白平衡：用吸管在灰色平面一点，再用算出的色温对其他照片进行 RAW 转换即可。

5.9 数据保护

数码摄影刚刚兴起的时候，存储卡的价格很贵，容量很小。那时候，对于大量拍摄而言，存储容量是个问题。如今，影像传感器的分辨率有了明显提高，单张照片所占存储空间明显变大，一张容量高达 64GB 的超大存储卡却只需要 1500 元。这就意味着，一台 1800 万像素的数码单反相机，能够存储 3000 张 RAW 格式的照片！拍摄 3000 张照片相当于胶片摄影时代的 80 卷胶卷，携带这 80 卷胶卷，你恐怕需要再背一个书包——这真难以想象！

在前文中本书就已经给过你这样的建议：不要把所有照片存在一张存储卡上。外出拍摄，需要多大的存储卡，取决于你的拍摄计划。如果你打算只带几张容量大的存储卡，那么，你就必须考虑一个问题：如何在拍摄途中对数据进行备份。

移动图像存储器非常适合备份。移动图像存储器是一个带集成电池和读卡器的硬盘。你把存储卡插进去，按下按钮，照片就复制到硬盘里了。

移动数据存储器（尤其是带小型液晶显示装置的移动数据存储器）的价格相对较贵，而实际意义却不大。2500 元就能买一台上网本。迷你上网本的电池电量可达若干小时，大多带有可读 SD 卡的读卡器。使用 CF 卡的摄影师只需一个合适的读卡器。请你注意硬盘是否足够大。250GB 的存储卡足够应付较长时间的拍摄。

上网本能够很好地对照片进行存档和分类，至于处理照片，则能力比较有限。上网卡一般用不了要求比较高的图像处理软件，比如 Lightroom 或 Photoshop。

一旦你把存储卡插进相机，显示屏会立刻显示：按照所选设置（包括图像格式、分辨率和压缩比）能够存储多少张照片。如果你想使用数码相机拍摄视频，那么，你得使用容量更大一些的存储卡。

5.10　GPS接收器

照片是在哪里拍的？如果你经常在浏览照片时产生这样的疑问，那么，你一定需要照片的地理信息。

GPS 接收器能准确确定拍摄位置的地理坐标（和汽车导航器一样），并将其写入数码照片的元数据。必要时，你可以通过地理坐标来查看谷歌地图，确定照片的拍摄地点——甚至能够精确到米。

一些数码相机已经具备集成的 GPS 接收器。很多专业的数码单反相机，GPS 接收器能够直接连到相机上，相机可自动记录照片的拍摄位置。

图 5.16　借助数据线，尼康的 GPS 接收器 GP-1 可与兼容的相机相连，接收器能将经度、纬度等信息直接写入照片的元数据。

更好一点的办法是：借助软件和网上的地名请求，元数据中相应的 IPTC 区域会自动填写相关的国家、地区和城市名称。

最厉害的是：地理标签适用于所有数码相机。你只需要一个能够接收和记录 GPS 信号的小匣子和合适的软件。

你不必再苦思冥想照片的拍摄地点了。第 498 页第 12 章全部是关于地理坐标的内容。

图 5.17　专业的 GPS 接收器：photoGPS。把它插在相机的热靴上，会存储每一张照片的拍摄地点信息。

地理标记的原理非常简单：数码相机在 EXIF 元信息里会存储照片的拍摄时间。接着，地理标记软件将 GPS 数据的时间信息和照片同步，并确定各自的拍摄地点。

GPS 接收器有两种，均适用于地理标记：

» 专业的照片GPS记录器通常插在相机的热靴上。每次拍摄时，相机都会给记录器一次脉冲，记录器存储当前地点。这种记录器非常省电，因为GPS只有在拍摄的时候才接收信号。一般来说，这种记录器装有嵌入式存储卡和电池，能够记录1000张照片的拍摄地点。听起来不少，真正用起来，拍摄时间一长，就不够用了。它还有其他缺点：相机上的热靴始终被占用；每次都得事先清除存储卡上的照片，否则，会打乱分类，给照片的整理带来一定难度。

» 常规的GPS接收器能连续记录接收到的地点数据。因为是全程记录，所以记录器始终都是开着的，比较费电。GPS接收器不必固定在相机上，可以装在相机带上或装进摄影包里。

挑选 GPS 接收器的时候，请你注意电池的电量和存储卡的容量是否能够满足旅行记录的要求。以下作为参考：14 天的拍摄之旅，每天拍摄 5 个小时，每间隔 30 秒导航一次，将包括近 8500 个导航点。

5.11　相机带

小型相机一般配有小手带，单反相机则配有印有制造商图标的宽背带。

图 5.18　数码单反相机的相机带实在太过招摇。

我不得不承认：我不太喜欢背带，不愿意把相机挂在脖子上，任其左右摇晃。不喜欢的原因有很多：醒目的制造商图标容易把小偷招来；通常情况下，品质一般的背带，用过一段时间以后，就会变得不舒服。拍摄时，我经常用到三脚架，所以，背带于我而言，与其说是帮忙，倒不如说是帮倒忙。有好几次，我都被背带死死缠住，相机差点就彻底报废了。

我喜欢用宽一点的、装饰好一点的相机带，即使相机和镜头再沉，背起来也很舒服。这样的相机带便于抓拍，必要时，很快就能把相机同背带分开。

除了传统的挂在脖子上的背带，德国的"狙击手"快拍肩带也是非常不错的选择。借助"狙击手"快拍肩带，可将相机挂在腰间。"狙击手"快拍肩带采用肩部斜跨设计，将数码单反相机和变焦镜头的重量分担到背部和肩部，减轻脖子的负担。拍摄时，肩带自己不动，相机沿着肩带向上滑动，直至摄影师的脸部。

图 5.19 借助"狙击手"快拍肩带，可将相机挂在腰间，便于迅速做好拍摄准备。

5.12 摄影包

你花了大价钱购买数码相机、镜头和附件。除此以外，如何在运输途中保护好这些设备，也是个大问题。摄影包的大小取决于摄影器材的多少。如果是小型相机，一个相机套足矣；如果是桥式相机或无反相机加变焦镜头，则需要一个腰包；如果是一整套数码单反设备，包括可换镜头、闪光器材和三脚架，腰包就不够用了，装载这样一套设备，要用到双肩摄影包。

图 5.20　针对不同的装载要求，有不同形状和不同结构的摄影包可供选择。

　　商家针对不同的要求和需求，提供不同结构、形状和大小的摄影包：

» 单肩摄影包：最常见的摄影包，一根肩带，背在肩上。单肩摄影包适合中小型相机，存取相机方便又快捷。

» 摄影腰包：这种摄影包围在肚子周围。摄影腰包尤其适合徒步旅行：背上背着行李，腰间挂着相机。腰包可用于中小型相机，存取方便。

» 双肩摄影包：如果是拖着沉重的设备穿越难以通行的地带，那么，非双肩摄影包莫属。双肩包适合拍摄风光和动物。双肩包显然不适合抓拍，因为每拍一张照片，都得先放下背包，再取出相机，时间根本来不及。

» 摄影保护箱：对于价格昂贵、体积庞大的摄影设备而言，由坚硬的人工材料或金属材料制成的摄影保护箱无疑是最好的保护措施。摄影保护箱和其他摄影包截然不同。摄影保护箱非常占地方，背起来也不太舒服。摄影保护箱属于专业设备，主要有两个用途：其一，对于极端拍摄环境（如乘坐帆船、独木舟拍摄，或前往沙漠拍摄）而言，绝对防水防尘的摄影保护箱是首选；其二，乘坐飞机，无法随身携带大量摄影设备，须使用摄影保护箱随机运送行李。你最好再给摄影保护箱套上一个罩子，醒目的罩子时刻提醒你"我很值钱，别把我忘了"。

　　斜挎摄影包是单肩包和双肩包的混合体。斜挎摄影包能像双肩包一样背着，也能挪到肚子前面，拍摄时，不必先把背包取下来。

　　一般情况下，如果昂贵的摄影器材在运输过程中受损，航空公司是不承担责任的。所以，乘坐飞机时，请你尽量随身携带设备。

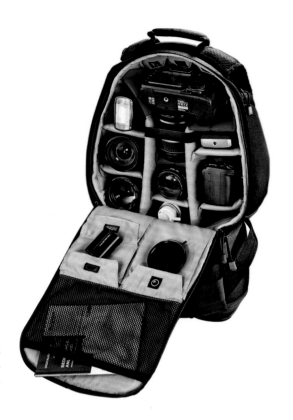

图 5.21 有了摄影背包，再多设备也能装得下，穿山越岭，都不是问题。

怎样的摄影包才算好的摄影包？

摄影包制造商看到数码摄影蓬勃发展，纷纷推出各种附有小口袋的产品，这些小口袋可以装载存储卡、电池和数据线等。但这些毕竟只是"附件"。真正重要的还是摄影包本身，要携带舒适、存取方便，耐高温、耐低温，防尘、防水，遇到颠簸能够很好地保护相机。作为一个重要细节，防水罩不容忽视。这种防水罩，是由防水材料制成的外罩套在摄影包的外面。

如果你经常带着摄影包飞来飞去，那么，请你注意摄影包的大小是否符合航空公司对随身行李尺寸的要求（各航空公司的标准不一样，大约是50cm×30cm×20cm）。

购买摄影包的时候，请你尽量选择宽一些的背带，摄影包不要太惹眼：印成粗体字的品牌名称容易招来小偷。

5.13 根据不同的拍摄需求选择合适的摄影器材

　　无论是已具备数码摄影经验还是新接触数码摄影的摄影师，对谁来说，都是万事开头难。除大量相机外，有些制造商还提供 50 种甚至更多种的镜头。除知名品牌外，还有很多其他的制造商。每种镜头的存在都有其合理性，但是，没有人会配齐所有的镜头。接下来，本书将向你介绍一些根据不同的拍摄情境和拍摄类型所推荐的"标准配置"，该标配会对你挑选相机有所帮助，能够帮你避免错误的投资。

5.13.1 数码单反新人

　　花上 5000 元，你就能拥有一台数码单反相机。这一价格能够买到一款入门级数码单反相机，一般含有一只 18-55mm 的配套镜头。这一焦距范围能满足一般需求，在大多数情况下都可以胜任拍摄。入门级数码单反相机的操作非常简单。从小型相机升级为数码单反相机，你很快就能适应其操作，没有想象中的那么复杂，在智能模式和自动／半自动模式下操作变得简单易行。此外，很多机型还具备"帮助"功能，"帮助"功能通过一级级的设置菜单为你导航——就像针对这款相机的免费摄影课程一样。如果你想拍摄远处的人物或景物，发现配套镜头的焦距不够用，那么，你可以添置远摄变焦镜头，比如 55-200mm，一般来说价格也就 1000 多元。

　　如果你打算多花一些钱，那么，我的建议是：在机身和镜头中，宁可在机身上节省（就算是去年的机型也无妨），买一只中档的标准变焦镜头，比如具有图像稳定器的 17-85mm 标准变焦镜头。焦距范围虽然只比 18-55mm 大一点儿，但是有了图像稳定器能拍更多的题材。如果预算有限，那么，你可以不买外置闪光灯，因为通常情况下的拍摄，相机内置的闪光灯就够用了。

5.13.2 旅行用数码单反相机

　　如果你喜欢旅行摄影，那么，数码单反相机要尽可能小一些，沉重的器材只会令人扫兴。另外，旅行用的数码单反相机应尽可能满足各种拍摄需求。对旅行摄影而言，机身内置图像稳定器的小型数码单反相机非常实用，

　　除入门级数码单反相机外，微型单反相机也是不错的选择——不排除日后新出的型号。

　　旅行摄影师的摄影包里还应该有：GPS 接收器、备用电池和多功能充电器。

有了图像稳定器,无需额外费用,就能让安装的每一只镜头都具备防抖功能。这尤其适合旅行拍摄,因为你可以把较占空间的三脚架扔在家里(如果你不打算进行夜间拍摄的话)。

为了让摄影包尽可能小一些,18-200mm 的大变焦范围镜头值得推荐。这相当于一只 35mm 画幅等效焦距为 27-300mm 的镜头——什么题材都能拍摄。

5.13.3　旅行轻松拍

"轻松"指的是相机的重量和体积,与拍摄无关。你不一定要用单反相机。如果你只想带个小的摄影包出门,又希望小包里的相机什么都能拍,那么,桥式相机或无反相机是个聪明的选择。

也有比桥式相机还轻巧的相机,但实在无法胜任旅行拍摄。桥式相机变焦范围广泛,任何被摄对象,都不是问题。对大多数桥式相机而言,远摄是其长项,广角则是弱项。如果你喜欢拍摄风景或想在窄胡同里拍摄建筑物,广角附件是个不错的补充。

相反,如果你喜欢室内拍摄和夜间拍摄,那么无反相机会更合适一些。相比桥式相机,无反相机的影像传感器更大一些,高感光度下也能拍出清晰的照片。因为镜头可换,无反相机使用起来非常灵活,堪比数码单反相机。

假日旅行,万能的大变焦镜头是最佳选择。比如,对 4/3 型相机来说,就是 14-150mm 镜头。无反相机,只是尺寸小一些,但性能强大——价格也贵。奥林巴斯 E-PL2 加 14-150mm 的镜头要 9000 元,这一价格在当时是相当贵的。

小相机用氯丁橡胶织布裹起来,相当不起眼,再用软垫包好,可放进普通背包携带。

5.13.4　中端数码单反相机

很多采用 APC-C 型传感器的准专业数码单反相机,其关键部位都是密封的,脏东西和灰尘不会损害到昂贵的电子组件——相机的使用领域得以扩大。

购买数码单反相机,无论是相对高级的机型,还是入门级机型,原理都是一样的。作为常用镜头,请你选择光圈大的、带图像稳定器的、焦距

配上三脚架,偏振滤镜和外接闪光灯,中端相机将更加完善。

在 16–85mm 左右的变焦镜头很好用。在此基础上，补充一只焦距为 12–24mm 的广角变焦镜头和一只带图像稳定器的 70–200mm 远摄变焦镜头。根据拍摄偏好，可添加一只光圈大的定焦镜头。35mm f/1.4 镜头作为常用焦距，使用得最为广泛。拍摄人像，50mm f/1.8 镜头最为理想。如果你喜欢近距离拍摄，最好买一只 90mm 的微距镜头。

电池手柄虽然又重又笨，但便于竖拍，且能够保证电量充足。

5.13.5　高端数码单反相机

数码单反相机的配置和价格是没有上限的，它们不仅要满足摄影爱好者的需求，还要满足专业摄影师的要求。

一只大光圈的标准变焦镜头 24–70mm f/2.8、一只 70–200mm f/2.8 带图像稳定器的远摄镜头、一台全画幅数码单反相机如尼康 D800 或佳能 EOS 5D Mark Ⅲ 是基础装备。可根据个人喜好，对基础装备进行扩充。风光摄影师需要一只 14–24mm 广角变焦镜头或一只 16–35mm 广角变焦镜头。建筑摄影师，使用 24mm 移轴镜头在拍摄过程中就能清除倾斜的线条。光圈大的中远摄镜头，比如 85mm f/1.4，最适合拍摄人像。

全画幅相机，高感光度下也能拍出相对清晰的照片，就算感光度数值高，影像质量也非常好。尽管如此，曝光时间长的时候，你最好还是使用三脚架，以达到完美的清晰度。若想重量轻，最好购买碳素三脚架。

全画幅相机并非总是最棒的。拍摄体育比赛和动物，所需焦距非常长，使用 APS–C 型相机、300mm f/2.8 远摄镜头、1.4 倍增距镜和独脚架，效果会更好。

再加上两个外接闪光灯就更完美了。有些制造商，比如尼康和佳能，提供无线外接闪光灯。这样，你就可以在迷你摄影棚里享受专业摄影棚的待遇了。

这么多的摄影器材，单肩摄影包肯定不够用。考虑到器材的形状和质量，你需要一个双肩摄影包。双肩包一定要够厚，加海绵垫，这样才能有效保护昂贵的摄影器材。

第6章
曝 光

　　别太亮，也别太暗——完美的曝光是好照片的前提。相机先测量被摄对象的亮度，接着设置光圈值和快门速度，保证合适的光量到达传感器。

　　如果你选择自动模式，就没那么复杂了。按下快门，相机处理器在后台算出所有设置，并执行这些设置。

　　在很多情况下，相机的自动功能就能出色地完成任务。但是，你不能因此变得盲从于相机。你将在本章读到关于曝光及测光的所有内容。

6.1 确定所需光量

曝光由光照强度和光束在影像传感器上的作用时间决定。

图 6.1 传感器上的光线总量是镜头通光量和通过时间的综合产物。

为了以合适的亮度拍摄一张照片，数码相机的测光元件首先对从被摄对象反射的光量进行计算。接下来，为了合理控制进入传感器的光量，你必须正确设置相机的光圈和快门速度（又叫曝光时间，意思是一样的）。

至于最后选择什么样的快门速度和光圈组合，你可以自己决定，也可以由相机自动决定。

举个具体的例子对快门速度和光圈的关系加以形象说明：请你想象一个需要充气的气球。气球需要一定数量的空气才能鼓起来，但不能破，这就好像相机的传感器需要一定数量的光线，照片才能正确曝光。吹气球，有两种选择，要么使劲（相当于开大光圈）快吹（相当于高速快门），要么持续慢吹。

比起小气球（相当于高感光度），大气球（相当于低感光度）需要更多的空气。

光圈决定有多少光束进入传感器；快门速度决定光线在传感器上停留多久。

一张照片的曝光由三个因素决定光圈、快门速度和感光度（ISO 值）。

6.1.1 光圈

光圈位于镜头上，由交叉叠放的扇形金属薄片组成，可根据需要释放圆形开口，或大或小，就像人眼的瞳孔一样。老式镜头有光圈环，可通过转动光圈环来选择所需光圈值。现在，大多数相机都配有小拨轮，实现电子控制。但原理是一样的：光圈决定到达传感器的光线数量。

光圈是镜头内的开口部分，光线通过光圈孔径传感器。光圈孔径不一，进入传感器的光线数量不一样。

6.1.2　光圈值

光圈大小以数值的形式表示。光圈值是分挡位的：

全开	整挡	2		2.8		4		5.6		8		11		16		22	最小
光圈	半挡		2.5		3.5		4.5		6.7		9.5		13		19		光圈

表 6.1　光圈挡位。

光圈挡位令新手很是困惑，因为它是反的：数值越大，光圈开口越小！

这是有数学依据的。光圈值所描述的是焦距和光圈开口直径之间的关系。比如，50mm 的镜头，光圈值为 f/8，这时，光圈开口的直径就是 50 ： 8 = 6.25mm；相反，较小的光圈值，比如 f/2，就是 50 ： 2 = 25mm，光圈开口就大。

如果是两个整数挡位中间的一个数值，就更加令人困惑了。比如，半数挡位，光圈 f/8 和光圈 f/11 之间是光圈 f/9.5。

一般来说，很多数码相机还可分为 1/3 挡。光圈 f/8 和光圈 f/11 之间是 f/9 和 f/10。有过胶片摄影经历的人，一般习惯使用半挡光圈。无论是半挡，还是 1/3 挡，都可以在相机菜单里进行设置。至于选择哪一种，则完全看个人习惯。

光圈值采用 f 作为缩写。大的数值代表小的光圈开口；反之，小的数值代表大的光圈开口。

光圈除了决定亮度外，还决定景深。光圈开得越小（也就是说光圈值越大），被摄对象前后清晰的区域就越大。

注意：光圈值越大，光圈开口越小

一开始，理解起来有些困难，别害怕！别让数学计算和技术细节影响你的拍摄兴致。你只要记住一点：数值越小，光圈开口越大，进入传感器的光线越多。从一个挡位到另一挡位，光量提高或降低 50%。如果你把将光圈 f/8 缩小至 f/11（也就是说，把光圈开得更小），只有原来一半的光量到达传感器。

6.1.3 快门速度

影响光量的第二个控制因素是快门速度（或曝光时间），也就是（通过光圈的）光线在传感器上发挥作用的时间。快门速度以秒或几分之一秒作为单位。快门速度和光圈挡位一样，从一个挡位到另一个挡位，光量或加倍或减半。

快门速度的顺序见表 6.2。

高的快门速度（以秒为单位）	1/8000	1/4000	1/2000	1/1000	1/500	1/250	1/125	1/60	1/30	1/15	1/8	1/4	1/2	1	2	4	8	15	30	B门（按下快门多久，快门就打开多久）	低的快门速度

表 6.2 和光圈的设置一样：从一个挡位到另一个挡位，光线加倍或减半。比如，把快门速度从 1/125 秒换成 1/250 秒，只有一半光线抵达传感器。

和光圈挡位一样，也可以在相机菜单里对快门速度进行设置，半挡或 1/3 挡。

如果你用的是单反相机，你甚至能够"听得到"快门速度：设置一个长达数秒的快门速度。大多数相机采用 " 作为快门速度的标记。4" 就代表快门速度为 4 秒。按下快门，反光镜上翻，你能听见"咔嚓"一声，同时，快门打开，为光线进入传感器让路。曝光时间结束时快门关闭，反光镜回到初始位置，在取景器又可以看到图像。

在有阳光的户外拍摄，选择中等光圈值，快门速度仅为几分之一秒，比如 1/60 或 1/125 秒。特殊情况，比如夜间拍摄或室内拍摄，快门速度则低至几秒钟，甚至几分钟。

对大多数相机来说，30 秒是你能直接设置的最低快门速度。长于 30 秒的曝光，必须选择 B 门。此时，按下快门多长时间，快门就打开多长时间。如果曝光时间太长，使用快门线能获得比较好的效果，这样可以有效避免成像模糊。有了快门线，曝光过程中你就不必一直按着相机上的快门键了。

6.1.4 曝光时间长导致的图像模糊

手持拍摄，曝光时间长就容易出现问题。一旦快门速度低于某个极限值（这个极限值因相机而异），成像模糊在所难免。

"安全快门"（也称"手持极限"）的原理很简单：以秒为单位的最低快门速度等于焦距的倒数。这里指的是 35mm 画幅等效焦距。如果是 APS-C 型数码相机，镜头焦距须乘系数 1.5；如果是 4/3 型无反相机，系数是 2。

> **最好亲自测试你的"手持极限"**
>
> 或许你手持非常稳，使用12mm的广角镜头，当快门速度为1/8秒时，也能把照片拍得很清楚。你最好亲自拍摄一组测试照片，在电脑显示屏上以100%的分辨率查看所拍照片，找出自己的"手持极限"。

表 6.3 告诉我们不同焦距的最低快门速度极限。为了能够延长曝光时间（光线不足），你最好使用三脚架：

35mm 画幅 等效焦距	20mm	50mm	100mm	200mm
安全快门	1/30 秒	1/60 秒	1/125 秒	1/250 秒

表 6.3 不同焦距的最低快门速度。

通过此表，你能够看出，使用远摄镜头进行拍摄，快门速度必须非常高，才能拍出清晰的照片。比如，使用 APS-C 型数码单反相机进行拍摄，采用 80-400mm 变焦镜头的最长焦距，相当于 35mm 画幅等效焦距 400mm × 1.5=600mm。你必须把快门速度设为 1/750 秒或更高。想要做到这一点，光照还必须特别好。光线少的时候，想要提高快门速度，可以提高传感器的感光度。

要想让照片清晰，请你尽可能使用高一点的快门速度（尤其是远摄镜头）。规则是：快门速度应高于镜头等效焦距的倒数。

如果使用带图像稳定器的镜头，可使用比表中所给数值高 1-4 挡的快门速度，不必担心照片会出现模糊。

6.1.5 曝光时间长导致的动态模糊

高速快门可以清晰捕捉运动对象的瞬间动作；低速快门则可以使被摄对象呈现出动态模糊。

你一定在报纸上看过到令人印象深刻的体育图片，照片将运动过程的高潮清晰地记录下来，比如足球运动员的头球动作。

无论是自行车比赛、嬉闹的孩童，还是跳远运动员落入沙坑的瞬间，凡是拍摄运动的过程，必然涉及这样一个问题：拍摄动态，还是拍摄静态？

快门速度高，能清晰记录动态过程中的某个瞬间。这一点不仅适用于体育摄影，也适用于想要避免动态模糊的其他拍摄，比如风中摇曳的树木或花朵。

图6.2 将光圈开大至f/5.6快门速度达到1/500秒，风车被定格。

图6.3 将光圈缩小至f/32快门速度降低至1/15秒，在风中转动的风车变得模糊。通过背景的宽木条，能够清晰地看出：光圈缩小，景深加大。

在很多情况下，凝固运动过程的结果是所拍照片索然无味。使用高达
1/4000 秒或 1/8000 秒的快门速度拍摄方程式赛车，从照片中根本看不出赛
车究竟是在极速转弯，还是停在路边。

要拍出有运动感的动态照片来说，重点在于：要敢于有意识地把照片
拍得模糊。关键在于模糊的比例必须恰到好处，这一点很难把握。下面的
表格只是一种参考。如果快门速度太高，拍出来的就不是动态效果，相反，
如果快门速度太低，被摄对象会被模糊到无法识别。

快门速度低（1/30 秒或更低）	夜间拍摄、动态效果（比如瀑布）
快门速度中等（1/60–1/250 秒）	适用于大多数拍摄对象的标准设置
快门速度高（1/500–1/8000 秒）	拍摄体育或动物，定格运动瞬间

表 6.4　不同的快门速度适合不同的被摄对象。

拍摄动态对象，理想的快门速度取决于两方面的因素：

» 运动速度：如果被摄对象是蜗牛，就算快门速度是1/30秒，也不用担心出现模
糊（如果使用长焦拍摄，可能会出现模糊）。相反，速度飞快的方程式赛车，
就算相对高一点的快门速度，比如1/500秒，也会出现模糊。运动越慢，快门速
度也就能越低，而不会出现模糊。

» 运动方向：拍摄与相机平行的运动，效果最明显。相反，被摄对象对着（或逆
着）相机运动，就算快门速度低，照片也是清晰的。

6.2　曝光值

拍摄时，无论是光圈 f/8、快门速度 1/125 秒，还是光圈 f/11、快门速
度 1/60 秒，对照片的亮度而言，都是一样的。对光圈和快门速度组合来说，
其标准主要在景深和动静效果方面起作用。

图 6.4　三张对比照片,曝光都正确,亮度都一样,但是,照片效果截然不同。光圈开得大,只有前景部分的花朵是清晰的。拍摄参数:尼康D300,105mm,1/2000秒,f/2.8,ISO200。

图 6.5　将光圈缩小到f/8,景深变大。拍摄参数:尼康D300,105mm,1/250秒,f/8,ISO200。

图 6.6　将光圈缩小到f/32,景深从前景的花朵经过洒水壶,一直到达背景的树干。拍摄参数:尼康D300,105mm,1/15秒,f/32,ISO200。

运动过程中"模糊效果"减弱

1/1000 秒	1/500 秒	1/250 秒	1/250 秒	1/60 秒	1/30 秒
2.8	4	5.6	8	11	16

景深加大

大光圈
=
小光圈值

小光圈
=
大光圈值

图 6.7 表格中所给出的快门速度和光圈组合，全部产生同样强度的曝光。照片的亮度都是一样的，但是照片效果截然不同。光圈收得越小，清晰区域越大。所选快门速度越低，动态对象越模糊。

照片正确曝光所需要的光量用曝光值来描述。曝光值 EV0 表示：在相关 ISO 设置下，快门速度为 1 秒、光圈为 f/1 时的曝光量。曝光值必须结合传感器的感光度来看。

曝光值（LW/EV）	2 秒	1 秒	1/2 秒	1/4 秒	1/8 秒	1/15 秒	1/30 秒	1/60 秒	1/125 秒	1/250 秒	1/500 秒	1/1000 秒
f/1	−1	0	1	2	3	4	5	6	7	8	9	10
f/1.4	0	1	2	3	4	5	6	7	8	9	10	11
f/2	1	2	3	4	5	6	7	8	9	10	11	12
f/2.8	2	3	4	5	6	7	8	9	10	11	12	13
f/4	3	4	5	6	7	8	9	10	11	12	13	14
f/5.6	4	5	6	7	8	9	10	11	12	13	14	15
f/8	5	6	7	8	9	10	11	12	13	14	15	16
f/11	6	7	8	9	10	11	12	13	14	15	16	17
f/16	7	8	9	10	11	12	13	14	15	16	17	18
f/22	8	9	10	11	12	13	14	15	16	17	18	19
f/32	9	10	11	12	13	14	15	16	17	18	19	20

表 6.5 数码相机的测光元件算出正确的曝光值。你可任意设置与曝光值相匹配的快门速度和光圈组合。

曝光值包括所有快门速度和光圈组合。每一种设置的快门速度和光圈组合，到达传感器的光量都是一样的。曝光值等级相当于光量的加倍或减半。

测光无关快门速度和光圈组合

测光时，数码相机以曝光值的形式算出传感器所设置的感光度（ISO值）所需要的光量，而不是光圈值或快门速度。

在日常拍摄中，你只有在相机上使用 +/– 键（曝光补偿键）对曝光组合进行调整时，才和曝光值发生直接联系。比如，你把数值从 –2（更暗）调成 +2（更亮）。

曝光变化会对曝光值产生影响。比如，–1 表示到达传感器的光量减半。想要做到这一点，有两种方法：一是将快门速度提高 1 挡，二是将光圈调小 1 挡。EV0.33 或 EV0.67 意味着到达传感器的光量发生了 1/3 或 2/3 的改变。

6.3 ISO设置

ISO 值是与曝光相关的第三大因素：相机的 ISO 值越高，正确曝光所需要的光量就越少。

6.3.1 感光度

数码相机用 ISO 值表示感光度，取代了胶片时代的 DIN 感光度和 ASA 感光。ISO100 相当于 DIN21 或 ASA100。ISO 值加倍相当于降低 1 挡快门速度或开大 1 挡光圈的效果。对胶片摄影而言，感光度由胶卷决定，数码相机允许你根据光线条件调整每一张照片的感光度。

ISO 值加倍意味着传感器对光线的敏感程度加倍。传感器的感光度设置为 ISO400 时，其敏感度是 ISO200 时的 2 倍，是 ISO800 时的 1/2。

6.4 图像噪点

在拍摄中，不想要（又无法避免）的干扰信号覆盖本来的画面内容，就形成了图像噪点。提高 ISO 值，传感器只需要少量光线就能正确曝光。为了做到这一点，传感器的信号被迫加强。问题在于：由进入光线产生的信号与内部的干扰信号非常相似，处理器很难对二者进行区分。

如果进入光线的信号并非明显强于干扰信号，那么，噪点会很明显，它以有序像素或色彩错误的像素这两种形式出现在画面中。单色（暗色）区域尤其明显。在胶片摄影中，胶卷的颗粒是不规则的，不会影响照片效果；而数码摄影，噪点是呈规则排列的，会呈现难看的"小块块"，严重影响照片效果。

图6.9 照片截图，ISO200。

图6.10 照片截图，ISO1600。

图6.8 集市上的旋转木马。所有照片都是用尼康 D300 相机和焦距为 30mm 的镜头拍摄的。

图6.11 ISO6400，图像噪点非常明显。

仔细看，图像噪点可分为三种：

» 杂色噪点：信号加工过程中，如果单个色彩通道中存在过多干扰性的随机信号，就会出现不规则的、有色彩的像素瑕疵。

» 亮度噪点：单个像素的感光度发生波动，模拟信号/数字信号转换不够精确，导致亮度分布不均，产生随机重叠。

» 暗点：就算没有光束到达传感器，传感器自己也会产生干扰信号，起因是静态电流或暗电流。静态电流和暗电流是通过单个原子的热运动产生的，原理和没

感光度的 ISO 值提高，单色区域随机出现杂色噪点和亮度噪点，传感器对此束手无策。

171

有连接的扬声器一样：虽然没有声音信号等待处理，但是打开扬声器，音箱里还是会传出噪音。

在网上的摄影论坛中，经常把图像噪点视作数码相机的一大缺陷，大肆宣扬。这样的诉苦，其实是"身在福中不知福"。有过胶片摄影经验的人，一定明白这个意思：ASA800 的彩色幻灯片已经算是高感光度了，ASA1600 的负片得费点力气才能找到，ASA3200 的胶卷已是极致了。

如今，好相机的感光度甚至能够达到惊人的 ISO102400！经常在夜间拍摄的摄影师一定会特别高兴，有了这样的感光度，就算是在月光下，不用三脚架也能拍摄。至于"质量"就不太好说了。但是，随着传感器和软件的不断发展，现在的可用感光度是以前难以想象的，被摄对象一下多了起来。

噪点严重与否、从哪一 ISO 值开始出现噪点，取决于影像传感器的类型和大小，以及相机内部软件或图像处理程序的效能。

现在的数码单反相机，感光度 ISO 值范围因相机而异，可用的 ISO 值最大可达 ISO1600 或 ISO3200。从 ISO6400 开始，基本上所有相机都会出现杂色斑点。小型相机的传感器要小得多，不到万不得已不要使用 ISO800 以上的感光度。

> 感光度的 ISO 值低时的图像质量好。虽然相机能够通过各种算法消除噪点，或通过后期处理消除噪点，但是，这些操作是以牺牲画面细节作为代价的。

> 你最好用不同的 ISO 值拍摄一些对比的照片。在电脑上放大查看这些照片，找出你所能承受噪点的程度。拍摄时，尽量不超过这个极限。

如何应对图像噪点？

» 调低感光度 ISO 值，能够有效避免图像噪点。感光度低，到达传感器的光线少，信噪比关系比较高，图像噪点不明显。

» 开启数码相机的降噪功能。可分为两种：高感光度降噪和长时间曝光降噪。你最好关闭高感光度降噪功能，该功能完全听命于相机软件，不利于照片的后期处理。降噪功能针对所有照片，你无法对每张照片进行单独调整。至于长时间曝光降噪功能，相机会拍一张暗片作为参考，这样，在算出干扰信号的同时，不会影响照片细节。其缺点在于，拍摄暗片会使工作时间加倍。

» 在电脑上对照片进行后期处理，以降低噪点。问题的关键在于，清除噪点的同时，你得保证不损害照片的细节。所用软件决定了效果如何。佳能RAW6.0和Lightroom 3都是不错的选择。如果你经常使用高感光度进行拍摄，那么，你需要专业程序（比如Neat Image或Nik Dfine）才能有效降低噪点。

图 6.12 拍摄参数：尼康 D300，30mm，1/800 秒，f/5.6，ISO6400。

图 6.13 使用了Lightroom 3 去除噪点以后的照片效果。

6.5 测光

在设置快门速度和光圈组合之前，先要对现有光线进行测定。每台数码相机都装有测光表，测光表测定被被摄对象反射的光线。测光表根据18%的平均反射值（中灰）进行校准，确保被摄对象的主体部分正确曝光，亮度分布恰到好处。

所有测光表都是根据中灰色进行校准的

相机虽然能够测光，但是不知道你要拍摄的对象是什么。因此，测光表总是按照18%的平均反射值进行测定，力求达到中等范围的曝光。

通过简单的实验，即可将测光表的工作原理具体化。你可以到文具商店买三张纸，一张白纸，一张灰纸，一张黑纸，按照充满画幅的方式拍摄这三张纸。

如果你没有对拍摄顺序进行记录，那么，事后很难分清照片是用哪张纸拍的——结果是三张亮灰色的照片。

6.5.1 反射式测光和入射式测光

> 反射式测光和入射式测光是计算曝光的两大基本的方法。

反射式测光，是指相机的测光表测定由被摄对象向相机方向反射的光线。

另外一种测光方式是入射式测光，测定的是照射到被摄对象上的光量。

进行入射式测光，你需要准备一块专门的外置手持测光表。你必须跑到被摄对象跟前，朝相机方向拿着测光球（一个半球形的、乳白色的、用人造材料制成的附件，该附件将光线散射到测光系统）。测光表算出正确的曝光值，并将其换算成相应的快门速度和光圈组合，随后你可根据这个组合来手动设置相机。

图 6.14 要准确地测光，你需要一块手持测光表。

入射式测光，被摄对象自身的反光不会起作用。和相机的测光表不一样，被摄对象就算特别亮或特别暗，外置的测光表也不会出错。

测光的程序不仅听起来复杂，而且对很多被摄对象而言不够灵活。在笔者看来，不用手持测光表进行测光，也没什么问题。因为你可以在拍摄之后，直接在相机显示屏上判断出错误的曝光，从而修正曝光后重新拍摄。

最常用到手持测光表的场合是摄影棚。一方面，摄影棚的空间有限，不必跑很远就能把测光表放到测量位置；另一方面，手持测光表便于调整多种闪光器材之间的照明亮度。就算是照明接近绝对均匀的翻拍，手持测光表也不成问题。

> 如果你只是偶尔（临时安排）在摄影棚里进行拍摄，没有单独的手持测光表也没有关系。

6.5.2 测光方法

一般来说，数码相机采用三种不同的测光方法，尽可能准确地计算出所需光量。三种方法截然不同，各有优缺点。你将在接下来的内容中读到：每种测光方法是如何计算曝光的，它们最适合什么被摄对象。

> 大多数相机都提供了多区评价测光、中央重点测光和点测光。

6.5.3 多区评价测光

多区评价测光是最先进的、也是成本最高的测光形式，几乎被应用于所有的数码相机。这种测光方式将画面分为多个区域，分别算出每一区域的光量。同时还对其他数据，比如对焦点和色彩分布进行分析。

接着，相机开始"卖力"工作，将算出的数据同机内的被摄对象数据库进行比较。比如，绿色部分比较多，说明是风光摄影；肤色占主导，可能是人像摄影。相机处理器对所有计算出的数据进行比较，从所存的 3 万多种模型中选出合适的模型，通过单个测量区域的不同加权，算出最佳曝光数值。

现在的多区评价测光在技术上有了进一步的发展，就算照明情况再严峻，其表现也相当出色。

只有那些喜欢手动曝光的摄影师会排斥多区评价测光。我们无法在拍摄前对复杂的被摄对象进行有针对性的曝光修正，因为不知道相机在测光时考虑了哪些因素。

> 大多数情况下，先进的多区评价测光的测光效果较为理想，适用于所有不想对测光进行修正的摄影师。

相比多区评价测光，中央重点测光更加突出中心区域了解这一点，你就能够有针对性地对不同被摄对象进行测光。

6.5.4　中央重点测光

中央重点测光是对整个被摄对象的光线进行计算，得出一个平均值，但它更加强调中心部分。

中央重点测光适合拍摄人像。为了使用自动对焦功能并计算曝光量，先把被摄对象置于取景器中心。轻轻半按快门，相机的默认设置（也可以通过相机菜单设定为其他功能）自动对焦和自动测光被激活。此时，可将被摄对象从照片中心移开，放到画面中想要的位置，再彻底按下快门。

6.5.5　点测光

点测光只考虑画面中心一个非常小的区域。该区域通常在取景器中被勾画出来，围绕中央对焦点延伸。一些相机允许你通过相机菜单对测量范围的直径进行设置。

点测光是一种非常可信的测光方法，但你必须具备丰富的经验才行。测光只涉及画面中一个非常小的部分（通常是2%-3%），你必须经过深思熟虑之后再确定测光点。

该方法适合具有一定拍摄难度的被摄对象和光线条件，为了确定对比度（也就是说受光处和阴影处的亮度区别），需对细节进行有针对性地测光。

将点测光的中心区域对准被摄对象的一个中等亮度的局部，半按快门，激活测光。现在，你可以重新进行构图，并彻底按下快门拍摄照片。点测光不适合快拍，适合有意识的构图，你最好选择手动控制曝光（设置M模式）。接下来，别忘了把测光模式重新复位。

6.5.6　曝光控制

正如前文所述，测光表对照片正确曝光所需的光量进行计算。它只计算出一个曝光值，不提供快门速度和光圈值的预设。你可以根据曝光值，设置相应的快门速度和光圈。

确定快门速度、光圈组合的方法有很多。

正如你所知道的，一个曝光值可以对应多个不同的快门速度、光圈组合。所拍照片的亮度都是一样的，但是，图像效果却截然不同。

6.5.7 手动曝光

采用手动曝光（M）模式，摄影师既可对快门速度进行设置，也可对光圈进行设置。你可以在取景器里参考曝光提示显示，使设置的快门速度和光圈组合符合计算出的曝光。这种曝光控制虽然比较慢，但是，你能掌握绝对的主动权。

设置手动曝光"M"适用于特殊的拍摄任务，比如全景拍摄，也就是使用一系列相同的曝光组合拍摄的多张照片。

6.5.8 程序自动曝光

程序自动（P）模式刚好和手动曝光模式相反。由相机自动控制光圈和快门速度。很多机型允许摄影师调整快门速度和光圈组合（所谓的"程序偏移"）。

程序偏移

在此，我必须澄清一个初学者常犯的错误。选择程序自动模式，相机自动设置快门速度和光圈。提供的选择只有一个建议，但这并不是必须采纳的。你可以旋转拨轮，选择其他（与曝光值相匹配的）快门速度、光圈组合。整体亮度不变——程序偏移不是曝光修正！

设置程序自动模式"P"适合快拍。

全自动模式和程序自动模式的区别在于：前者是所有设置全部自动，而后者是除曝光控制外，其他与拍摄相关的设置是可以由摄影师掌控的，包括图像格式、自动对焦模式和闪光同步等。

6.5.9 快门优先曝光

快门优先模式，有些制造商将其称为"S"，即"Shutter speed priority"的缩写；也有些制造商将其称为"Tv"，即"Time value"的缩写。选择快门优先模式，由你对快门速度进行设置，相机会自动选择合适的光圈值。如果你想通过快门速度来影响照片效果，应选择这种曝光模式，比如定格快速运动的被摄对象。

使用远摄镜头时为了不低于某一快门速度，设置快门优先模式能够出色完成任务。

设置光圈优先模式"A"，使你能够很好地控制景深，适合风光拍摄。

场景曝光模式尤其适合经验不足的摄影师，不用过多思考相机设置，后期处理也比较简单。

6.5.10　光圈优先曝光

选择光圈优先模式，即 A 或 Av（英语为 Aperture，即光圈），你可对光圈进行设置，相机会自动选择合适的快门速度。

6.5.11　场景曝光

场景曝光模式是全自动曝光的进一步发展。选择该设置，相机会根据不同被摄对象来自行控制快门速度和光圈。曝光具体包括哪些标准，由相机的研发人员决定，原则上，都是一些很基础的东西，比如人像摄影采用大光圈，大景深的风光摄影则采用小光圈。

大多数数码相机的场景模式除了控制曝光以外，还会对传感器数据的再加工施加影响，比如色彩控制或对比度控制等。

6.5.12　为不同场景特别设计的曝光模式

1976 年，佳能 AE-1 全自动曝光相机的流行，引发了老派摄影师的强烈不满。在他们看来，这预示着创造性摄影的终结。

显然，他们担心的这种情况并没有发生。今天，我们习惯了矩阵测光和场景曝光模式，相机内部的微电脑动用了超大型的被摄对象数据库，能知道所拍对象是什么，精确计算出合适的曝光。该技术不断完善，先进机型的性能令人吃惊，就算是有拍摄难度的被摄对象，比如逆光拍摄或雪中拍摄，效果也很好。

几乎在各种情况下，场景曝光模式都能拍出完美的照片，这尤其适合初学者。但是，这些自动模式不能保证拍出更好的照片。其功能范围具有一定的局限性，实际上，对于专业摄影师来说，这些功能根本没有必要。运动模式、夜景模式或人像模式——拍摄参数都是由相机决定，包括了快门速度、光圈、白平衡和感光度等设置。

如果你愿意多花一些时间了解光圈和快门速度，你不妨关掉场景曝光模式，自己试一试不同曝光模式的效果。想要创造性地拍摄，你就不要盲从相机作出的决定，而是根据不同的被摄对象，自行调整相关拍摄参数。

被摄对象	曝光控制	快门速度、光圈组合
抓拍	程序自动	由相机决定
室内	快门优先	快速曝光，避免模糊，可能要提高 ISO 值
公园人像	光圈优先	大光圈，小景深
运动	快门优先	高速快门，以便定格动作
风光	光圈优先	光圈 f/11 或 f/16，尽可能大的景深
微距	光圈优先	光圈 f/11 或 f/16，尽可能大的景深
全景摄影中的单张照片	手动曝光	光圈 f/8–f/16，大景深；测量全景中间色调区域的曝光，按照同样的设置拍摄每一张照片

表 6.6 不同的设置适合不同的被摄对象。

6.5.13 正确运用场景模式

小型相机、桥式相机和入门级数码单反相机都提供了丰富的场景曝光模式，凡是你想得到的场景，都能用它拍出完美的照片。此拍摄模式主要针对初学者，帮助他们决定曝光。场景模式远远胜过全自动模式。除了针对被摄对象的快门速度和光圈外，在场景模式中还能修改自动对焦模式、决定是否开启闪光灯、选择何种闪光模式，在机内图像处理过程中的色彩饱和度和锐度也能设置。

对于专业/准专业数码单反相机来说，很明显，场景模式变得毫无意义。单调乏味的相机预设模式严重限制了拍摄的可能性，使你陷入死胡同。你最好不要过分依赖场景模式，而应自己尝试不同光圈值和快门速度的效果。

如果你刚买数码相机，直到现在还没有什么经验，那么，场景模式当然值得一试，它可以帮助你熟悉相机，使你在开始时就能够拍出不错的照片。

根据相机的品牌和机型，你可以直接在相机外的模式转盘上选择场景模式，或将转盘转到"场景"（SCN/Best Shot），然后在显示屏上的相机菜单里选择想要的预设模式。

场景模式就像套在手臂上的塑料游泳圈：开始学游泳时，它是一个非常有用的工具。时间长了，它会限制你，所以最好不要依赖于场景模式。

场景模式实际上是需要解释说明的，但是，大多数相机手册并没有交代技术背景和相关细节。你将在接下来的一览表里找到所有相机都具备的重要的场景模式及其工作原理：

» 运动：相机设置一个尽可能高的快门速度，开启追踪自动对焦和连拍模式，使你能够捕捉迅速移动的被摄对象。类似的设置包括儿童/动物。

» 人像：光圈尽可能开大，将人物同背景分离开来。色彩表现自然，清晰度适当。

» 风光：光圈收得很小，整张照片从前景到背景都是清晰的。色彩饱和度和清晰度都较高。

» 夜间人像：相对较长的曝光时间和闪光灯配合。亮度不足的背景也能正确曝光，前景中的人物被闪光灯照亮。

» 室内：提高ISO值，将白平衡设为人造光。避免成像模糊和偏红色的色彩失真。

» 雪景/海滩：测光时考虑极亮环境中最强的反射，以避免错误曝光。

6.6　评价曝光品质

后期处理可在一定范围内改变照片的亮度。尽管如此，拍摄时，还是不要失去太多的亮度信息——灰度层次一旦丢失，再怎么挖空心思地进行后期处理，也找不回来了。

6.6.1　好的曝光体现在哪些方面？

宁可曝光不足，也不要曝光过度。请你记住这一点。

一张照片，最亮的部分和最暗的部分，都能看到细节，才算是正确曝光。

如果曝光时间太短，传感器只能得到少量光线。照片会很暗，暗部看不到任何细节，这叫作曝光不足。比起曝光过度，曝光不足还不算太糟糕，可以在后期处理时增加暗部的亮度。使用 RAW 转换软件，看似黑色的照片部分能够显示细节，这一点非常神奇。但是，后期处理通常会影响照片效果，很明显，提亮暗部的同时，噪点也更明显了。

反之，曝光非常充分，太多的光线到达传感器，光线"溢出"。亮部会变成纯白色，毫无色彩层次，照片总体过于明亮，这叫作曝光过度。

包围曝光

在光线复杂、拍摄难度较大的情况下，如果要快速拍摄，包围曝光是最有把握的方法。现在，基本上所有的数码单反相机都有自动包围曝光功能。开启包围曝光后，相机会拍摄一系列不同曝光的照片，通常包含三种曝光情况：合适的曝光、曝光过度和曝光不足。

别怕浪费快门，尽管大胆地使用包围曝光功能。对数码摄影而言，拍照片其实不怎么耗费成本。拍完之后，选出曝光合适的照片，删除其他照片即可。

包围曝光不仅涉及不同的曝光，如今很多数码相机还可根据需要，使用不同的白平衡和闪光功率拍摄多张照片。

被摄对象的对比度反映了被摄对象上最亮和最暗部分的差别。动态范围体现了传感器所能完整再现的最亮和最暗部分层次的能力。被摄对象的对比度一般要高于相机的动态范围——这样，成像时容易出现"死白"或"死黑"。

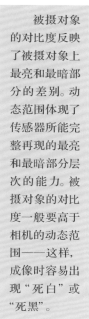

图 6.15 有了包围曝光功能，一定能够做到正确曝光。相机以不同的曝光量进行拍摄，你只需在电脑上选择曝光最好的照片。你最好把包围曝光和连拍一起使用。长按快门，相机自动拍摄若干不同曝光的照片。拍摄参数：尼康 D70，75mm，从上至下：1/125 秒、1/60 秒、1/30 秒，f/8，ISO200。

曝光过度的像素不再包含色彩信息，不能在后期处理时进行修正。

这在理论上听起来非常简单，但实际操作起来并不简单。一般来说，一个被摄对象，最亮和最暗部分的亮度差异非常大，相机传感器没有足够的宽容度来正确记录全部灰阶层次。

传感器的动态范围有限，会使拍摄受到限制。高动态范围摄影，即HDR摄影（更多内容请见第390页第11章）能够解决这个问题。

人眼在大脑的配合下，能够掌握强烈的明暗对比。比如，树林里，明亮的树冠、透过树叶的光斑、大树脚下深黑色的阴影，三者的明暗度存在非常巨大的差异。然而，你在树林里散步时，根本不会注意到这一点，原因在于，我们的视觉系统削弱了明暗反差，无论是阴影还是最亮的部分，我们都能识别其细节。

相反，对于数码相机来说，要识别这样的亮度差异只能是苛求，因为它们只能均匀地、不经过滤地记录亮度差异。过去几年里，数码相机的动态范围有了大幅提高，现在的 APS-C 型数码单反相机能够掌握大约 EV10（RAW 格式）的亮度范围。人眼能够掌握大约 EV15 的明暗反差。即使在技术进步之后，相机在遇到极端明暗反差时还是会受到限制，你必须在亮与暗之间做出选择，是正确记录亮部，还是正确记录暗部。

之前提到的树林，你需要特别注意：如果你想以正常亮度呈现其他部分，又想看清树下的东西，那么，树冠最亮的部分将是一片纯白，没有任何细节。一般来说，照片中最亮的部分，即使曝光过度，也还是可以接受的，只要曝光过度的部分不是随处可见、过于严重就行。

为应对明暗反差过大的被摄对象，相机制造商开发出一种能够更好地应对亮度差异的功能。该功能（尼康叫"D-Lighting"，佳能叫"自动亮度优化"）不是提高传感器的动态范围，而是让相机软件试着优化暗部和亮部的细节，并将其恰当地呈现出来。

6.6.2 曝光过度警告："闪烁"

请你使用不同的方法对曝光进行控制。必要时，再用其他设置继续拍摄，直到亮度正确为止。

如果拍摄时曝光出现错误，你可以使用电脑对其进行修复，但修复范围有限。因此，你最好花点心思，尽可能正确曝光。数码相机为你提供多种辅助工具，使你能够在拍摄之后马上对曝光情况进行检查。

拍完之后，马上在显示屏上查看照片，这感觉很不错，但就判断曝光质量而言，这样的显示是远远不够的。

最简单的方法就是通过查看相机屏幕上的照片，对其亮度进行检查。显示屏越来越大，分辨率也越来越高，就算经验有限，也能一眼看出曝光是否正确。不过，如果是在户外拍摄，会有些麻烦，因为遇到阳光强烈时难以看清显示屏。你还应注意显示屏亮度是否正确。

比起肉眼查看，曝光过度警告要可信得多。所有数码相机都有这一功能，你最好始终开启该功能。

亮部的曝光尤其重要，不允许出现错误。很多时候，画面的明暗反差太大，会严重影响画面效果。一个典型的例子就是拍摄风光时，为了让地面景物曝光正确，天空会出现曝光过度而失去细节。

有了曝光过度警告，你一眼就能看出曝光过度的部分。在相机菜单里选择曝光过度警告，曝光过度的部分会以黑白两色交替闪烁。这些闪烁的部分，一旦失去灰阶层次，就再也无可挽回，后期处理也无能为力。

如果闪烁区域很小，倒不是什么问题。如果大部分区域都在闪烁，那么，请你提高快门速度或调小光圈，再拍一张暗一点的照片。

曝光过度警告和直方图都是针对JPEG格式的。如果某一区域出现轻微曝光过度，可选择RAW格式正确曝光，因为和JPEG格式（8Bit）相比，RAW格式（14Bit）的动态范围更大。

6.6.3 直方图

直方图是曝光控制最有力的工具。所谓直方图，就是显示照片亮度分布的柱状图。很多数码相机都能显示直方图，有些相机甚至还能在拍摄之前在实时取景模式下使用直方图。

图6.16 你可以在相机菜单上对想要显示的图像信息进行设置。光线条件较为复杂时，请你使用直方图检查曝光。先进的相机除了显示亮度分布（最上面白色的图表）以外，还能显示三个色彩通道的分布。

直方图是一条曲线，显示照片中亮度的分布情况，从黑（0，在水平轴线的左边）到白（255，在水平轴线的右边）。曲线形式直接反映曝光质量，并给出可靠的信息，让你决定是否要对曝光进行修正，如果需要，怎样修正。

直方图是一个非常有用的工具，但是，只有极少数的摄影师才会每拍一张照片就看一下直方图。其实没有必要，你完全可以相信相机的测光系统。棘手的被摄对象，比如碰到深黑色的阴影和耀眼的光源，亮度差异很大时才用得上直方图。

拍摄之前，用测光表测定所需光量。拍摄之后，通过直方图分析刚才所拍照片的亮度分布情况。

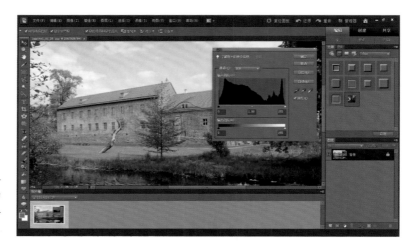

图 6.17　曝光正确时,直方图中的曲线呈高低不一的样子。

图 6.18　如果曲线靠右,且高低持平,说明曝光过度。

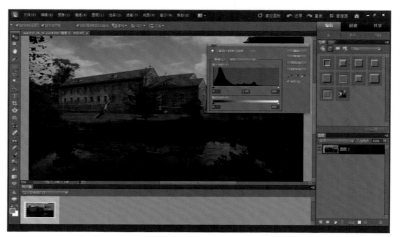

图 6.19　曝光不足时,曲线集中在左边。

先进的相机不仅能够显示总亮度的曲线，还能显示单个色彩通道红（R）、绿（G）、蓝（B）的曲线。

可在 Photoshop Elements 中找到灰阶层次的曲线图示。你可以在 Photoshop Elements 软件中通过"修改 / 调整照明 / 灰度层次修正"，打开带直方图的灰阶层次修正对话框；如果是 Photoshop，可以用"图像 / 调整 / 色阶"。如果是在键盘上进行操作，两种软件都是 ctrl+L（Windows）或 ⌘ +L（Mac OS）。

所描述的曲线只适用于亮度分布正常的被摄对象。如果是白雪皑皑的冬天，曲线靠右，这样是非常正常的。

大多数相机，显示屏显示照片的同时，可通过菜单调协来显示直方图。

向着光源曝光

为了尽可能利用传感器有限的动态范围，你应该向着光源曝光，这样才能使更多灰阶有所显示。明暗反差大的被摄对象，灰阶层次的重点应该尽可能落在直方图的右边，不要削减亮度。

6.6.4 曝光补偿

测光的问题在于，相机虽然有很多电子组件，但它还是不知道你所拍的对象是什么。测光表只测定被摄对象反射的光线。如果被摄对象非常亮，比如在明亮的海滩拍摄人像，相机会这样认为："照片好亮啊，我最好把它拍得暗一点"。结果就是，主体（也就是人）非常暗。相反，如果是拍摄某处暗的背景，相机就会这样认为："照片太暗了，我最好把它拍得亮一点"。结果，照片里的人物过于明亮，而黑墙则变成了灰墙。

应对极端拍摄条件，先进的多区评价测光要比传统的中央重点测光好得多。但电子组件有时也会出错，你必须手动设置以获得最优曝光。

面对所有曝光不当的被摄对象，千万要小心！在相机显示屏上查看照片时，如果相机的电子组件犯傻，那你就自己调整曝光。

曝光补偿是最简单的调整曝光的方法。机型不同，操作会不一样，有的可以在相机菜单里选择调整曝光，然后在插入的刻度上左右移动滑杆或箭头。也有很多数码相机的机身上就有曝光补偿键。

有了曝光补偿键，你就能够迅速调整曝光。

图 6.20 对于能自动测光的数码相机来说，拍摄这些亮度差异不大的日常被摄对象，完全不是问题。

拍摄参数：尼康 D80，16mm，1/45 秒，f/13，ISO200。

拍摄之后，马上把曝光补偿键复位归零。虽然曝光补偿在显示屏上就能看到，但是你很容易会忘了，这样会影响下一张照片。

按住该键，利用拨轮选择加减补偿：

» 加（＋）使整张照片变亮。

» 减（－）使整张照片变暗。

» 所给数值是曝光值（缩写为LW或EV）。整数值表示光线加倍或减半。一般来说，常用补偿从EV−2（暗很多）到EV+2（亮很多）。

6.7 清单：正确曝光

关于曝光、测光和曝光补偿，所有应该知道的，通过阅读本章，你都能够掌握。尽管如此，如果你刚开始接触数码摄影，如何选择和控制曝光，还是会令你非常困惑。

别害怕，曝光没什么神秘的。数码相机能够帮你迅速积累经验，拍出更好的照片。拍摄之后，查看相机显示屏，你马上就能知道不同曝光设置对照片效果的影响。

接下来是一个小小的常见问题的问答，它能够帮你迅速入门，正确设置曝光。

» 应该在相机上怎样设置来控制曝光？如果你想省事，也不太了解主题，那么，请你选择场景曝光模式。如果你具备一定的经验，最好选择半自动模式（快门优先或光圈优先）或手动模式。

» 能获得多大的景深？要想获得更大的清晰范围，就得不断调小光圈。你可以在拍摄前预览景深。

» 怎样的快门速度更合适？为避免模糊，快门速度应尽可能高一些。另外，快门速度越高，越能定格动作。

» 最适合照片的ISO值是什么？如果ISO值太低，则可能出现模糊。如果ISO值太高，那么噪点会破坏照片效果。

6.8 三个关于感光度、光圈值和快门速度的例子

选择正确的快门速度、光圈组合，貌似就足够了，实则不然。毫无疑问，你还是需要一些拍摄经验的。很多时候，相机的自动功能能够替你做出决定，比如下面三个例子：

第一张照片拍摄的是一个放在蒸汽机上的油壶。光线从我身后的门内射进来，还有顶棚灯作为补充。虽然很暗，我还是决定不使用闪光灯，因为我不想破坏自然的光线效果。为了不用三脚架，我决定这样做：提高ISO值，我选择了ISO1600。我之前做过测试，ISO1600感光度下产生的噪点，尚属我能够接受的范围。尽管感光度很高，我还是不得不使用这只变焦镜头的最大光圈。因为有了图像稳定器，就算是1/20秒的快门速度，照片也不会模糊。在大光圈下，油壶同背景分离开来，画面很美。

图 6.21　拍摄参
数：尼康 D5100，
50mm，1/20 秒，
f/5，ISO1600。

　　第二张照片（图 6.22）摄于但泽市的玛利亚卡步行街，我想着重强调露天台阶上的一个滴水嘴。很多设置都是自动完成的，为了使效果最佳，使用相机所能允许的最低 ISO 值。我的想法是，同时拍下滴水嘴和周围的环境，突出滴水嘴，让背景中的房子模糊可见。

　　为了得到尽可能小的景深，我设置为镜头的最大光圈。因为光圈对于照片的景深效果来说非常重要，因此，我使用了相机的光圈优先模式，让相机自行调整快门速度，使之与我所选的光圈值相匹配。

　　第三张照片（图 6.23）是从空中拍摄梅克伦堡的多湖平原，是我在螺旋桨飞机上拍的。因为飞机非常颠簸，所以，我选择了一个尽可能高的快门速度。

　　通过几次试拍之后，我知道，我至少需要 1/500 秒的快门速度，照片才不会模糊。因为我不想使用大光圈拍出小景深，所以我将感光度提高到

ISO400。接着我在相机上选择快门优先模式，并将快门速度设为 1/500 秒，相机自动选择与之相匹配的光圈。

图6.22 拍摄参数: 尼康D70, 35mm, 1/1500秒，f/2.8, ISO0200。

图6.23 拍摄参数: 尼康D300, 50mm, 1/500秒，f/8, ISO400。

第7章

清晰度

相机抖动和错误对焦都会导致照片的清晰度不佳，而清晰度不佳又是照片失败的主要原因之一。当然，照片并不是从前到后都要清晰。

一些照片正是因为有了清晰和模糊的对比，才显得有魅力。如果是拍摄急速转弯的自行车运动员，只有拍出运动模糊，才能使照片体现出速度感。

你将在本章内容中了解两方面的内容：一是如何避免因抖动和错误对焦导致的不清晰；二是如何有针对性地运用模糊拍出好的照片。

7.1 拿稳：正确的相机拿法

"怎么拿相机，才是正确的？"这个问题看似毫无意义，其实不然。你是否对此进行过思考，还是随手拿起相机就按快门？相机拿得稳，才能拍出清晰的照片，这是前提。有几点需要注意。

看看各景点的游客就知道，大多数人在拍照的时候，都会把胳膊伸出去；有时，还是单臂弯曲。这在阳光充足、亮度够的时候，没有任何问题，相机液晶屏（只有少数小型相机具备真正的光学取景器）的技术进步支持这种拿法。

伸出双臂，颤抖加剧，这一点在所难免（你想想射击运动员就知道了，他们站住射击时，步枪和双臂总是紧紧贴着身体）。光线不足时，你就得想办法把相机稳住。将相机贴近脸部，屈臂，手肘贴着身体下垂。要想更稳，可以靠在墙上或柱子上，或把手肘放在固定的支座上，比如墙面的突出部分或栏杆。

即时取景现已非常普及，有了这一功能，许多数码单反相机能够按照跟小型相机相类似的姿势进行拍摄。当然，经典拿法更加稳定：选择一点固定并站好，将重量均分至两腿。左手拿相机，镜头朝下。

无论是色彩饱和度、对比度还是亮度，都能在后期处理时进行大幅修改。照片也能进行锐化。但是，对焦完全错误的照片，或前景和背景都模糊的照片，Photoshop 也无能为力。

相机拿得稳，才能拍出清晰的照片。请你尽一切可能将手的颤抖最小化。

图 7.1 只有光线充足的时候，才可以单臂弯曲，用小型相机拍照。

想要更稳一些，用左臂手肘在上身寻找支撑。左手掌面朝上，便于操作变焦环。右手握住相机手柄，用大拇指和食指操作转盘和按快门。

无论相机拿得多稳，快门速度低到一定程度（见第 165 页表格）时，手持抖动是在所难免的。只有使用三脚架才能解决这一问题。如果你手边没有三脚架，那么，可以找一个固定的支撑物，比如大的岩石块、公园长椅或比较宽的栏杆，把相机放在上面，用自拍延时功能拍摄照片。

7.2　自动对焦

自动对焦（AF）非常好用：用手轻按快门，镜头自动完成对焦，然后你只要再按一下快门拍摄。至少在理论上是这样的。尽管自动对焦系统越来越先进，但是，在实际应用中，还是会出现一些问题。另外，多如牛毛的设置和不同的操作模式令人眼花缭乱。尽管技术先进，拍出来的照片还是难免出现不清晰的情况。

单拍还是连拍？

与自动对焦紧密相连的是拍摄的驱动模式。单拍，按一次快门，拍一张照片；连拍，按住快门，相机一直不停地拍。所拍张数取决于相机的处理速度和存储卡性能。

拍摄动物、运动体和嬉闹的孩子，最好采用连拍，这样有利于抓住精彩的瞬间。

7.3　不同的自动对焦系统

自动对焦的相机 20 世纪 70 年代就已经出现了。理论上，早期的自动对焦系统类似于潜水艇的声纳。相机发出红外线或超声波，一瞬间被物体反射的波重新回到相机。根据反射的时间长短，很容易就能算出距离。就好像蝙蝠能够在夜里定位昆虫，就算一片黑暗，该系统也能正常工作。但是，它只能对距离相机较近的物体进行对焦，这显然不能满足拍摄要求。

除影像传感器外，采用相位检测对焦的数码单反相机还有单独的自动对焦传感器。它们不仅能够算出焦点，还能算出镜头里透镜的运动方向。

目前，数码相机有两种自动对焦方式：数码单反相机采用相位检测对焦；小型相机、桥式相机、无反相机，还包括即时取景或摄像模式时的数码单反相机，都采用反差式自动对焦。

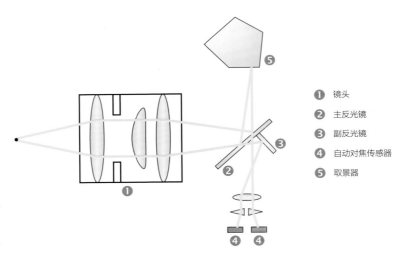

图 7.2 数码单反相机的相位检测对焦是这样进行工作的：主反光镜允许光线的一小部分通过副反光镜，这面反光镜将一部分光线引向下方，光线在下面通过一个透镜组形成两个图像，自动对焦传感器对这两个图像进行分析。如果两个图像是一致的，说明镜头的对焦是正确的。

① 镜头
② 主反光镜
③ 副反光镜
④ 自动对焦传感器
⑤ 取景器

相机的反光镜并没有将全部射入光线向上反射到取景器，而是允许一小部分光线通过后面的第二面反光镜。这面反光镜将光线引向下面的自动对焦单元，光束通过一个透镜系统被分到两个感光的传感器上。传感器对两个图像进行比较，算出正确的距离设置，并把距离信息传递给镜头。

自动对焦传感器分别采用线性对焦点和十字对焦点。线性对焦点只能识别带垂直结构的物体，而十字对焦点能够对无论何种方向的结构进行对焦。自动对焦系统的对焦点越多，性能越可靠，专业数码单反相机有 50 多个对焦点在同时工作。

采用相位检测对焦的自动对焦系统，既快又可靠。只要选对相机的对焦模式，快速运动的物体，也能始终在焦点上。相位检测对焦唯一的缺点在于需要一定的照明强度才能工作。光量越大，自动对焦越准确。光圈小于 f/5.6 的镜头，通常只有中间的十字对焦点还在工作。如果是光圈更小的镜头或使用远摄增距器，根本无法使用相位检测对焦。

小型相机和无反相机没有将光线引至自动对焦单元的反光镜。因此，它们直接在影像传感器上测量距离，也就是反差式自动对焦。

和相位检测对焦不一样，反差式自动对焦采用试误式的方法。透镜来回移动，传感器对反差进行持续测量。如果自动对焦测量到一个弱的反差，焦点不对，透镜继续移动。继续测量反差，反差不断提高，照片越来越清晰。当反差又开始下降，透镜就回到最大反差的位置，这样就算出了清晰点。

> 无论是相位检测对焦还是反差式自动对焦，都要求被摄对象有一定的反差，边缘清晰可辨；而无法作用于均匀、没有纹理的被摄对象。

反差式自动对焦的优点在于，清晰度是直接在影像传感器上算出来的，这样就避免了像相位测量对焦那样因自动对焦辅助反光镜失调而导致的误差。反差式自动对焦要慢得多，难以胜任对运动物体的对焦工作。对焦调节行程长的镜头，比如采用即时取景或摄像模式的单反相机，也会遇到技术局限。

索尼 SLT 相机（半透镜单电相机）另辟蹊径。这种混合相机采用电子取景器和透明的反光镜，能够像数码单反相机一样进行快速的相位检测对焦。

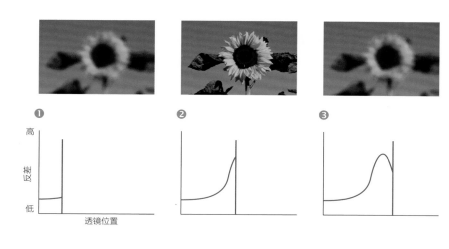

图 7.3　反差式自动对焦，其反差是在传感器上测量出来的。如果反差低，焦点不对，透镜会继续移动（图 1）。透镜移动过程中，持续计算反差（图 2）。反差开始下降，说明已经过了焦点，透镜回到测出的最高反差点。

7.4　自动对焦模式

很多镜头可以用开关在自动对焦和手动对焦之间进行转换。至于其他设置，要么使用相机上的开关，要么使用相机菜单。

对焦开关上的"M"设置只和对焦有关，不会对曝光效果产生影响。如果你想控制曝光，可选择手动曝光模式或程序自动模式。

对焦模式一览：

» 手动对焦（通过镜头上的开关"AF/MF"设置或直接在相机的对焦开关上设置"MF"）。关闭自动对焦，只能用手利用对焦环进行聚焦（小型相机可通过相机上的按键完成手动对焦）。如果使用即时取景模式，很多相机能够放大焦点处的图像进行预览。使用三脚架进行拍摄，可采用手动对焦。如果自动对焦遇到困难，比如反差不明显的被摄对象或是进行微距摄影，须使用手动对焦。

通过选择镜头的对焦操作模式，你可决定何时对焦，对哪个区域进行对焦。

195

自动对焦系统失灵的时候，比如光线非常弱的时候，就需要手动对焦了。

» 单次自动对焦（设置"S"或"AF–S"）：半按快门可激活自动对焦。相机进行对焦并锁定焦点，直到完全按下快门拍摄照片或松开快门。镜头对好焦，才能再按下快门。单次自动对焦是日常拍摄的首选，适合拍摄静止的物体或慢速运动的物体。如果拍摄人像，请选择单次自动对焦，把焦点对在人的眼睛上。

图 7.4　在微距摄影中，自动对焦不知道应该对哪个部分进行对焦。在这种情况下，手动对焦能够迅速找到目标。
拍摄参数：尼康D300,105mm 微距，1/640 秒，f/3.5，ISO200，三脚架。

图 7.5　单次自动对焦适合拍摄反差大、轮廓清晰的静物，比如照片中的被摄对象。
拍摄参数：尼康D300, 105mm, 1/250秒, f/11, ISO200。

» 持续/追踪自动对焦（设置"C"或"AF-C"）：按住快门，相机不间断地对焦。被摄对象没有对好焦时也能按下快门。如果是移动的被摄对象，可进行追踪对焦。只有在拍摄动态物体时，才使用这个设置，比如追跑打闹的孩子们。

单次自动对焦适合拍摄静止的物体，焦点不会转移。

图 7.6　追踪自动对焦：它一旦抓住被摄对象，就会持续地调整清晰度以适应被摄对象的运动。
拍摄参数：尼康 D5100，150mm，1/4000 秒，f/8，ISO800。

» 自动选择自动对焦（设置"AF-A"）：这不是一个独立的操作模式，而是相机在判断被摄对象的情况后自动选择，是采用单次自动对焦还是采用追踪自动对焦模式。

7.5　自动对焦区域

先进的数码相机，其自动对焦系统提供多个对焦区域，能够覆盖视域的大部分区域。通过激活的对焦区域标记想要对焦的点。在取景器里或显示屏上，对焦区域会用方框或点标出。一旦按下快门，将激活自动对焦系统，当前激活的对焦区域就开始闪烁。

持续自动对焦可用于移动的被摄对象。拍摄动态物体时才要用到这一模式，否则，持续对焦和过于活跃的自动调焦会干扰正常拍摄。

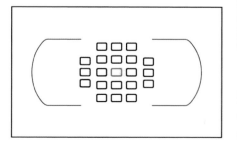

图 7.7　自动对焦的对焦区域集中在画面中心。

你通过对焦区域告诉自动对焦，哪些区域对你来说是重要的，是该对焦的。相机在标准设置里自动选择一个焦点区域或对对焦区域中间的物体进行对焦。你可以根据需要手动选择对焦区域，比如你这样构图，不把主要的被摄对象放在照片中间：

» 单个对焦区测距；你可以自主选择一个对焦区域（一般使用相机背面多功能选项的箭头键），相机将焦点对在预选对焦区域的物体上。

» 动态多个对焦区测距：你选择一个对焦区域，自动对焦对被摄对象进行追踪，如果物体移出原来的对焦区域，激活的对焦区域则会发生变化。这种设置适合拍摄动向不明的物体。

如果你选择全自动或被摄对象程序，一般来说是没有办法改变自动对焦设置的。请你选择程序自动，光圈优先模式或快门优先模式，以便调整自动对焦功能。

图 7.8　标准设置里，中间的焦点区域是激活的。如果被摄对象不在照片中间，很多带多个对焦区域的相机，可以改变激活的对焦区域或使用自动对焦锁定。

情况	所用设置
行驶的汽车、运动、玩耍的孩子和奔跑的动物	持续自动对焦，动态多个对焦区测距，连拍模式
建筑物和其他静止不动的物体	单个对焦区测距，单次拍摄模式
人像	单次自动对焦，单个对焦区测距；如果被摄对象不在照片中间，可使用自动对焦锁定；为了不错过任何表情，可使用连拍模式
风光	手动对焦，单次拍摄模式

表 7.1　最适合每一种被摄对象的自动对焦类型

对中心以外的被摄对象进行对焦

普通相机对焦点局限在画面的中间部分，就算是对焦点达到50个的专业相机也无法覆盖整个视域，顾及不到边缘部分。那么，如果你想把被摄主体放在对焦区域外，该怎么办呢？

对焦锁定按钮帮你解决这个问题。先把被摄对象居中，并半按快门，镜头开始对焦。按下对焦锁定按钮，焦点被锁定下来，在彻底按下快门之前，你可以在取景器里随心所欲地安排被摄对象。关于对焦锁定的具体功能，你最好查阅相机的使用手册，不同品牌的相机，使用起来差别非常大。

对焦锁定按钮不能保证完全不出错。相机抖动也会改变传感器平面和被摄对象之间的距离。只要距离差异在景深范围内，就没有问题。镜头焦距长一点，光圈小一点，对焦锁定功能一点问题都没有。相反，如果你是用广角镜头和大光圈拍摄，拍出来的照片有可能不清楚。在这种情况下，只能关掉自动对焦功能，进行手动对焦。

7.6　测试和调整自动对焦

你或许有过这样的遭遇，自动对焦的焦点明明是对在眼睛上，怎么拍出来的照片却跑到了耳垂上？如果经常这样，那么，问题不在你，而在于自动对焦系统。相位检测对焦，错的有可能是整个系统，也有可能是所使用镜头的问题。

焦点始终朝一个方向偏移。如果对焦点总是在被摄对象前，人们将其称之为焦点偏前；如果对焦在后，叫作焦点偏后。

你可以通过试拍检测数码单反相机的自动对焦是否准确：

1.　竖起一把直尺，45°角倾斜，旁边放一个反差明显的垂直平面物，便于自动对焦找到焦点。此外，请你确保照明充足。让直尺的某一刻度（比如15cm的刻度）落在垂直平面的顶点，用胶带将直尺固定。

2.　把相机架在三脚架上。将三脚架调整到合适的高度，水平放置相机，保证绝对水平（可以，利用插在热靴上的水平仪）。

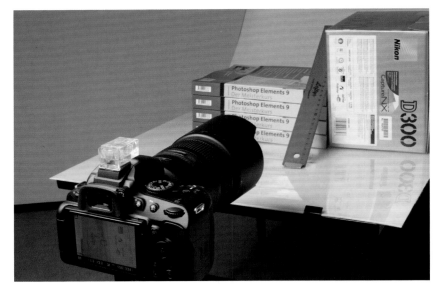

图 7.9 测试安排：倾斜放置的直尺，旁边是一个垂直平面物，自动对焦功能对这个平面进行对焦。

3. 设置最低的 ISO 值，将自动对焦设为单次自动对焦和单个对焦区测距。请你选择光圈优先模式，将光圈开到最大。

4. 使用"反光镜预升"功能。

5. 至少拍 5 张照片。确保每次都是重新对焦。

图 7.10 最理想的状况就是对焦点恰好落在测试对象的顶点，你不必进行任何调整。

6. 在电脑显示屏上以 100% 的比例查看所有照片。如果对焦点刚好落在垂直平面的顶点，一切正常，自动对焦不会引起任何问题。

　　如果通过五个步骤拍出来的照片均呈现同样的偏差，那么，你必须对错误对焦进行修正。中高档数码单反相机的菜单会提供一个选项，可对自动对焦进行调整。相机会将每一镜头所要求的修正记录下来。

　　如果通过测试，发现焦点偏差非常严重，那你就不得不把镜头和相机送去相关品牌的维修部，对自动对焦系统进行调整。

相机能否对自动对焦系统进行精确调整，详见相机使用手册。

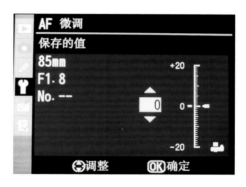

图 7.11　稍微贵一点的数码单反相机，能在相机菜单里对前焦点和后焦点进行修正。可在刻度尺上进行非常精细的调整。

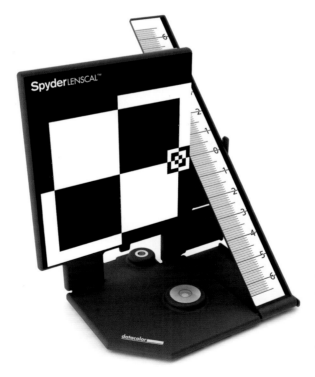

图 7.12　如果有很多镜头都需要校准，那么可以使用专业的辅助工具简化调焦，比如德塔牌的调焦利器"校准蜘蛛"。

7.7　景深

你可以利用景深来突出你认为画面中重要的部分。拍摄人物和动物，焦点应对在眼睛上。这是摄影中少有的定律。

当我们审视某一场景时，从近到远，我们所看见的一切都是清晰的。眼睛可以按照不同的物距不断调整焦点，大脑将数据综合加工成清晰的图像。而数码相机不是这样。你可以设置相机，让背景模糊，而让主体清晰，使被摄对象从背景中突显出来。

图 7.13　根据需要，确定景深。使用远摄变焦镜头，光圈全开，使蝴蝶从模糊的背景中突显出来。
拍摄参数：尼康D80，240mm，1/180秒，f/5.6，ISO400。

通过自动对焦或手动对焦将焦点设置到某一聚焦平面，严格来说，镜头只能把落在这个对焦平面上的被摄对象拍清楚。距离这个对焦平面越远，越不清楚。

拍摄人像，正如前文所推荐的，要对眼睛进行对焦，一开始，落在同一平面的所有图像都是清晰的，比如双眼。双眼前后的所有区域（如鼻子、耳朵、脖子）在传感器上都不是点，而是小圆圈，专业人士称之为"模糊圈"。在一定直径范围内，我们的眼睛将这些模糊圈视作一个点。当我们打量照片时，这些图像看起来清晰的区域叫作"景深"。

光圈大小的选择不仅影响光量，而且影响景深。

图 7.14　照片摄于奥德河畔法兰克福的一个集市。选择广角镜头并把光圈缩小到 f/10，整个喷泉都被拍得非常清晰。

景深大小取决于很多因素。如果你是用微距镜头近距离拍摄花朵，景深只有几毫米宽，很难把整朵花拍清楚，也就是说，很难从最前面一片花瓣到最后一片花瓣都拍清楚。使用广角拍摄的风光照片则刚好相反，从前景的花朵到地平线的山峰，全都是清楚的。

光圈是调节景深最有效的工具。

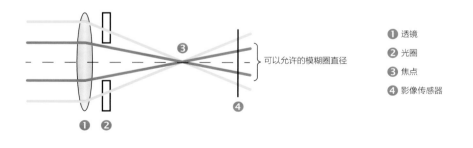

❶ 透镜
❷ 光圈
❸ 焦点
❹ 影像传感器

可以允许的模糊圈直径

图 7.15　如果一个点位于对焦平面之前，那么，焦点就在影像传感器平面前面。这个点以小圆圈的形式记录在传感器上。光圈全开（黄线），圆圈的直径大于可允许的模糊圈。这个点在照片上就不清晰。光圈调小（红线），侧光被"切掉"光束总体变细，模糊圈的直径也变小。如果该直径小于可允许的模糊圈直径，相关点在照片上就是清晰的。

为了将光圈用作构图手段，有针对性地控制景深，你最好在相机上选择光圈优先模式（设置"A"或"Av"）。选择该设置，你可以自由选择光圈值，相机自动选择合适的快门速度：

» 如果你希望景深范围尽可能小一些，那么，请你设置一个尽可能大的光圈，即小的 f 值，比如光圈 f/4。

» 相反，如果你希望景深尽可能大一些，请你选择一个尽可能小的光圈，比如光圈f/16。

» 光圈并不是决定景深的唯一因素。景深大小还取决于：

» 所用镜头（焦距越长，景深越小）

» 拍摄距离（对焦越近，景深越小）

» 相机的影像传感器大小（传感器尺寸越大，景深越小）

不同光圈的景深：焦距70mm，对焦在10m处

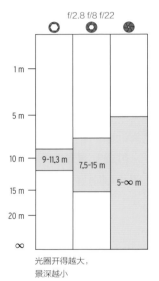

不同拍摄距离的景深：焦距70mm，光圈f/8，对焦在：

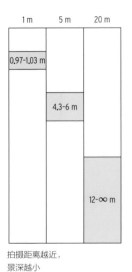

不同焦距镜头的景深：对焦在10m处，光圈f/8

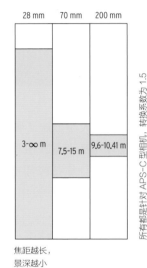

所有都是针对APS-C型相机，转换系数为1.5

图 7.16 一系列的因素影响景深。

因为传感器小，景深大，小型相机难以拍出模糊的效果。除非你把变焦镜头调至长焦端，同时尽可能接近被摄对象。

控制景深，你必须照顾到所有因素。举两个极端的例子加以说明：

» 如果希望景深最大，可使用小型相机，选择镜头的广角端，设置一个小光圈，把焦点对在一个距离相机较远的地方。

» 如果想让背景模糊，选择全画幅相机和镜头的长焦端，全开光圈，尽可能接近被摄对象，设置一个较近的拍摄距离。

通过景深预视钮查看景深

　　用数码单反相机取景的时候，光圈始终都是全开的，这样才能看到尽可能亮的图像。如果你想通过取景器检查景深，必然要用到景深预视钮。佳能相机的景深预视钮在镜头装卸钮下方，尼康相机的则在镜头的右下侧。拍摄前，把光圈开到你想设置的f值，按下景深预视钮，你可以对期待的照片结果和清晰度有个印象。

　　如果你使用小光圈，希望景深尽可能大一些，按下景深预视钮之后，取景器里的照片非常暗。很多入门级数码单反相机是没有景深预视钮的。这样的话，只能拍完照片后，在相机显示屏上查看照片，以便准确评价清晰度的变化。

7.7.1　超焦距

　　理论上，通过最小光圈（即最大的 f 值）获取尽可能大的清晰区域，但这并不明智。原因在于：一方面，光圈太小，会出现衍射，影响清晰度（见后面"衍射和最佳光圈"一节）；另一方面，曝光时间会变得非常长。

图 7.17　运用短焦距镜头和超焦距，沙漠从前到后都拍得很清晰，光圈是 f/8。
拍摄参数：尼康 D300，16mm，f/8，1/400秒，ISO200。

假设，你针对某一被摄对象选择了一只镜头，想用光圈 f/8 拍摄。你把对焦环转到无限远处，这样你就"白白浪费"了一部分景深，因为它向后无限延伸。

现在的镜头摈弃了之前常用的景深刻度。这个刻度用两条线标记与所选光圈想匹配的景深。如果你手里还有这样的老镜头，设置尽可能大的景深，简直易如反掌：你只要把设置转到景深的最远边缘即可。

如果是现在没有景深刻度的镜头，下面的表格会对你有很多帮助：

焦距	光圈 f/11	光圈 f/16	光圈 f/22
18 mm	1.8 m	1.3 m	0.9 m
20 mm	2.3 m	1.6 m	1.1 m
35 mm	7 m	4.8 m	3.5 m

表 7.2　数码单反相机（焦距转换系数为 1.5）常用于风光拍摄的焦距，不同光圈所对应的超焦距。

通过设置超焦距，可得到最大景深：

1.　关闭镜头的自动对焦功能。

2.　选择光圈优先模式，设置"A"或"Av"。

3.　根据以上表格设置光圈。

4.　将镜头的对焦环转到表中所给的距离。

所拍照片，从超焦距的一半开始到无限远，都是清晰的。比如，如果你想用一只 18mm 的镜头用光圈 f/11 拍摄获得最大景深，那么，你可以把对焦环转到 1.8m 处，那么从 90cm 的拍摄距离起直到无限远都是清晰的。

7.8　衍射和最佳光圈

光圈值的选择不仅影响景深，而且影响照片的整体清晰度。如果大幅调小光圈，光圈孔径就会变得非常小。结果就是光线发生衍射。所谓衍射，就是把光束边缘部分的光线挤到一个拐弯处，传感器上的点不再是点，而变成了圆圈。

光圈开口越小，衍射越严重。使用 APS-C 型传感器的数码单反相机，从光圈 f/11 起，衍射会影响成像的清晰度，并且渐渐明显起来。直到光圈 f/16，衍射对清晰度的损害，尚属可以接受。 而从光圈 f/16 开始，衍射愈发严重，光圈 f/22 只用于极少数特殊情况。使用广角镜头拍摄风光，衍射不是什么大问题；而微距摄影衍射的影响则比较明显。

为什么使用小型相机只能设置一个非常有限的光圈范围（通常是 f/2.8 到 f/8）？原因也在于衍射。小的传感器及其带来的短焦距以及非常小的光圈开口对衍射的影响比较大，大幅度调小光圈，会严重影响图像质量。

> 通常调小光圈，镜头能够发挥最佳性能，比如光圈 f/8。光圈变小，加大的是景深范围，而不能提高照片的整体清晰度。

散 景

散景这个概念源自日语，和"不清晰"、"模糊"意思差不多。指的是影像渐变模糊的过程。实际上，"模糊美"也是镜头不可小视的特性之一。

轻微的模糊，可用Photoshop的"滤镜"功能清除，而不清晰区域的图像，电脑则无法对其施加影响。

影响散景的因素中，最重要的就是镜头的结构，尤其是光圈的结构。光圈叶片的开口越圆越好。光圈片数少的镜头，调小光圈的时候，容易产生多边形的模糊斑点。

7.9　根据沙姆定律有针对性地控制清晰度

就算光圈缩到最小，镜头也无法从前到后全拍清晰。距离近的时候，尤其容易出现这种情况。距离近，景深自然就小；如果被摄对象斜对着相机，也容易出现这种情况。这种不清晰可以用于艺术创作，但如果是拍摄产品或某些专题，清晰度必须始终如一。

沙姆定律可帮你对清晰度进行调和。这是什么原理呢？希奥多·沙姆禄格是遥控勘探的先锋。有一次他乘坐热气球拍摄风光，为了把所拍风光照片制成地图，他发明了一种用于矫正倾斜成像的专业仪器。

使用专业相机的建筑摄影师和影棚摄影师一定熟悉沙姆定律。其原理是：影像平面、镜头平面和被摄对象平面相交于一点，在物体平面上的整个对象都是清晰的。

图 7.18　移轴镜头除了可以平行移动外，镜头前端还可以偏转。

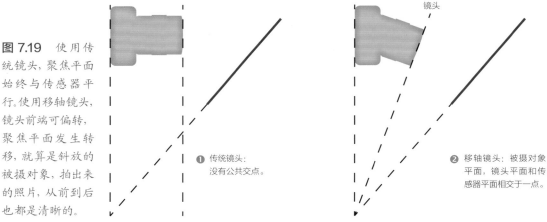

图 7.19　使用传统镜头，聚焦平面始终与传感器平行。使用移轴镜头，镜头前端可偏转，聚焦平面发生转移，就算是斜放的被摄对象，拍出来的照片，从前到后也都是清晰的。

相机　　　镜头

❶ 传统镜头：没有公共交点。

相机　　　镜头

❷ 移轴镜头：被摄对象平面，镜头平面和传感器平面相交于一点。

无论使用佳能还是尼康移轴镜头，都可根据沙姆定律扩展清晰度。这种镜头的前端可偏转，你能够有针对性地控制聚焦平面在照片中的位置。

　　翻转镜头前端，使其与被摄对象保持同一角度，这样才能把斜放着的物体从前到后都拍清楚。

　　下面三张图告诉我们移轴镜头是如何控制清晰度的。景深不足以把照片从前到后全部拍清楚；镜头前端偏转之后，景深（光圈设置不变）扩大，覆盖整个键盘（所有照片都使用尼康 D300 相机、PC–E Nikkor 85mm 镜头，选择光圈 f/8 拍摄）：

图 7.20　镜头不偏转，聚焦平面在前。

图 7.21　镜头不偏转，聚焦平面在后。

图 7.22　镜头向键盘方向偏转。

第 8 章

用好闪光灯

电子闪光灯是摄影中使用最为广泛的光源之一。电子闪光灯体积小，电源独立于相机电源，而且可对闪光灯光线的强度进行有针对性的计量和分配。闪光灯虽然很先进，但也有不足之处。反差强烈的投影、红眼、不自然的光线氛围，这些是破坏画面效果的三大缺点。这一章内容将向你介绍如何使用闪光灯拍出完美的照片。

也许闪光灯的效果要比想象中的好，但不是所有被摄对象都适合使用闪光灯。在聚会或富有情趣的烛光场景中绝对不能使用闪光。闪光会"抹杀"自然的光线氛围。在公园里拍摄人像则刚好相反，有针对性地使用闪光进行照明，才能达到完美的效果。通过闪光，可以改善对比度，色彩也能变得更加鲜艳。

闪光灯光线应该尽可能自然一些。最理想的情况是，从照片中根本看不出闪光的痕迹。即使你的闪光技术和相机操作技术都有了很大进步，和这种人造光线打交道，还是需要一些实验精神和经验。

除了快门速度、光圈和 ISO 值的设置外，还应对闪光灯光线的强度进行正确的计量和分配。闪光照明时间极短，拍摄之前，光线效果无法正确评估。所选设置是否合适，是否能够促成所期待的效果，只有看到拍好的照片才知道。幸运的是，数码相机能够助我们一臂之力。拍摄之后，可在相机显示屏上查看照片，很快就能做出正确的设置和修改。使用闪光灯的机会越多，时间越长，你就越熟悉它，也就越能使用闪光拍出好的照片。

> 光线不足时，可使用电子闪光灯。除了用作补光外，电子闪光灯还可以与现有光线配合进行创意闪光，效果非常好。

8.1 了解闪光技术

相机由胶片变革为数码，但闪光灯的基本原理并没有改变。如果使用不当，闪光灯会导致如下错误：

1. 红眼；

2. 反差大的投影；

3. 强烈的亮度反差，前景曝光过度，背景一片漆黑。

使用数码相机的闪光灯进行拍摄，想要达到最佳曝光效果，可不是一件容易的事。其两大主要原因如下：

1. 闪光持续时间极短。

2. 照明的"平方反比"定律：发光强度按照距离的平方下降。举例来说：某一物体放在距之前 2 倍远的地方，光量只有最开始的 1/4。如果是用日光照明，这一物理法则体现得并不是非常明显。现场距离的变化与距离太阳相比完全可以忽略不计。就算是汽车、城堡，甚至是画面中的整个风景，照明都是均匀的。而闪光灯距离被摄对象不过几米远，亮度的反差非常明显。

实际拍出来，被摄主体的照明非常完美，而离闪光灯近的所有物体都曝光过度，背景却一片漆黑。

和其他照片一样，你在相机上通过光圈和快门速度控制曝光。你还要算上闪光：

» 通过选择光圈，按照同一标准测算闪光光线和环境光线。

» 快门速度明显低于闪光速度，测算总照明中的环境光线，闪光光线不变。

» 在闪光灯上控制闪光功率：改变照片总光量中的闪光光线，其唯一可能就是降低闪光功率。

为了对闪光灯加以最优利用，你必须了解每台相机的设置以及闪光设置对照片效果的影响。

电子闪光灯是这样工作的

闪光灯的体积小，闪光时间不足1秒，却能提供和大型发光体一样的光量。这就是所谓的"气体放电管"。

一般来说，外置闪光灯装有4枚小型电池。就这么高的光量而言，6伏的电压肯定是不够的。电池对电容器充电几秒钟，电容器缓存电量，以高电压释放能量。

电容器以10000伏的电压点燃点火线圈，高压电离出稀有气体氙气。通过放电，光线被释放出来，该光线有着和日光相似的色温。

技术先进的闪光灯能够有效调节这一过程，很多时候，不是所有能量都从电容器里被一次性释放出来，这样下一次闪光能够马上连接点燃。

8.2 对内置闪光灯加以最优利用

除了专业人士使用的顶级数码单反相机外，几乎所有的数码相机都装有可翻转的内置闪光灯。小型相机的闪光灯通常装在机身里；好一点的小型相机和数码单反相机，需要时，闪光灯可外翻出来。

图 8.1 长时间曝光，在环境光线下的快门速度为1秒，光圈为 f/11。

图 8.2 这张照片的拍摄采用相同的光圈和快门速度。相机内置闪光灯对前景进行照明。花朵更具质感，更加明亮。

图 8.3 第三张照片的光圈等设置不变，快门速度提高到 1/125 秒。环境光线占总曝光的比例有所下降。通过闪光，前景的花朵还是一样明亮，而背景变暗，因为闪光到不了背景。

使用相机内置闪光灯，大多数相机提供不同的操作模式：

» 自动模式：一旦场景太暗，自动模式就会打开闪光灯。

» 禁止闪光模式：如果不能使用闪光灯，比如教堂、博物馆和剧院，就要用到禁止闪光功能了。

» 夜间闪光模式：将闪光灯和一个较低的快门速度结合起来。这样，前景被照亮的同时，背景也足够亮。因为曝光时间长，照片容易模糊，所以最好在拍摄时使用三脚架或采用其他固定相机的办法，比如把相机放在墙体的突出部分或栏杆上。

» 防红眼闪光模式：在真正闪光之前进行预闪，使被拍人物的瞳孔缩小，避免可怕的"吸血鬼"眼睛。

相机内置闪光灯体积小，质量轻，而且随时可以使用。不过，其性能有一定的局限。内置闪光灯通常只适用于距离相机 4m 以内的被摄对象。

红眼——虽然可怕，但很好避免

红眼看起来像是吸血鬼，很可怕。之所以产生红眼，原因在于你使用闪光进行拍摄时，被摄对象刚好从前方直视相机。红眼不仅限于孩子和成人，还会出现在动物身上，动物眼睛的结构和人眼结构相类似。

这种可怕的红眼现象，解释起来其实很简单。一般来说，现有光线不足，才会用到闪光。眼睛通过放大瞳孔来对黑暗做出反应。相机闪光灯的光线进入眼睛，光线通过张开的瞳孔直接到达视网膜并从那里被反射。因为视网膜布满小血管，被反射的光线在照片上形成亮的红点。拍摄婴儿、小孩和动物，红眼现象尤其明显。此外，红眼还取决于照明：环境越亮，瞳孔越小，红眼越不易出现。

相机闪光时，光线以一个非常小的角度进入眼睛，那些被反射的光线又回到相机镜头（或许，你还记得物理课上所学的原理"入射角等于反射角"）。离相机越近，红光就越有可能从视网膜被反射，当然，不是对所有被摄对象都能随心所欲地缩短拍摄距离。

现在许多相机，防红眼闪光被由软件控制的红眼修正功能所取代。如果你的相机没有预闪光设置，请你在相机菜单里选择"清除红眼"功能，以去除因闪光导致的红色瞳孔。

避免红眼，最有效的方法就是使用装在热靴上的外置闪光灯。外置闪光灯明显在镜头轴线之上，闪光不会直射双眼，被反射的光线也不会落到镜头上。如果间接地朝天花板闪光，或把闪光灯"解放"出来，装在相机一侧，效果会更好。

很多带内置闪光灯的相机都有防红眼闪光或类似叫法的功能。真正闪光之前，预闪一次，被摄人物瞳孔收缩。预闪究竟好不好？因为被摄人物通常将预闪视为真正拍摄，所以最终的照片常常效果不佳。所以，最好在拍摄时忽略红眼，后期处理时再去除红眼。如今越来越多的相机采用软件去除红眼现象，而不是预闪。

相机内置闪光灯的优点很明显：你不会把它忘在家里。它始终在手里，不会在摄影包里再占一个地方。相机电池为内置闪光灯提供电量，既不必考虑充电电源，也不需要充电器。

相机内置闪光灯的闪光范围非常有限，所提供的光线反差强烈。

对较暗的场景进行照明，使用内置闪光灯只是权宜之策。所拍照片，不太令人满意。你要是想惹朋友或熟人生气，那么你不妨用数码相机的内置闪光灯给他们拍照。结果就是，拍出来的照片看起来更像是通缉犯照片，而不是优美的人像。

内置闪光灯不仅性能差，而且直接从对被摄对象前方进行照明。这种"毁灭性的光线"抹去了由侧光产生的、对脸部起塑形作用的阴影。闪光直接从前方铲平照片的立体感，另外，闪光还会导致亮部的反射过于明亮。

外拍时，内置闪光灯适合用作补光。它能够照亮阴影，改善照片的色彩和对比度。

如果你把闪光用作对日光的补充，那就大不一样了。如果被摄对象的整体照明不错，但局部有阴影，请你打开闪光灯。

逆光拍摄人像是一个非常有说服力的例子。模特被漂亮的光边围绕。如果你不希望照片只是一个剪影，希望展现脸部细节，那么，就不得不使用闪光灯降低明亮的背景和很暗的脸部之间的亮度差异。

图 8.4 如果环境光线足够亮，在大多数情况下，相机内置闪光灯足以用作补充照明。

　　以前，使用闪光灯照明，需要丰富的经验，才能正确计量和分配闪光功率，才能在照亮阴影的同时保持自然的照明效果。现在，因为有了 TTL 闪光测光，闪光曝光变得容易多了。

　　TTL 是 through the lens 的缩写，意思是"通过镜头"。此技术简单有效。拍摄前，闪光灯以一个非常小的强度发出测量闪光，相机的测光表根据这个测量闪光确定正确的闪光强度，拍摄时，一旦达到正确的光量，闪光灯就关闭——照片完美曝光。

图 8.5 前景中的塑像在阴影里。要想背景中的楼足够亮,塑像就是黑的,而且没任何纹理。拍摄参数：尼康 D300，70mm，1/250 秒，f/8，ISO100。

图 8.6 通过闪光照明降低对比度，现在可以看清塑像脸部。

拍摄参数：尼康D300，70mm，1/250秒，f/8，ISO100，使用闪光灯。

镜头上的遮光罩可能挡住相机内置闪光灯发出的光线。为了避免在照片下边缘出现难看的阴影，请记住一点：打开内置闪光灯时，请摘下遮光罩！

户外拍摄，日光是第一光源，但有时会造成阴影。所以，你需要使用闪光灯照明，对被摄对象进行适当的照明，以消除不必要的阴影：

1. 将相机设置为程序自动或光圈优先模式。

2. 选择矩阵测光作为测光方法。

3. 如果你的相机提供不同的 TTL 模式，请你选择 TTL 补光闪光。

有些相机分为标准 TTL 闪光和 TTL 补光闪光。标准 TTL 闪光对着被摄主体闪光，而 TTL 补光闪光还会顾及背景的亮度——相机将会自动测算和曝光，兼顾前景和背景、自然光和闪光，非常协调。

4. 按下快门，相机自动算出最优曝光，一旦达到光量，闪光灯关闭。

完美运用闪光灯照明

现在的相机能够很好地控制闪光灯，大多数情况下，能够做到完美曝光，只有在极少数情况下才需要手动控制。一旦自动曝光出现错误，你必须在修正时对前景和背景的亮度加以区分。

图8.7 如果通过日光照明的背景太亮或太暗，你可以通过相机里的曝光补偿键进行更改。

如果背景（也就是通过日光照明的区域）的曝光不正确，你使用相机上的曝光补偿键进行常规曝光修正即可。如果背景太亮，做减法修正；如果背景太暗，选择一个正数值，比如"+1"。

相反，如果前景太亮或太暗，则必须降低或提高闪光强度。一般可在相机菜单里找到相应的功能。如果前景太亮，请你在相机菜单里调低闪光强度。大多数情况下，将闪光指数调到-1就够了。相反，如果想让照片中的前景更亮一点，则需要选择一个正数值。

图8.8 前景亮度由闪光光线决定。改变闪光灯功率，才能修改亮度。利用外置闪光灯，能够直接改变其闪光功率。如果是用相机内置闪光灯，则要在相机菜单里改变闪光功率。

8.3 外置闪光灯

相机内置闪光灯，使用范围非常有限。相机闪光功率小，照明范围小，反射角小，只适用于近距离照明。若想功率更大，需要使用可插在相机热靴上的外置闪光灯。

这样做可以使闪光光线变得柔和

　　无论是相机内置闪光灯还是灯头可翻转的外置闪光灯——闪光是一个小的点状光源，相对强烈的光线会产生难看的、反差大的阴影。使用柔光罩，可使照明变得柔和。把这个小的塑料罩装在闪光灯上，光线便发生散射。摄影商店里出售各种不同品牌的柔光罩，比如StoFen牌（www.stofen.com）、Lastolite牌（www.lastolite.com）或Lumiquest牌（www.lumiquest.com）。

图 8.9　借助一个乳白色的塑料罩，闪光光线变得柔和。不同的柔光罩，会将闪光功率降低1-2挡。

8.3.1　闪光指数

　　外置闪光灯的闪光功率，用闪光指数（GN）表示。闪光指数源自早期的闪光摄影，那时候，还没有"自动"这个概念。有了闪光指数，摄影师用脑子就能很快算出正确曝光所需要的光圈。就感光度ISO100而言，闪光指数被定义为以米为单位的距离和光圈值的乘积。

　　计算所需光圈，只需将闪光指数除以距离，即可得到所需的光圈值（光圈＝闪光指数÷距离）。举一个简单的例子：用闪光指数为20的闪光灯，拍摄距离相机5m的人物。用20除以5，得出光圈值4，就能保证正确曝光。

　　有了自动闪光和TTL控制，不必再使用闪光指数进行计算。如今，闪光指数只是被用作闪光灯功率的标示。有两点值得注意：

　　通常，闪光指数25（ISO100）以上的小闪光灯能够胜任大多数的拍摄任务。另外，选择闪光灯的时候，还需要注意一点：别选那些需要专用电池的。

» 闪光指数相差1.4倍，其功率相差2倍。（闪光指数为28的闪光灯，其强度是闪光指数为20的闪光灯的2倍）。

» 外置闪光灯的实际闪光指数与变焦灯头焦距的设置有关。购买时，千万别只看制造商给出的最长焦距设置下的闪光指数，这样的闪光功率是具有欺骗性的：

焦距长，光线变得集中，因为照明角度小，所以最大闪光指数会更大一些，但闪光能力其实是保持不变的。

变焦头的焦距位置	闪光指数
24 mm	28
50 mm	42
70 mm	50
105 mm	58

表 8.1　外置闪光灯的闪光指数与变焦头的焦距有关。焦距越长，照亮的视角越窄。

光圈值	ISO 100	ISO 200	ISO 400	ISO 800	ISO 1600	ISO 3200
2.8	9 米	13 米	18 米	25 米	34 米	48 米
4	6 米	9 米	12 米	17 米	24 米	34 米
5.6	4 米	6 米	9 米	12 米	17 米	24 米
8	3 米	4 米	6 米	9 米	12 米	17 米
11	2 米	3 米	4 米	6 米	9 米	12 米
16	2 米	2 米	3 米	4 米	6 米	8 米
22	1 米	2 米	2 米	3 米	4 米	6 米

表 8.2　以上是闪光指数为 25 的闪光灯，不同感光度下，不同光圈值所能有效闪光的距离。相比之下，相机内置闪光灯的闪光指数约为 12，ISO100、光圈 f/2.8 时能够照亮的被摄对象，最多距离相机 4m 左右。

8.3.2　外置闪光灯的优点

外置闪光灯的功率比相机内置闪光灯的功率强得多，这是优点之一，外置闪光灯还有很多其他优点。如外置闪光灯在镜头之上、照明角度更大、不易出现红眼现象等。另外，三个多外置闪光灯的灯头可向各个方向（向上、向下或向两侧）进行摆动。所以，你可以对着白墙或天花板闪光，光线非常柔和。此外，闪光灯不必非得插在相机的热靴上，你可以把它从相机上摘下来，放在任意位置。闪光灯的光线不一定总是来自正前方，你可以通过选择照明方向，有针对性地构图。

或许你手里还有胶片摄影才会用的传统的 TTL 闪光灯，这种闪光灯用在数码单反相机上，会出现曝光错误。数码单反相机要先通过一个预闪测量闪光曝光。所有品牌数码单反相机的系统程序里都有这样的闪光灯，品牌不同，叫法略有区别（佳能叫 E-TTL 和 E-TTL-Ⅱ，尼康叫 d-TTL 和 i-TTL，奥林巴斯叫 TTL，宾得叫 P-TTL）。

除相机制造商外，还有其他供应商可提供闪光灯配件，比如美兹。借助适配器，美兹的闪光灯可用于不同的数码单反相机。如果你要买闪光灯，无论如何也要买最新型的。旧的当然能用，但功效会大打折扣，这样你将会重新回到原始的闪光摄影时代。而且，一般只有手动模式可用。

相反，把新型闪光灯用在数码单反相机上，相机和闪光灯能频繁交换各种数据，包括镜头的焦距，在相机上设置的光圈、ISO 值和曝光模式。

现在的电子闪光灯可谓是高效智能，提供了多种不同的设置。遗憾的是，菜单操作有些复杂。所以，最好随身携带使用手册。

图 8.10　尼康SB-600闪光灯的背面。显示屏显示所选的操作模式，使用控制键可以进行不同设置。

现在的闪光灯提供了多种功能，有些功能要在闪光灯上进行设置，有些功能要在数码相机上进行设置。闪光模式基本上可分为三种（你可在闪光灯上自行设置）：

» 自动模式：闪光灯的感应器测量反射的光量，一旦达到正确的曝光，闪光灯就会关闭。自动模式在计算曝光时，会考虑相机上的一些设置。

» 手动模式：闪光灯总是全功率（或根据你设置的功率）闪光。大多数闪光灯能够从1（也就是说全功率）降低6-7挡达到1/64或1/128。只有极少数特殊情况才会用到手动控制。在影棚里使用多组闪光灯系统进行拍摄时，通常会使用手动设置，这样能够得到准确定义的、每次拍摄都是一样的光量，该光量不会受到自动模式的干扰。

» TTL模式：相机对通过镜头射入的光线（既有闪光灯光线也有环境光线）进行测量。如果是胶片摄影，TTL测量被胶卷表面反射的光线。因为数码相机的传感器（准确来说，是低通滤镜）有着不一样的反射特性，数码相机在TTL模式下无法测量被反射的光线。因此，闪光灯会在拍摄之前进行一次功率很弱的预闪，相机对这个预闪光进行测量，即刻选择必要的设置，调整主闪光。

> 对于大多数照片而言，TTL 模式效果最佳。它的优点是：测量时，自动考虑所有影响曝光的因素（比如所用的焦距，甚至镜头前的滤镜）。

8.3.3　同步速度

如今的相机，快门速度可达 1/4000 秒或 1/8000 秒，而所能设置的最短的闪光同步速度却只有 1/125 秒或 1/250 秒，这个因相机而异。

原因在于帘幕快门的工作原理：曝光开始，快门前帘打开给光线让路，通过镜头射入的光线到达影像传感器。根据设置的快门速度，快门后帘再关闭光线通道。如果快门速度非常高，快门前帘还未扫过整个影像传感器，快门后帘就已经开始启动。帘幕快门平行运动，前后帘幕间的缝隙非常窄，光线通过这个狭窄的缝隙到达影像传感器。

因为闪光灯照明的持续时间非常短（大约 1/1000 秒），如果快门速度过高的话，闪光灯光线只在开启的缝隙上发挥作用，照片的一部分被快门后帘遮盖，导致部分画面全黑。

> 如果使用短于最高闪光同步速度（1/125秒或 1/250 秒）的快门速度进行拍摄，照片中会出现黑条，因为照片的一部分在闪光时被快门后帘遮挡。如果拍摄时用到闪光灯，大多数相机根本不允许设置短于闪光同步速度的快门速度。

因此，闪光曝光时，快门必须完全打开。这个最短的时间叫作"最高闪光同步速度"，大多数数码相机的同步速度是 1/125 秒或 1/250 秒，因机型而异。想要同步速度更短一些，必须提高快门帘幕的运行速度，技术要求比较高。只有真正的专业机型才能提供更高的快门速度。

如果是简单的数码相机，想要使用更高的快门速度，可使用所谓的"高速同步闪光"，有一些闪光灯提供这种功能。高速同步闪光启动时，闪光不是一次释放，而是分解成很多次小功率的闪光，以极高频率释放出来，模拟一个更长的照明时间，这个更长的照明时间允许使用比真正同步速度更高的快门速度。当然，采用这种技术，就意味着有效闪光指数大幅度下降。

在明亮的阳光下拍摄人像，你将面临一个问题：

如果正常闪光，只能设置闪光同步速度作为最高的快门速度，比如 1/125 秒。对本例中的被摄对象进行测光之后，得知：感光度 ISO100、光圈 f/22，照片才不会曝光过度。

结果就是大景深，以致脸部无法从背景中突显出来。

5.6	8	116	16	22
1/2000	1/1000	1/500	1/250	1/125

为了让背景变得模糊，你必须大幅度开大光圈，比如到 f/5.6。如表所示，这时需要 1/2000 秒的快门速度——照片中会出现黑条。

而使用支持"高速同步闪光"的闪光灯，用光圈 f/5.6 和快门速度 1/2000 秒能拍出背景虚化的专业人像。光圈大幅开大，对阴影进行照明只需更少的光量，以致降低了的闪光功率也足够了。

图 8.11 逆光下的花朵，使用闪光灯进行照明。同步速度为 1/125 秒，光圈必须缩小到 f/22，背景才不会显得太亮。相应地，景深比较大，能够看清背景中的树枝。

图 8.12 采用高速同步闪光，快门速度能够更高一些。我用光圈 f/5.6 和快门速度 1/2000 秒进行拍摄。这样，背景能有效虚化。

8.3.4 反射闪光

拍摄时如果直接闪光，容易出现阴影。为了避免这一问题，你可以将闪光灯的灯头对着被摄对象方向的天花板——对着天花板上的某一处，这一处位于闪光灯和被摄对象之间的1/4处。

这样，闪光灯光线被天花板反射并散射之后，光线柔和、均匀，没有阴影。在标准 TTL 模式下，正确计算曝光设置对相机来说，根本不是什么问题。

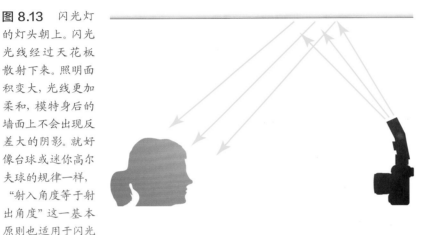

请你注意一点，天花板一定要是白色的，否则会出现色彩偏差。空间高度不要超过3m，否则，闪光强度不够。如果天花板是平直的，没有任何倾斜，照明闪光的效果最好。

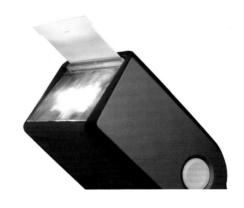

操作简单，效果明显：把闪光灯的灯头对着天花板，得到的照明非常柔和。

图 8.13 闪光灯的灯头朝上。闪光光线经过天花板散射下来。照明面积变大，光线更加柔和，模特身后的墙面上不会出现反差大的阴影。就好像台球或迷你高尔夫球的规律一样，"射入角度等于射出角度"这一基本原则也适用于闪光光线。

图 8.14 使用白色反射卡，能把一部分闪光光线直接引到被摄对象上。

有些外置闪光灯在灯头上装有一片可拔出的反射卡，这个小卡片可以使反射闪光变得更加完善。通过这个塑料卡片，一部分闪光光线被直接引向前方，一些不好看的效果得以避免。比如，在人像摄影中，用了这个小卡片，鼻子底下就不会出现阴影了，也不会出现深黑的眼窝。

这样才能用好反射闪光

通过天花板反射闪光，会使你损失2-3挡曝光量。请注意：使用反射闪光，空间高度应保持在2m到3m之间，否则，闪光强度不够。如果你不得不在一个更高的空间里反射闪光，或你想提高闪光灯的有效距离，那么，请你在相机上设置一个更高的ISO值。

8.3.5 离机闪光

比起数码相机的内置闪光灯，加了反射卡进行反射闪光，效果会有明显改善。但只有那些同相机分离的、能够自由定位的闪光灯才算是真正的专业闪光灯。使用这样的闪光灯，能够随心所欲地使用闪光。除了一般的正面照明，侧光甚至逆光也都是可行的。

如果有人在拍摄现场根据你的指示进行布光，自然最好。也可以用支架把闪光灯装在三脚架上。甚至，很多时候，伸出胳膊把闪光灯举过头顶就足够了。这样的闪光灯光线类似于普通的日光，从上方斜射下来，光线比直接来自镜头轴心的相机闪光自然得多。

离机闪光有很多种，因数码相机和所用闪光灯不同而异。最简单的就是，通过一根闪光灯连接线把斜放在相机旁边的闪光灯连到相机上。此外，如果使用 TTL 连接线，还可以使用 TTL 控制。这根螺旋电线的一头直接固定在相机的热靴上，另外一头接到闪光灯的底座上。使用起来，和把闪光灯直接装在相机上没有任何差异。

连接线用起来很不方便，如果临时决定在影棚进行拍摄，满地的电线很危险，容易把人绊倒。新型相机和闪光灯（佳能叫 E-TTL，尼康叫"创意闪光系统"）所采用的无线 TTL 控制明显要好得多。

外置闪光灯最大的好处就在于它把闪光灯从数码相机的热靴上解放出来。这样，闪光灯就可以从各个方向进行照明，例如从上面、从下面、从侧面。

无线 TTL 控制是闪光技术的一次革命。有了 TTL 控制，就可以在不使用闪光灯连接线的情况下，任意安置多盏闪光灯，且各闪光灯之间不会相互影响。这样的拍摄是以前不敢想象的。

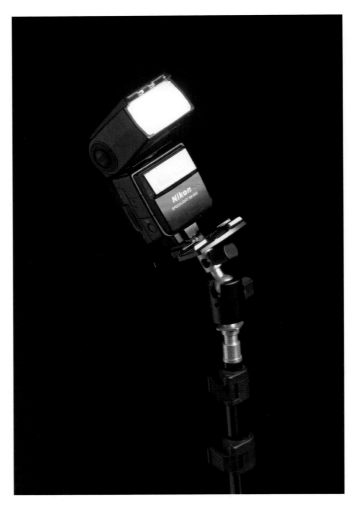

图 8.15 你可任意安置外置闪光灯。这样一来，侧光和逆光都是可行的。你可将相机闪光灯用作主闪光，无线控制其他位置的闪光灯。

8.4 像专业摄影师一样使用闪光

8.4.1 避免色彩失真

闪光灯发出的光线有着和日光一样的色温。因此，在日光下使用闪光灯，不必担心色彩差异。如果是在人造光下使用闪光灯，则容易出现问题，比如在夜里拍摄或在室内拍摄。周围光线的色温明显低于闪光灯光线的色温。

问题在于，必须对两种不同色彩的光源进行平衡，例如街道的照明光线（大约 3000–3800K）和闪光灯的光线（5400K）。如果白平衡是针对人造光的，那么，背景的色彩是正确的，但闪光照明区域发蓝。如果白平衡是针对日光的，那么，结果刚好相反，闪光照射的前景色彩是正确的，背景的色彩失真。如果是自动白平衡，前景和背景的色彩都不正确。

遇到这种情况，可在闪光灯前加上滤色镜，调整闪光灯的色温适应周围光线的色温，以避免色差。

8.4.2　前帘同步闪光，还是后帘同步闪光？

相机的标准设置是前帘同步闪光。一旦快门前帘完全打开，闪光灯亮起。如果是使用程序自动或光圈优先模式，相机自动设置快门速度于 1/60 秒到 1/250 秒之间，效果不错。

❶ TTL 测光进行预闪
❷ 快门关闭
❸ 快门前帘打开
❹ 快门完全打开
❺ 用于曝光的主闪光
❻ 快门后帘闭合
❼ 快门关闭

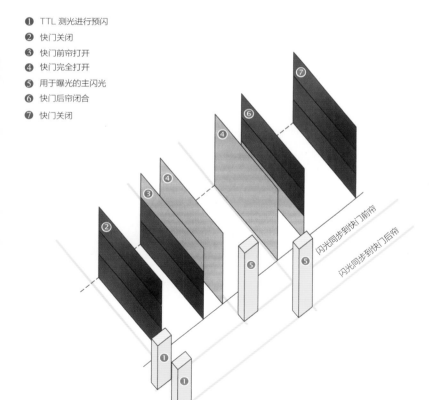

图 8.16　为了进行 TTL 闪光测光，先进行预闪。曝光时间启动时，一旦快门完全打开（闪光同步到快门前帘）主闪光亮起；或曝光时间结束，快门闭合之前（闪光同步到快门后帘），主闪光亮起。

图 8.17　如果曝光时间长，闪光同步到快门前帘，光束会在骑车人之前，感觉很不自然。

图 8.18　闪光同步到快门后帘，光束在骑车人之后。

闪光灯在曝光开始时（快门前帘开启）或曝光结束时（快门后帘关闭）亮起。

有时候，尽管用了闪光灯，还是需要一个低一点的快门速度。比如，在夜幕下或在日落前拍摄人像，设置较低的快门速度，这样，微弱的环境光线也能发挥作用。

低的快门速度，加上闪光灯光线，结果就是：较低的快门速度将光线集中起来，动作变得模糊。非常短的闪光时间将动作凝结成清晰的瞬间。

这种情况下，闪光是在曝光开始时亮起还是在曝光结束时亮起，图像效果差别非常大：

» 长时间曝光时，闪光同步到快门前帘，光束在前，效果非常不自然。

» 长时间曝光时，闪光同步到快门后帘，光束在后，效果协调得多。

8.4.3　多次闪光或移动闪光

很多时候，被摄对象过于庞大，单次闪光不足以照亮被摄对象，或对于某些用途而言，闪光灯的功率不够用。

遇到这种情况，可以试试如下技巧。只要是静止的被摄对象，效果很好。请你在相机上设置低一点的快门速度，快门打开期间，多次触发闪光灯。

这样，单次闪光的光量就会在影像传感器上积累起来。如果你拿着闪光灯跑步穿过被摄对象（也就是所谓的"移动闪光"），甚至能够照亮巨大的教堂和仓库。你也可以使用固定的闪光灯进行多次闪光，以增加某处的光量，比如微距摄影，为了获得大景深，不得不调小光圈，单个闪光灯就不够用了。

» 为了避免模糊，请你把相机装在三脚架上，将相机设为手动曝光模式。

» 请你设置一个30秒或更低的快门速度。

» 请你将闪光灯设为手动控制和全功率输出。

» 如果你想在按下快门之后，过一些时间才开始闪光，请你选择自拍或遥控。

» 必须通过试验，才能确定所需闪光的次数。快门打开之后，按照算出的次数进行闪光，扇形辐射状地从不同方向对着被摄对象闪光。

» 多次闪光是需要一定经验的。别怕出错，准备好备用电池，持续全功率输出的闪光非常费电。

使用闪光灯进行拍摄，如果曝光时间长，为了避免模糊，务必使用三脚架。除非，你想将模糊用作一种手段。比如，拍摄聚会，使用闪光灯，同时长时间曝光，画面将别具魅力：闪光光线将某一瞬间清晰定格，而动感舞姿则因模糊显得真实。

图 8.19 外置闪光灯尼康 SB-600 装在相机热靴上，功率只够照亮前景。
拍摄参数：尼康 D300, ISO200, f/5.6。

图 8.20 这次拍摄，我在相机上把快门速度设为 30 秒。曝光期间，我跑步穿过照片中的场景，一共闪光 6 次，整个场景都被照亮了。

8.4.4 超高速摄影

闪光光线的照明时间非常短。你可在相机上设置的最高快门速度是 1/4000 秒或 1/8000 秒（因机型而异），而闪光照明比这个时间还要短，最低功率级别的照明时间仅为 1/35000 秒！

或许，你并不知道，闪光灯能够非常准确地将高度运动"凝结"成清晰的照片。

　　功率级别最低的闪光灯，照明时间最短。你不妨从身边物品入手，试着进行超高速摄影。比如，倒向玻璃杯的液体或投向水里的物体，都是非常合适的被摄对象。

　　这样就能拍出肉眼无法看见的超高速照片：

1.　请你在闪光灯上激活手动控制模式。

2.　将闪光功率降低到最低级别（1/64 或 1/128，因机型而异）。

3.　将拨轮转至 "M" 设置，进行手动控制。

4.　将同步速度（1/125 秒或 1/250 秒）设为相机的快门速度，选择中等光圈（比如 f/8）。

5.　遮暗拍摄空间，试拍一张照片。如果照片太暗，可以提高 ISO 值，或把光圈开得更大。

6.　重复试拍。如果照片太暗，你必须提高闪光功率（比如，设置为 1/32）。这样的话，闪光灯的照明时间也会被延长，但这是无法避免的。

7.　只有通过试验，才能找到合适的曝光，

图 8.21　借助闪光灯超短的照明时间，倒向杯中的葡萄酒被清晰地记录下来。

8.4.5　频闪

顶级外置闪光灯能进行频闪操作，可将一个动作过程的各个阶段集中到一张照片中。闪光灯按照相同的时间间隔发出闪光。为了获得快速的闪光效果，必须降低闪光功率，闪光次数取决于设置的闪光功率。拍摄期间，闪光灯连续闪光，物体的连续运动过程被记录在一个画面上。

1.　刚开始使用频闪，请你选择规律运动的小物体作为被摄对象，比如钟摆。

2.　请你把钟摆放在一块黑布前，这样，静止的背景不会曝光过度。背景布越暗越好。保险起见，背景尽可能离钟摆远一些。

3.　首先，你要对运动过程进行划分。这取决于闪光灯，比如2-50次单独闪光。假设，你想分10次拍摄钟摆运动，那么，请你选择10次单独闪光。

4.　接着，对闪光灯的闪光频率进行设置。计算公式如下：闪光频率 = 次数 ÷ 运动时间。如果钟摆的运动时间是2秒，那么，闪光频率就是：$10 \div 2 = 5$ 次闪光 / 秒。

5.　请你在相机上选择手动控制模式（设置"M"），并选择足够低的快门速度（可在闪光灯的使用手册上找到相应的表格）。

6.　在相机上设置光圈，闪光灯在显示屏上显示该光圈。

7.　调暗场景中的光线，让钟摆动起来，按下快门。

8.4.6　多灯闪光

多盏闪光灯系统带来了全新的构图可能。使用2-3盏闪光灯进行拍摄，效果堪比专业影棚，光线方向和强度完全由你掌控。

摄影行业有句俗语"少即是多"，这一点也适用于多盏闪光灯的使用。大多数情况下，2盏，最多3盏闪光灯就足够了，附加太多的光源其实并不好，因为光线是来自各个方向的，很容易出现难以控制的阴影。因此，最好从主闪光灯开始，主闪光灯决定主光线的方向。如果需要的话，再用第二盏闪光灯照亮阴影。或者更简单一点，你可以使用反光板。白色的纸板或建筑市场上的泡沫塑料都可以有效减淡阴影部分。

使用多盏闪光灯进行拍摄，"主从技术"是最好的解决方案，在同步 TTL 控制下，主从技术实现了无线闪光。主闪光灯（即"主"）通过光线脉冲控制分布在房间里的其他闪光灯（即"从"）。如果相机的内置闪光灯能够设置为"主"（比如佳能或尼康的中端单反相机），那么，该技术更容易成功。否则，你就需要一个额外的引闪器或一盏插在相机上的闪光灯作为主闪光灯。

TTL连接线、无线引闪和伺服闪光

使用多盏闪光灯，主从系统并非唯一可能。

距离短的话，比如微距拍摄，专门的TTL连接线可以直接连接闪光灯和相机。只需在相机菜单中简单设置，全部闪光便可同时发射，TTL测光也没有任何问题。

无线引闪，不受亮度限制，有效距离更长。引闪器插在相机上，闪光灯插在接收器上。物美价廉的无线引闪只适合引闪根据预设功率进行发射的闪光灯。高级的无线引闪可通过无线电将热靴上的全部信号传输到闪光灯，这样，采用主从技术也能使用TTL测光。当然，价钱也要贵得多：使用于佳能和尼康的普威牌无线引闪器组合要卖4000元。

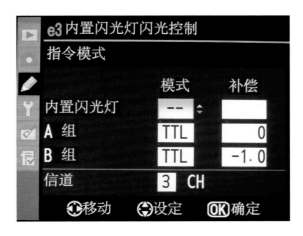

图 8.22 将尼康单反相机的内置闪光灯用作信号发射器，可通过相机菜单控制闪光功率。

闪光灯不同、相机品牌不同，无线 TTL 控制的设置也不一样。详细的说明，请你参见相机手册。设置好之后，主闪光灯会在按快门的时候发送光线脉冲，其他从属闪光灯会等待这个信号，一起释放闪光。主闪光灯控制单盏闪光灯的闪光功率，以达到适度曝光。

尼康的创意闪光系统，可通过相机菜单控制从属闪光灯的闪光频率。若想降低亮度，在相应菜单里设置一个负值即可。

"主从"交流非常顺畅，就算是墙角或突出部分也没有任何问题，有了主从技术，就可以使用多盏闪光灯照亮一个面积较大的空间。如果是在户外，尤其是在强烈的日光下，主从系统较受限制，因为周围光线覆盖了控制脉冲。

接下来是一些根据实践经验总结出来的使用无线 TTL 控制多盏闪光灯的技巧：

» 如果你把内置闪光灯用作主闪光灯：无论如何，记得在相机菜单里关闭闪光功能。因为闪光只用来发射控制其他闪光灯的光线脉冲，不用作曝光。

» 预闪会引闪其他闪光灯，所以为避免出现错误，请你关闭红眼功能。

» 请你关闭单盏闪光灯的"待闪"功能。

» 请你正确设置单盏闪光灯。切记：2倍的距离，若想取得同样强的曝光，需要4倍的闪光功率。

» 多次试拍。显示直方图，以检测曝光是否正确。

不同于影棚闪光灯，小型外置闪光灯在拍摄前，无法对光影效果进行检测。不过，如果你具备一定的使用经验，还是能够准确预测光线效果的。此外，拍摄之后，请你马上在数码相机的显示屏上查看照片，根据照片，调整闪光灯的位置和功率。

无论是无线的还是有线的——使用多盏外置闪光灯，能够获得类似于影棚灯光的照明效果，影棚的照明效果是专业摄影师采用昂贵的影棚设备和闪光器材才能达到的。

一些闪光灯（比如：尼康 SB-800）提供一种虚拟的造型效果。闪光灯释放一次持续3秒的闪光，可借此机会检查光线效果。

一目了然：使用闪光灯进行拍摄

» 使用闪光灯进行拍摄，如果日光和闪光的比例适度，拍出的照片效果最
   佳。通过设置相机的快门速度，控制环境光线占总光量的比例。所设置的
   光圈既对闪光光线起作用，又对持续光线起作用。若想降低闪光的比例，
   请调低闪光功率。

» 每一盏闪光灯都是一个点状光源，会产生难看的阴影。通过间接闪光（比
   如，对着白色的天花板闪光），或使用专门的附件，光线会变得柔和。

» 使用闪光灯和广角镜头，经常出现渐晕（暗的边缘部分），因为闪光的照
   明角度比较小，不足以照亮整个被摄对象。可使用散射罩或柔光罩，让光
   线呈锥体散射开来。

» 大多数情况下，使用TTL测光，效果最好。

» 如果是用作照明闪光，请你对闪光功率进行试验。在大多数情况下，把闪
   光功率稍微降低一点（比如-1挡），结果要自然得多。照亮阴影部分的同
   时，闪光又不会太夸张。

» 如果曝光时间长，请你选择后帘同步闪光模式。

第 9 章

拍摄秘籍

我将在这一章向你展示一些我喜欢的照片，并告诉你，我为什么这么拍，是怎么拍的。我将向你解密拍摄细节，向你展示拍摄此类照片有何特殊的技巧。这一章可谓是一部拍摄秘籍。

9.1 泰国清迈集市上的佛像

世界各地都有集市，琳琅满目的商品，这是非常不错的被摄对象。泰国北部的清迈，那里的集市非常有名。这张照片绝对是我的得意之作，因为它集三大能够拍出好照片的因素于一身，即：

1. 重复

2. 色彩

3. 逆光

因为重复，所以吸引人。时刻关注有图形效果的场景。凡是形式一致的东西排列在一起就行，如叠放的比萨饼盒、排成一行的篱笆桩以及一辆接着一辆的自行车。

照片中，大同小异的佛像非常醒目，明快的色彩使画面显得轻松愉悦。逆光从后面斜射下来，玻璃佛像局部发亮。

图 9.1　拍摄参数：佳能 G11，12mm，1/40 秒，f/5，ISO100。

　　一旦发现这样的被摄对象，技术不再是什么障碍。拍摄这张照片，我用的是小型相机，调节变焦杆，直到佛像周围没有任何干扰因素，然后采用光圈优先模式选择中等光圈。因为小型相机的景深大，整张照片，从前面的佛像到后面的佛像，都是清晰的。接着，我用直方图检测曝光情况，发现测光时并没有受到逆光干扰而出错。

9.2　带露珠的蜘蛛网

　　这张照片的关键在于拍摄的时间点。晚夏的一个清晨，天气开始转凉。河边的草地上，空气湿度很大，蜘蛛网上布满了露珠。一旦太阳升高，光线变强，此情此景便会转瞬即逝。

　　我这样选择拍摄角度：让温暖的晨光从前方斜射下来，使逆光下的蜘蛛网和露珠清晰可见。为了尽可能把露珠拍得大一些，我决定采用微距镜头进行拍摄。

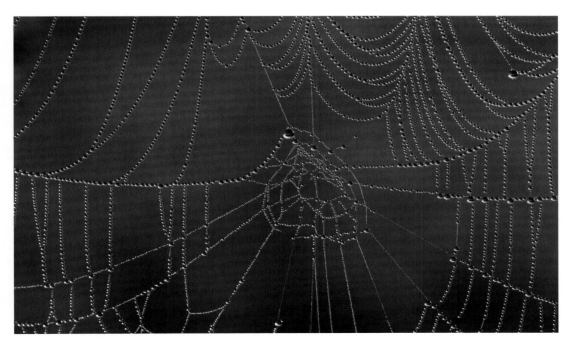

图 9.2　拍摄参数：尼康 D80，105mm，1/180 秒，f/8，ISO100。

因为图像放大倍率大，所以景深非常小。一方面，背景模糊，前景中明亮的蜘蛛网显得很突出。另一方面，景深范围小也是个问题，无法清晰记录所有的露珠。因为当时我手上没有三脚架，所以我决定通过调节光圈来妥协。我将光圈设为f/8，至少把被摄对象的中间部分拍得清晰，同时能够设置一个足够高的快门速度。这样的话，手持拍摄也不用担心照片变得模糊。

9.3 自行车比赛

拍摄自行车比赛，我决定不走寻常路，另辟蹊径。在寻找合适的被摄对象时，我看到了停在路边的一辆自行车。我把数码单反相机的标准变焦镜头调整到最长的焦距，将齿链作为重点，放在照片中心偏左一点的位置。这样，画面既协调，又不失动感，右侧为疾驰而过的自行车运动员留出足够的空间。

图 9.3 拍摄参数：尼康 D80，70mm，1/125 秒，f/5.6，ISO100。

一般，我会选择相机的光圈优先模式来控制曝光，这样我便可以通过选择光圈来掌握景深。以本片为例，这种选择完全正确，我只需把光圈开大一些，通过景深预览键检查景深是否落在前景的轮辐上。

此外，自动对焦选择默认的单次自动对焦模式即可。我将对焦区域从照片中间移至左下角，以确保镜头能够把前景中的景物拍清楚。

与常规拍摄稍有不同的是，我使用连拍模式拍了一系列照片，拍摄期间，自行车运动员从后面飞驰而过。接着，我便可以在电脑上选出一张最佳照片。所谓最佳，指的是鲜艳的自行车运动服恰好落在一个合适的位置。

9.4 动态倾斜

西班牙马德里的罗马剧院建于公元前1年，是埃斯特雷马杜拉（译者注：西班牙中西部一个自治区和历史古城）的一处罗马时期的重要遗迹。我是为一本旅游手册拍摄这张照片。一开始，我按照经典建筑照片的模式进行拍摄，使用移轴镜头从前面拍摄，线条没有发生倾斜。技术方面，照片肯

图 9.4 拍摄参数：尼康 D80，24mm，1/90 秒，f/16，ISO100。

定是没有问题的，但是，我对结果不是很满意，总觉得少了点什么。

接着，我冒出一个想法：将倾斜的线条用作构图手段，突出动态效果。想到这一点，我便马上开始动手实施，给数码单反相机换上小广角镜头。这样，我便可以走近罗马雕像拍摄。为了把高耸的建筑物完整地拍进照片里，我不得不把相机朝天，角度很陡。这样一个拍摄角度，所有垂直的线条都缩小变细，伸向空中，向一点集中的柱子把观者的目光直接引向雕像。

9.5　霹雳舞者

霓虹闪烁、人来人往、车水马龙——和汉堡大教堂一样，德国稍大一点的城市都有年集。天色渐黑，晚上拍摄效果最棒。除了数码相机以外，你还需要一副三脚架，有了三脚架，便可以使用较长的曝光时间拍出流光溢彩的感觉。

选好拍摄地点之后，我把三脚架支好，将相机装在三脚架上。多亏三脚架和相机的快装系统，我一只手就能搞定。

图 9.5　拍摄参数：尼康 D80，32mm，2 秒，f/22，ISO100。

照片构图也因为有球形云台而变得简单易行。

接着，我将相机设置为最低感光度（即最小的感光度数值，通常是 ISO100 或 ISO200）和最大光圈。年集上，即使是晚上也很亮，便于操作相机和找到相应的按钮。夜间拍摄，为了能够在一片漆黑中对相机进行设置，我总是在摄影包里放一把手电筒。

把感光度调低，光圈开大，拍摄期间，快门长时间保持开启状态，直至传感器收集到足够多的光线。现在，我只需等待旋转木马转起来。接着使用自拍模式来拍摄，我将快门速度设置为 10 秒。长时间曝光，最好使用有线快门或通过自拍来拍摄。如果你用手直接按快门，哪怕是轻微的触动，照片也会变得模糊。

9.6　别致的锈蚀

之所以把这张照片选入这一章节，目的在于鼓励大家睁大眼睛仔细观察。

图 9.6　拍摄参数：尼康 D5100，55mm，1/125 秒，f/8，ISO100。

看似无用的东西，比如斯普雷森林风化了的水闸门，其实是能拍出好照片的。

为了增强照片效果，我特意选了一个场景非常小的画面。为了使画面看起来更加有趣，我把一个带铆钉的支撑物拍进照片里，并把它放在黄金分割点的位置上。作为照片细节，脱落的铁锈栩栩如生，这正是历史的魅力所在。

9.7 玻璃茶杯

在工作室里进行拍摄，你对光线方向和光线质量有着绝对的掌控权。拍摄产品照片，无需昂贵的专业设备。照明灯是拍摄这只玻璃茶杯所用的唯一光源，自告别胶片摄影之后，我就没再用过它，一直把它锁在柜子里。

图9.7 拍摄参数：尼康 D80，150mm，1/3秒 f/8 ISO100。

　　我在这里告诉你，我是如何把玻璃茶杯拍出感觉的。我用一块结实的黑纸板遮住照明灯表面的中间部分，把照明灯竖着立到玻璃茶杯后面。通过这样的照明构造，玻璃被光边围绕，圆弧部分得以突出，其他部分则在暗处。蒸汽是我拍摄前用吸管吹到玻璃杯上的，在逆光作用下，蒸汽清晰可见。

　　布光没有给测光制造任何问题，可直接使用矩阵测光算出的曝光值进行拍摄，无需进一步修改。

　　拍摄玻璃和其他反光表面，反光是个大问题，发生光反射的照片总是令人很失望。因此，你应该尽可能让工作室暗一些，从一开始就杜绝不必要的光反射。

9.8　柏林的红色市政大楼

　　下图画面中表现的是柏林市长的办公室和亚历山大广场上的电视塔。这张照片说明两点：

图 9.8　拍摄参数：佳能 Powershot S90，15mm，1/500 秒，f/5.6，ISO80。

一是散步时最好带着相机；二是雷雨和风暴时的光线条件极佳，适合拍摄。

被夕阳照得发亮的房屋立面和灰色云层形成鲜明对比，这正是照片的魅力所在。

明亮的前景和深黑色的天空之间存在强烈的反差，因此，拍完之后，一定要用直方图在显示屏上查看曝光情况，确保既能看清云朵，前景又不会太亮。

坏天气可不是把相机丢在家里的理由。但一定要事先想好防雨措施，一旦大雨倾盆而至，可就来不及了。应急的话，可以使用塑料袋，避免敏感的电子组件被弄湿。

9.9 晚景和水

迷人的晚景和模糊的浪花构成了本张照片。在乌云的映衬之下，天空显得更加扣人心弦。

图 9.9 拍摄参数：尼康 D80，16mm，1.5 秒，f/22，ISO100。

只有长时间曝光，才能把波浪拍成照片中模糊闪亮的效果。采用 1 秒或更低的快门速度。为了避免抖动，必须使用三脚架，这一点虽然已经多次强调过，我还是要再次提醒。

日落之后是拍摄此类照片的最佳时间点。因为那时候足够暗，能够获得足够低的快门速度，而且天空和湖泊的亮度差异非常小，影像传感器的动态范围足够应付。

为了尽可能把相机放得低一些，我没有把三脚架的三条腿完全抽出来。如果把相机举到和眼睛一样高的位置，拍出来的照片会很无趣。我决定采用广角镜头拍摄，将镜头的变焦环调至最短焦距，以突出湖泊的广阔。

曝光时间越长，模糊效果越明显。所以，我首先检查感光度是否已经调到最低（也就是说最小的 ISO 值），接着选择光圈优先模式，把光圈调整到最大的光圈值（即最小光圈）。当然，你也可以采用快门优先模式，接着把相机的快门速度设置为 1 秒或更低，相机会对光圈进行相应的控制。

现在就是拍摄时机的问题了。前景的亮度要正确，浪花应呈现出期望的模糊效果。如果你觉得湖面的丝绸状效果不够，那就必须延长曝光时间（或进一步缩小光圈）。如果这样还不行，那就只好等了，等到天色更暗（或者你的摄影包里有能够减少光量的中灰滤镜）。

9.10　太阳

注意啦！这张照片违反了"背对太阳"这一原则，当我还是一个刚刚开始接触单反相机的小男孩时，就学过这个原则。的确，逆光很难掌握，但运用得好，拍出的照片就会非比寻常！

在强烈的逆光下，只能看清被摄对象的轮廓，仿佛剪影一般。人物或其他物体，逆光拍摄时，都会变成镶着光边的剪影。

但就这张照片而言，我想把逆光效果放到山顶上，并把相机放在一个较低的位置，以便把太阳也拍进照片里。由于反差实在太强烈，没有任何一台相机能够将这个场景正确地记录下来。

测光表实在难以胜任如此极端的拍摄情况。它试图平衡反差，于是，剪影不再是黑色的，而变成了灰色的。

我将相机顶部的拨轮转至 M 挡，选择手动曝光模式，并将光圈缩小到 f/22。光圈开口小，作用并不在于正确曝光，而在于形成所谓的光圈星芒。光圈开口小，被直接拍下来的点状光源，比如太阳，会以星芒的形式记录下来。

接下来，半按快门进行测光。虽然针对这种拍摄，点测光能够更加准确地计算曝光量，但我并没有把矩阵测光换成点测光。我把快门速度提高 2 挡，拍了一张照片。在显示屏上查看照片后，我觉得剪影效果还不够，于是我又把快门速度提高 1 挡。最终的照片，在相机算出的曝光值基础上减少了 3 挡，前景的徒步旅行者呈黑色剪影，比起蓝色的天空，剪影非常突出。

图 9.10　*拍摄参数：尼康 D80，16mm，1/125 秒，f/22，ISO100。*

9.11 梅彭县的房门

这张照片的重点在于色彩和构图。位于埃姆斯河梅彭县的这座房子，因为色彩对比非常强烈，备受游客青睐，常被当作被摄对象。

我没有选择整座房子作为被摄对象，而是选取房屋立面一个非常有限的部分作为被摄对象，这样拍摄，画面才有意思。画面上看不见的部分引人遐想：房门左面是什么？窗户右面又是什么？面对这样的剪裁，观者不得不发挥想象力，猜测被隐去的画面部分。

为了避免线条倾斜，我从对面的大街上进行拍摄，不断旋转镜头的变焦环，直至找到满意的构图。为了增加张力，我放弃了对称构图，将带栏杆的房门从画面中心移至左边。

图 9.11 拍摄参数：尼康 D70，50mm，1/750 秒，f/8，ISO200。

9.12 晚景和阿默尔湖

傍晚临近天黑时，我在阿默尔湖附近寻找露营的地点，湖上红色的水平线深深地吸引了我。于是，睡觉变成了次要的事情，我马上在岸边支起三脚架，把快门线插进相机的接口里。直方图显示拍摄此场景的设置没有任何问题，不过，我还是在试拍之后，将快门速度提高了1/2挡，以便强化色彩。

因为太阳早已落下，天色较暗，需要长一点的曝光时间。曝光时间长，不是什么问题，我用了三脚架。因为曝光时间长，你最好在相机菜单里找到选项"长时间曝光降噪"，不仅高的ISO值会导致噪点产生，长时间曝光也会导致噪点产生。

激活此功能之后，相机会在正常曝光之后，在不打开快门的情况下拍一张暗片，传感器自身的噪点被有效滤除，不会再叠加在照片上。

图 9.12 拍摄参数：尼康 D300，16mm，1 秒，f/8，ISO200。

9.13　在工作室拍摄花朵

拍摄花卉，可以这样做：从花店买一束花回来，把它插到花瓶里，再把花瓶放到黑色的背景前。拍出的照片，色彩娇艳妩媚。

从上向下拍摄，拍出的花朵很难看。因此，我把三脚架调整到和花朵等高的位置，使用微距镜头进行拍摄。如果你没有微距镜头，可使用近摄镜片。我用喷壶把水喷到花上，把闪光灯放到花的左后方，逆光拍摄沾着水珠的花朵。

为了确保背景是黑色的，必须把它挂到尽量远离花瓶的地方，这样闪光灯不会打到它上面。拍摄这张照片，我给闪光灯加了用黑纸板做成的"马眼罩"，如此一来，光线只打到花朵上，不会打到背景上。

我一般在工作室里使用手动曝光模式（相机上的 M 挡）。此时，正确的曝光量由光圈配合闪光灯输出功率控制，快门速度不起任何作用。你只需注意一点，快门速度不要高于相机的最高闪光同步速度。

图 9.13　拍摄参数：尼康 D80, 150mm, 1/90 秒, f/22。

我把光圈设得很小，这样，前景两颗大水珠反射的光被拍成星芒。光圈开口虽然很小，但是由于图像放大比例大，所以景深非常小，只有前面的花瓣和水珠是清晰的。

我通过无线 TTL 模式（尼康"创意闪光系统"）控制花朵后面的闪光灯。我将相机内置闪光灯作为主闪光灯，外置闪光灯作为从属闪光灯。我只需按下快门即可，因为曝光量完全由相机的测光系统和闪光灯的电子元件控制，无须进一步修改。

9.14　菲斯的蓝色大门

照片中的蓝色大门是通往中世纪古城菲斯的街道入口。墙上蓝色的瓷砖和黄色的拱形部分形成强烈的色彩对比。我没有拍摄整座城门，而是将拱形门用作后面建筑物的边框。

将前景用作边框，优点有二：一是突显距离，二是减轻了背景不和谐因素的干扰。

图 9.14　拍摄参数：奥林巴斯 E-P2，42mm，1/800 秒，f/8，ISO100。

发挥一点点想象力，便可找到很多可以用作边框的东西，比如一扇门、一扇拱形窗户或是铁丝栅栏。对被摄对象来说，它们是很好的边框，同时，它们还能为照片带来空间感。比如，对于拍摄海滩而言，粗糙的浮木是最好的边框。

9.15　森林

德国的森林早就不是原始森林了，而是受到人为影响的景致，但看起来还是比较接近自然的。

在森林进行拍摄，远比想象的困难。深入针叶林或阔叶林深处，茂密的树冠之下，一片阴暗。透过缝隙射到地面的阳光，形成斑驳的光影，明暗反差非常强烈。数码相机传感器的动态范围是有限的，也就是说，它只能真实地记录和反映有限区域的灰度值和色彩层次。

对付强烈反差，最简单的方法就是，避开闪烁的阳光。你可以等到阴天或黄昏，阳光不再直射森林的时候。

图 9.15　拍摄参数：尼康 D5100，16mm，1/60 秒，f/5.6，ISO400。

第 10 章
构 图

　　一张好的照片，一张不好的照片，区别在哪里？摄影技术自然是一方面原因。模糊的照片肯定不行，完美曝光、绝对清晰的照片也不够好。摄影技术与构图的结合是关键所在。这一章的内容包括：正确取景、和谐构图以及创造性地应用形状、色彩和对比。

10.1　关注重点

很多摄影师选择拍摄全景，以便将尽可能多的内容拍进照片里。这一点是可以理解的，属于某一场景的各个部分理应出现在同一张照片里。作为开始，这样的全景拍摄是可以的。但是这样的照片不够吸引人，观者根本不知道应该先看哪里，可能会感到混乱。

图 10.1　这是一张典型的度假照片，泰国兰塔岛一处海湾的游船。拍摄参数：佳能G11，6.1mm，1/1000 秒，f/4，ISO100。

构图始于取景的选择。听起来，或许有些自相矛盾：构图时，先选择你不想要的部分。通过取景，去除影响被摄主体的干扰因素，完全不需要在电脑上进行后期处理。

照片越是简单明快，就越是易于观者理解。

想要拍好照片，其实非常简单：走进拍摄场景（或使用变焦镜头，让被摄主体充满整个画面），去除一切与照片主题无关的东西。

图 10.2 拍摄时,请你想一想,场景中是否存在适合拍摄近景的元素。鲜明的细节,效果总是非常强烈的。拍摄参数: 佳能 G11, 30.5mm, 1/100 秒, f/8, ISO80。

请你不要惧怕极端构图。为了达到预期效果,可以不拍全整个物体,只选择物体的一个部分进行拍摄。

"突出重点"也不能太夸张: 一旦小于镜头的最近对焦距离,再也无法完成自动对焦。

突出重点

拍摄全景,一定要关注重点,突出细节。请你关注一个场景中与众不同的部分,突出这个部分,以明确照片主体。

10.2 照片画幅的选择

人们总是有意无意地讨论构图的一个重要方面,那就是,竖着拍,还是横着拍。

拍摄时,你应该始终想着一点:照片的画幅是一个重要的构图手段,可以强化或削弱你所预期的效果,或干脆向预期效果的反方向发展。

最常见的画幅自然是横幅，原因很简单：首先，数码相机的结构决定了相机要横着拿；其次，横幅最符合我们的视觉习惯。

但是，有时候值得费点力气，把相机转90°竖着拿。因此，请你在按下快门之前想一想，哪种画幅更适合你的照片。

横幅还是竖幅？被摄对象就能回答这个问题。垂直方向上高高耸立的直线，比如摩天大楼或灯塔，另外还有花束等都要竖着拍；拍摄风光，从其属性来说，横幅更加合适。

图 10.3 柏林波茨坦广场的高楼，适合竖着拍。拍摄参数：尼康D300，50mm，1/640 秒，f/8，ISO200。

图 10.4　毫无疑问，高耸的教堂和高塔肯定更适合竖着拍。

拍摄参数：尼康 D5100，85mm，1/90 秒，f/8，ISO200。

图 10.5　大自然中也有适合竖着拍的东西。

拍摄参数：佳能 G11，30.5mm，1/250 秒，f/8，ISO100。

图 10.6　横着拍出来的照片，看起来平静安宁。在这张照片中，我将水平线放在绝对居中位置，以强化和谐的效果。

拍摄参数：尼康 D5100，28mm，1/180 秒，f/5.6，ISO200。

图 10.7　拍摄建筑物，如果你想把构图限制在房屋的立面上，那么，就算是高楼，也请你选择横幅。

拍摄参数：尼康 D80，55mm，1/250秒，f/9.5，ISO200。

图 10.8 横幅非常接近我们惯常的视觉习惯，带来安宁的感觉。拍摄参数：尼康D80，60mm，1/1000秒，f/4.8，ISO200。

　　横幅构图符合我们惯常的视觉习惯。照片显得安宁、均匀、和谐。水平方向得以突出，因为画面广阔，显得非常稳定。竖幅则显得生动，富有动感，引人入胜。竖幅适合拍摄经典人像、高楼或尖塔。如果你经常采用竖幅进行拍摄，你应该花点钱买一个带竖拍快门的电池手柄。这样，虽然相机会沉一些，但是操作会很方便。

　　有时候，既要横着拍，也要竖着拍。这样，不仅便于你在网上出售照片（传单和广告一般都要求竖幅），而且便于日后灵活使用照片。对数码摄影而言，多拍一张照片，根本不是什么问题。

图 10.9　有些对象，既可以横着拍，也可以竖着拍，此处以一艘船为例进行说明。在条件允许的情况下，如果你总是横竖各拍一张，会很灵活，日后进行展示时，怎么都可行。

拍摄参数：尼康 D5100，48mm，1/250 秒，f/5.6，ISO200。

图 10.10　拍摄参数：尼康 D5100，50mm，1/250 秒，f/5.6，ISO200。

一目了然：照片画幅的选择

　　画幅对于照片效果的影响远比想象的大。拍摄之前，请你思考一下，为了达到预期效果，竖幅横幅究竟哪一个更合适。为保险起见，你最好横幅竖幅各拍一张。不要拘泥于相机标准画幅的长宽比例，你可以在电脑上随意修改照片的长宽比例。

　　拍摄时，就算决定了相机的拿法，也就是横着拿还是竖着拿，但这并不意味着构图的最终确定。点几下鼠标，就能在电脑上将照片改成想要的长宽比例。

图 10.11　开始时照片长宽比是 2：3。这是大多数数码单反相机采用的 35mm 胶片单反相机的经典比例。但是，有的时候，想在网上冲印照片时，会出现问题，网上的照片冲印店只冲洗长宽比为 4：3 的照片。长宽比为 2：3 的照片，它的边缘部分会被裁掉。

拍摄参数：尼康 D80，13mm，1/180 秒，f/10，ISO100。

图 10.12 长宽比 4:3广泛应用于小型数码相机，最适合经典的电视尺寸。你可在电视上查看照片，边缘部分不会受到任何损失。

图 10.13 胶片摄影时代，受到中画幅相机的影响，1:1的尺寸被视为专业尺寸。正方形的构图，既困难，又显得无趣。这种形式的优点在于，拍摄时无须转动相机。竖幅还是横幅，直到在洗印室里对 6×6cm 的透明正片进行放大时，方才见分晓。

图 **10.14** 16∶9 的全景尺寸相对较新颖，通常用于高清电视和高清相机。这个比例让人想到电影银幕，但难以找到合适的构图，对于多数被摄对象而言，这个画幅的高度实在是太有限了。

10.3　黄金分割法

　　除画幅和取景外，你还要再问自己一个重要问题：我该把被摄主体放在哪里？被摄主体，顾名思义，应该放在照片中间。对此，相机也是支持的，自动对焦的标准设置就是对照片中心进行聚焦的。

实拍时，将视域横竖分成三等份，把被摄主体放在 4 个交点的其中一个上。或者更简单一点对照片进行构图时，把被摄主体放在距离照片边缘 1/3 处即可。

图 **10.15**　艾希施泰特广场。观者从照片左上角蓝色的天空看起，接着是房屋的立面，最后是位于黄金分割位置的井边雕像。拍摄参数：尼康 D300，12mm，1/500 秒，f/11，ISO200。

你当然可以把被摄对象放在中间。但是，如果你肯在按快门之前停下来想一想，我该把它放在哪里呢？靠近左边，靠近右边，往上一点，往下一点……拍出来的照片效果会更好。

你可以找个简单的被摄对象试一试。比如，拍摄一只花瓶或一块交通指示牌，把它们分别放在不同的位置，靠左边，靠右边，往上移，往下移……比较一下照片的效果，看看你最喜欢哪一张照片？

如果能够对自动对焦区域进行选择，那么，非居中构图易如反掌。相机是否具备这种功能，如果具备，又是如何操作的，请你查看相机的使用手册。否则，你就不得不使用对焦锁定功能，才能把被摄对象从照片中间移开进行对焦。

1. 将对焦模式设置为单次自动对焦。

2. 先把被摄主体放在照片中间，半按快门，自动对焦开始工作。

3. 半按快门锁定对焦，在取景器里重新构图。

4. 完全按下快门，拍摄照片。

黄金分割法是一个重要的构图原则，古希腊和罗马时期就已经有了黄金分割点这一概念，数百年来，黄金分割法广泛用于雕塑艺术和建筑领域。

所谓黄金分割法就是：把一个平面或一条线段按照 5 ：3 的比例进行划分，平面和线段看起来最为和谐。这里，我就不向你介绍该分割比例的数学原理了，反正拍摄时你也用不着。

根据三分法安放被摄主体

比起黄金分割法，三分法更加简单：取景时，想象出横竖两条线，这样，照片就被分成了9块同样大小的区域，把被摄对象放在4个交点中的1个上，或沿着想象出来的线安放被摄主体。

很多数码相机可在取景器上显示方格线，便于你使用三分法。这样，基本上，你就可以自动地和谐构图了。

图 10.16 为了使照片构图引人注目，请你用横竖两条线把照片分成 9 块同样大小的方块。要么把被摄对象放在 4 个交点中的 1 个上，要么沿着线来安放被摄对象。

当然，你不必始终遵循三分法原则。被摄对象位于正中也是可以的。那样的照片看起来非常安静平和。如果你想加强这种效果，就采用绝对对称的构图。

一旦你留心观察，就会发现，大自然中的对称比比皆是。很多大楼也是对称的。拍摄时，拍些对称的照片，再拍一些不对称的照片，整个系统会显得富有变化。最后，如果需要绝对对齐，请你找一条中轴线，并把相机放在那里。

10.4 对比

无疑，绝对对称是具有独特魅力的：如独木舟、平静的湖面、独木舟的倒影画面。对比能够使照片变得生动，从而产生张力和吸引力。对比包括明暗对比、色彩对比（比如红与绿、蓝与黄），还包括内容对比（比如贫富、新旧和快慢）、数量对比（比如一个对多个）。有时候，对比的作用就在于，解释和说明照片的内容，比如用人的渺小突出山脉的雄伟。经典的火柴盒特写也是为了这一目的，让尺寸一目了然。

图10.17 深色的小船，浅色的海滩，对比明显。构图简单，效果突出。
拍摄参数：佳能G11，6.1mm，f/2.8，1/100秒，ISO100。

亮度对比，效果尤其明显，但这需要一定的经验和练习。亮度差异越明显，照片就越吸引人。亮度对比能够凸显形状，适合黑白照片和单色的被摄对象。

明暗对比，如果运用得当，便是杰作；如果运用不当，会毁了整张照片。应避免过多的小对比。如果是在弥漫着光线的树林里进行拍摄，就会出现一些问题。一些光束透过树叶射下来，在被阴影笼罩的树脚下形成一个个的光斑。观者难以接受这样的明暗拼接，虽然有着鲜明对比，但照片效果并不好。

选择一个简单朴素的被摄对象，明暗对比才能发挥最佳效果。比如，黑色剪纸一般的侧影和明亮的天空，看起来非常漂亮。

图 10.18 色彩对比的经典之作。早春,亮黄色的油菜花和湛蓝的天空。

　　一旦开始关注对比,你马上就能发现许多新的被摄对象。不过,千万别忘了,对比原则和其他摄影原则一样,也是存在例外的。

通过对比进行构图

　　很多照片通过对比获得张力。你可以尝试以下对比:

» 明暗对比

» 色彩对比

» 数量对比

» 内容对比

10.5 线条、形状和目光导向

线条是富有效力的构图手段之一,你可以运用线条引导观者目光,将其引至主要被摄对象。

基本上,每张照片里都能找到线条,比如铁路轨道,道路标线或一行篱笆,这些都是显而易见的线条。还有一些线条,是观者臆想出来的,明暗对比、彩色的鲜花和碧绿的草坪、人或动物的目光方向等都是这些"臆想"线条的成因。

图10.19 斜线表示动感。一般来说,对角线的效果并不是最好的。拍摄时,你最好尝试不同的位置。这样,事后你便可以在电脑上选择你最中意的照片了。
拍摄参数: 尼康D5100, 30mm, 1/100秒, f/8, ISO200。

无论是现实存在的,还是臆想出来的,线条的作用都是划分画面、引导观者目光,为照片增添氛围。使用线条可将观者引至照片重点。

线条分为三种:垂直线条、水平线条和斜线。水平线条,最突出的莫过于风光摄影中经常出现的地平线。水平线条使照片显得安宁、均衡和稳定。

树木、指针和电线杆是垂直线条的典型代表,垂直线条是高度的象征,赋予照片张力。垂直线条可以有效防止观者目光过快地离开照片。

通过报纸、电视和网上的图标可知:一条从左下到右上的线表示上升的趋势,如股票价格。

摄影中的线条亦是如此。一条从左下向右上的线被叫作上升线条；反之，一条从左上到右下的线条则表示下降。

下降的斜线，显得比较安静，但是比起水平或垂直线条，下降的斜线还是能够给照片带来些许动感。在观看拥有下降的斜线的画面时，观者很快就会把目光从照片中移开。相反，如果是上升的线条，照片显得更加富有动感，观者目光在照片上的停留时间要久一些。

图 10.20 原始照片。铁轨呈上升斜线，从左下到右上。观者目光被引至火车头，并停在那里。拍摄参数：奥林巴斯 E-P2，28mm，1/640 秒，f/8，ISO200。

图 10.21 线条的走向不同，效果也不同。为了说明这一点，我用 Photoshop 将上面的照片左右颠倒（在日常拍摄中千万别这么做，观者一眼就能看出破绽，左右颠倒的字迹也是一样的）。这样一来，铁轨就变成了下降线条，观者很快就会把目光从照片移开。火车头看似是开走的。

图10.22 平缓的曲线和强烈的明暗对比使这段楼梯变成了有趣的图形。拍摄参数：尼康D300，30mm，1/160秒，f/11，ISO200。

除了这三种线条以外，还有一种迂回曲折的曲线，典型的例子就是经典风景画中的 S 形道路。

如果线条很多，又杂乱无章，那么，照片就会出现问题。这样的构图会让人心神不宁，观者会感到困惑，不知道应该先看哪里，也不知道照片的重点是什么。

构图时，请你留意线条的布局。越是清楚简单就越好。一定要避免横七竖八的线条。要限制重点，不妨寻找几条单向线条，必要的话，只选取其中一个部分进行拍摄。线条应该赋予照片结构，将目光引向你想突出的地方。

欣赏照片时，眼睛看到的不是一个整体，而是一点一点去扫描。有些元素特别容易引起注意。比如，亮的部分、红色斑点、人脸等。几何形状也容易引人注意，比如圆形、三角形或菱形的交通指示牌。清楚的形状能引发观者兴趣，并在摄影构图方面有着一定作用。圆形显得均衡宁静，三角形则显得富有动感，如果图形是斜的，动感最为强烈。如果三角形的尖头朝上，底座宽，则显得稳固；如果三角形的尖头朝下，则显得脆弱，仿佛转瞬即逝。

图 10.23 圣彼得奥尔丁, 北海岸边的木桩建筑。横七竖八的支柱显得杂乱无章, 构图不够清楚。
拍摄参数: 佳能 G11, 30.5mm, 1/250秒, f/8, ISO100。

图 10.24 看见三个点状的热气球, 观者自动联想到一个三角形。因为三角形尖头朝下, 照片构图富有动感。
拍摄参数: 尼康 D300, 200mm, 1/800秒, f/5.6, ISO200。

特别小的平面可以视作不再是平面，而被理解为点。不同位置的点，或带给照片宁静的感觉，或赋予照片张力。

在中国、德国等许多国家，人们的书写和阅读习惯是从左到右。如果按照这种模式进行构图，便于观者欣赏照片，效果比较好。这种"经过训练的"习惯，在不同国家是不一样的，比如阿拉伯国家是按照从右到左的顺序写字的。不同国家的阅读习惯在广告、图标、字符的排序上体现得非常明显。

线条运用得好，能够起到顺应阅读习惯的作用。比如，你可以通过左下角一块明亮的区域告诉观者照片从这里看起，接着用一条斜线将观者目光引至右上 1/3 处的被摄主体，再通过一条垂直线或一块色彩较暗的区域，阻止观者的目光过快地从照片右上角移开。

> 你不仅可以使用线条引导观者的目光，还可以使用线条营造空间层次。一个常被引用的例子就是街道，马路边缘看起来离你越来越远，伸向一个消失点。

通过线条引导观者目光

有意识地发现和运用线条，对观者的目光进行引导。避免混乱的构图，通过线条来划分照片层级。遵守从左到右的习惯。

10.6　光线

摄影中，光线非常重要，一张好的照片是以合适的光线氛围作为基础的。光从哪里来，从前还是从后？从左还是从右？光线方向对照片效果起着决定作用。从侧面来的光线，富有戏剧效果，能够使看似无趣的场景变得扣人心弦。反之，再优美的被摄对象，如果太阳高悬于空，阴影短，对比强，拍出的照片，效果也不会好。因为除了光线方向，光线质量也是非常重要的。定向强光会产生浓重阴影，漫射光则产生均匀、没有阴影的照明。

> 学会有意识地观察光线，并将其为自己所用。寻找合适的、吸引人的光线条件。有趣的被摄对象不胜枚举，但只有受光情况理想，照片效果才会更好。

» 顺光：光源在摄影师背后，拍出的照片清楚、色彩丰富。阴影就在被摄对象之后，照片仿佛一个平面，不怎么吸引人。

» 侧光：采用侧光拍出来的照片，富有戏剧效果，引人入胜。经过侧光的塑造，被摄对象具有强烈的明暗反差，形状、结构和表面均得以突出。二维照片变得立体。

» 逆光：逆光下，被摄对象仿佛剪影一般，只能看清轮廓。在逆光下拍摄人物或物体，人物或物体会变成镶有光边的黑色剪影。逆光能够拍出有感觉的照片，很吸引人。

» 漫射光：天空被遮住时，太阳光被云层漫射。这种间接光线比直接的太阳光柔和，拍出的照片，色彩没有那么鲜艳，对比度低。这种几乎没有阴影的照明适合人像摄影、微距摄影和一些注重细节的拍摄题材，根本不必使用反光板和闪光灯。如果是在影棚里用闪光灯，使用柔光罩或柔光箱能使光线变得柔和。

10.6.1　根据时间进行拍摄

对于大多数照片来说，最重要的（很多时候也是唯一的）光源是日光。如果是在影棚里，摄影师可以自主调节闪光灯，加强或削弱光线，然而，如果是在户外进行拍摄，就只能顺着自然条件了。一天当中，太阳不断升高，每时每刻，太阳光的方向和色彩都在变化。所以说，随时都是新的光线。

阳光始终都在发生变化。因此，每一种被摄对象都有一个特定的最佳拍摄时间。

图 10.25　日出前，哈茨村，尼斯河流向奥得河的入口处。
拍摄参数：尼康 D5100, 20mm, 1/30 秒, f/8, ISO100。

太阳开始从地平线上升起，天空浸在一片温暖的橙色光线里，河面上的雾气被照亮。这样的照片绝非意外之作。拍摄的前一天晚上，就要找好被摄对象，想好构图。使用不同焦距，演练几遍。一旦破晓，光线便迅速变化，没有时间寻找合适的拍摄地点、支三脚架。没有什么比找不到合适的被摄对象，从而错失绝佳光线更令人沮丧的了。

图10.26 清晨，背对太阳，拍摄场景不仅色彩出众，而且没有一丝风，水面平滑如镜。拍摄参数：尼康D300，25mm，1/125秒，f/8，ISO200。

作为顺光，早晨的太阳光线照明效果最佳。色彩清楚、明快，太阳角度越低，光线越温暖。

日落或日出前2-3小时是使用顺光进行拍摄的最佳时间。太阳越升越高，拍摄效果越来越差。一般来说，正午时分可以直接把相机收进摄影包里。也有例外：如果是在茂密的森林里或深深的山谷里，只有太阳达到最高点时才能进行拍摄，否则，根本见不到任何光线。

当天空被云层覆盖时，太阳光会发生漫射。没有直接的太阳光，景物的色彩会变得苍白。漫射光线比较均匀，显色非常柔和，是微距摄影和人像摄影最为理想的光线。

图 **10.27** 太阳在空中升得越高，光线越不适合拍摄。

拍摄参数：佳能 Powershot S90，22.5mm，1/640秒，f/5.6，ISO100。

图 **10.28** 天空被云朵遮住时，拍摄风景和建筑物会很受限制。色彩显得苍白。由于没有阴影，被摄对象缺少立体感。

拍摄参数：尼康 D300，32mm，1/400秒，f/8，ISO200。

图10.29 相反,在阴天拍摄人像,再合适不过。光线柔和,照明均匀,没有阴影,你只需关注被摄对象。拍摄参数:尼康D300,85mm,1/250秒,f/5.6,ISO200。

　　反射光线能够平衡场景的明暗反差,如能有意识地运用逆光,可拍摄出效果惊人的照片。如果是极端逆光,对相机来说,是个大的挑战,相机的自动曝光技术难以胜任极端逆光。保险起见,你最好选择使用相机的包围曝光功能。相机会按照不同的曝光设置拍摄若干照片,你可以事后在电脑上选择最佳照片。

图 10.30 如果把太阳一同拍进照片里,被摄对象就变成了黑色剪影,照片更加突出形状。

拍摄参数:尼康 D5100,12mm,1/640 秒,f/11,ISO100。

图 10.31 由于是逆光拍摄,被摄对象被亮亮的光边围绕。

拍摄参数:尼康 D80,180mm,1/250 秒,f/5.6,ISO200。

下午和早上一样，随着太阳越落越低，拍摄的机会越来越多。光线又变得温暖，阴影变长。

图**10.32** 夕阳之下，木桥和小舟浸在一片温暖的光线之中。

拍摄参数：尼康D5100，22mm，1/30秒，f/8，ISO100。

图**10.33** 拍摄夕阳西下，又会遇到逆光。太阳落山时一片火红，只能看清被摄对象的轮廓。

拍摄参数：佳能G11，8mm，1/800秒，f/5.6，ISO100。

太阳落山时，你不能宣告拍摄过程结束，而刚好相反：太阳落山和夜幕降临之间的"蓝色时刻"，光线非常迷人，适合拍摄风景和城市。

白天和晚上的分界点，既不是傍晚，也不是夜晚，冰冷的蓝色标志着日光向黑暗的过渡。此时乃是绝佳的拍摄时机，但机会转瞬即逝。

选在黄昏进行拍摄，构图应尽量清楚简单。一般来说，被摄对象的某些部分可能会变成剪影，与天空形成对比。

图 10.34 太阳落下时的瓦维尔城堡。在"蓝色时刻"，街道照明的红色光线和黄昏伊始的冰冷蓝色形成强烈的色彩对比。拍摄参数：尼康 D70，28mm，8 秒，f/11，ISO200。

图 10.35 如果拍摄地点是在城市里，过了"蓝色时刻"，也不要把相机收起来。夜间的大城市里有丰富多样的光源和非常不错的被摄对象。要注意的是，长时间曝光时三脚架是必要的前提条件。

10.7 角度

角度取决于你所站立的地点。不存在远摄角度和广角角度。

转动镜头的变焦环，取景器里就会出现全新的视觉效果。长焦端能把远处的物体拉近，而使用广角端能把整座教堂拍进照片里。

无论变焦镜头功能多强大，使用多方便，但你都得意识到：长焦距和短焦距虽然能够改变照片的取景，但改变不了角度。

图10.36 低点拍出的照片，被称作"蛙眼角度"。可旋转的相机显示屏能够简化这种拍摄。
拍摄参数：尼康D300，10.5mm，1/320秒，f/11，ISO200。

找到合适的拍摄地点，才能拍出非同寻常的照片，这是最为有效的。你来决定把多少周围环境拍进照片里，以什么样的视角进行拍摄。如能巧妙选择拍摄地点，可以有效隐去干扰性的背景。

找到完美的拍摄地点，才能拍出完美照片。拍摄时，应该从各个方向进行拍摄，甚至是从上或从下拍。

对于人像摄影而言，直接的目光交流至关重要。这一点不仅适用于摄影，而且适用于面对面的交谈。因此，拍摄人物或动物时，请你把相机举到齐眉高度。如果是小孩或小动物，你需要蹲着或跪着，才能做到齐眉高，拍出吸引人的眼神和微笑。

除了人像对拍摄视角有严格要求外，其他被摄对象没有如此严格的要求，但你可要充分发挥创造力，尝试与众不同的视角。拍摄高楼、花朵或风景，很少能够一次性选到最佳拍摄位置。你不妨花点时间，围着被摄对象走一走，从各个角度观察打量它，有针对性地寻找新鲜的位置和角度。也可以尝试高点和低点。

如果选择"蛙眼角度"，相机必须放得很低才行。所拍物体变高大，能够给人留下更深刻的印象。这个角度特别适合拍摄小东西，比如前景部分的花朵或蘑菇。如果相机的显示屏是可旋转的，那么，采用蛙眼角度进行拍摄，摄影师不必躺倒在地上，这会方便一些。

与"蛙眼角度"相对的是鸟瞰角度。相机位置非常高，物体变小。这个角度特别适合拍摄高楼和风景。你在城市里散步的时候，不妨留心观察一下高楼、高塔或是瞭望塔。乘坐飞机时，以鸟瞰角度拍摄地上风景，拍出的照片会很棒。

把相机背面朝向地面，拍摄富丽堂皇的教堂天花板；躺在树脚下，以"蛙眼角度"拍摄树林；登上尖塔、高楼或小山，以鸟瞰角度拍摄照片。

图 10.37　如果有机会从上向下进行拍摄，千万不要错失良机。以这种独特视角拍出来的照片，很是吸引人。这张照片是从六层的一扇窗户边上拍的。

拍摄参数：尼康 D5100，85mm，1/30 秒，f5.6，ISO100。

指法练习：绕着被摄对象走一走

请你自己试一试不同拍摄位置和角度的效果。找到一个被摄对象，无论是什么，汽车、公园长凳或高楼，围着它走一走。从不同角度进行拍摄，至少拍10张照片，在显示屏上对照片进行比较。

10.8 色彩

图 10.38 高亮度的色彩,比如黄、红、绿,本身就是很好的"照片"。
拍摄参数：尼康D300，65mm，1/100秒，f/11，ISO800。

从物理角度看，色彩是由不同波长的光线产生的。波长长的光线，在我们看来是红色的，蓝色位于光谱的末尾处。

10.8.1 加色混合和减色混合

我们能识别的色彩都是由红、绿、蓝三原色混合而成的。我们通过到达视网膜的光线来感知色彩。数码相机也是按照同样的方式记录色彩，监视器、电视和大屏幕电视放映机都是采用这种技术来展示色彩。人们将其称为加色混合（RGB 模式）。加色混合适用于所有能够自己发光的机器。

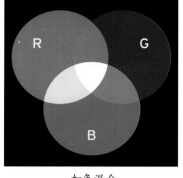

加色混合

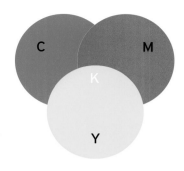
减色混合

图 10.39 如果色彩是由光线产生的，就叫作加色混合。红、绿、蓝三种色彩相混合，能产生各种亮色直至纯白。打印时，色彩是由青色、品红色和黄色混合而成的。人们将其称作减色混合。因为这三种色彩无法形成黑色，所以，黑色作为第四种色彩单独打印。

电脑旁边的打印机，其工作原理则是另外一回事。凡是涉及自己不发光的色彩，就要用到减色混合。色彩是由被物体反射的光线产生的。也就是说，日光中被物体保留下来的部分即是色彩：5 月的油菜花看起来是黄色的，那是因为花朵吸收了红光、蓝光和绿光。油菜花吸收了黄色之前的所有波长，日光中只有黄色的部分被反射了。

减色混合也有三原色，分别是青色、品红色和黄色。因为这三种色彩不够纯粹，无法叠加形成纯粹的黑色，也不能完全吸收射入光线，所以，打印时出现了第四种色彩，也就是黑色。

CMYK 色彩空间中的字母 K 表示黑色，是除三种基本色彩之外，补充进去的一种色彩。

色调和饱和度

除了色调之外，色彩的亮度和饱和度也非常重要。所谓亮度，就是色彩中混合了多少黑色和白色，看起来是亮还是暗。饱和度则是一种色彩的强度。饱和度高，在我们看来就是彩色的，完全不饱和的就是灰色的。

10.8.2 色环

色彩是摄影的重要构图手段。色彩的运用，多种多样。你可以选择明亮的色彩，以此引起关注；也可以把色彩限制在 2-3 种，效果也非常好。你可以采用冷暖色对比，也可以选择黑白单色。

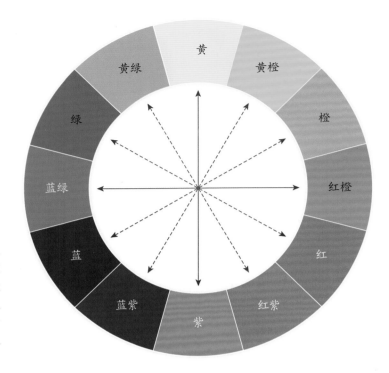

图 10.40 色环能帮助我们更好地理解色彩变化及其效果。有了色环,你便可以有针对性地对色彩加以利用,以达到预期效果。

哪些色彩相互匹配,它们又是怎样匹配的? 1700 年,艾克萨·牛顿率先设计出色环,以此帮助人们更好地认识和理解色彩。今天,针对不同用处,有很多不同的色环模型。

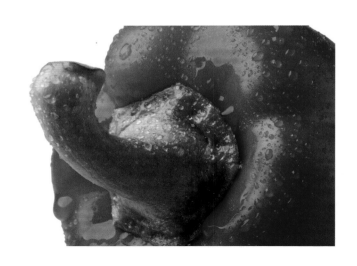

图 10.41 作为互补色,红色和绿色形成鲜明对比,两种色彩同时出现比其中一种色彩单独出现,显得更亮。拍摄参数:尼康 D80, 150mm, 1/125 秒, f/16, ISO200。

今天，摄影中的色彩运用，还在使用简单可行的色环。色环中相互对立的色彩叫作互补色。选择互补色，将会得到鲜明的对比。如果想要选择三种色彩，构成一个强烈对比，那么，就在色环中选择一个正三角形，比如橙色、红紫色和绿色。如果选择色环上相邻的两个色彩，将会得到一个非常和谐的色彩组成，显得舒适安静。

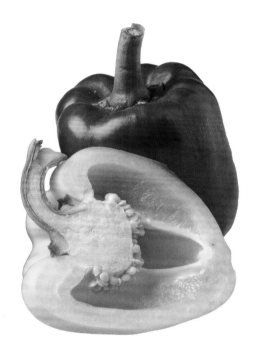

图 10.42 色环上相邻的两个色彩，比如绿色和黄色，会显得特别和谐。拍摄参数：尼康 D80,150mm,1/125 秒，f/16，ISO200。

共同对比

　　一种色彩的效果取决于它所在背景的色彩。在科学上，这种现象有个专门的概念，即"共同对比"。意思就是：

» 一种色彩，在深色背景下看，比在浅色背景下看显得浅。

» 比起深色背景，一种色彩在浅色背景下更加容易辨识。

» 在黑白背景或灰色背景中，色彩会发亮。

» 色调受到周围环境的影响。

纯色使照片显得生动醒目。鲜艳的色彩虽然很有说服力，但有时也会过犹不及。想想看，色彩丰富的明信片，色调有些不太自然。如果你想引起注意，那么，最好使用刺眼的色调，比如红色、橙色或明黄色。反之，则使用柔和的粉笔色或蜡笔色：淡红色、褐色和棕色。

色彩能够引起观者的注意力，引发情绪。在摄影中，利用色彩可以促成某种特定效果。

10.8.3　色彩对心理的影响

色彩除了能够传递色彩效果之外，还能传递情绪。掌握了这方面的知识，你便可以有针对性地运用色彩，实现突出照片中心思想的目的。

严格来说，白色不能算是一种色彩。白色看起来干净、简单、发亮。白色和其他色彩相混合，可得到温暖（黄色）或寒冷（蓝色）的氛围。红色本身就是信号色。红色是鲜艳的、令人兴奋的，有时也富有攻击性，能够引起注意。一小块红色足以突出重点。黄色是灯光和太阳的色彩。温暖、明快、亮丽。

蓝色象征着天空和水，比起黄色和红色，蓝色显得比较冷。浅蓝色显得轻盈，有种飞翔的感觉。黄昏时分（"蓝色时刻"）拍出的照片，蓝色的天空和暖色调的人工照明形成鲜明对比。

绿色是大自然的色彩。自然风光蕴含着不同层次的绿色，绿色的画面显得安宁。不同于荧光绿，大自然中的绿色更加含蓄，显中性。绿色既不偏暖也不偏冷，既不积极也不消极，既不显得无趣也不抢眼。

色彩	效果
红色	强烈的信号和警示色，显得非常温暖；一小块就非常明显。
绿色	自然之色，具有多种功效，因环境而异：中性的、放松的、危险的（刺眼的绿色）。
蓝色	清新、凉爽、安静。
黄色	太阳的色彩，温暖、富有活力、令人愉悦；有强烈的信号作用。
橙色	由红色和黄色混合而成，代表安全。
棕色	朴素、舒适、惬意。
黑色	象征忧伤，也是简约时尚的。
白色	纯净、自然、明亮。

表 10.1　色彩的作用。

图 10.43 色彩的效果千差万别,但我们对色彩的感知是非常类似的。看见红彤彤的火炉,谁会把手伸进去烧?

拍摄参数:尼康 D70,50mm,2 秒,f/16,ISO200。

10.9 并无一定之规

你在这一章学到了很多构图原则:如何使用线条引导观者目光?把被摄主体放在哪里最好?如何使用色彩来引发情绪?随着经验的积累,你的摄影技术会逐步提高。你迟早会从死板的规则中解放出来。如果你感觉某个被摄对象需要绝对对称,那你就放弃黄金分割法,将被摄对象居中。有些被摄对象,只有有意识地"错误"构图,才能拍出好效果。

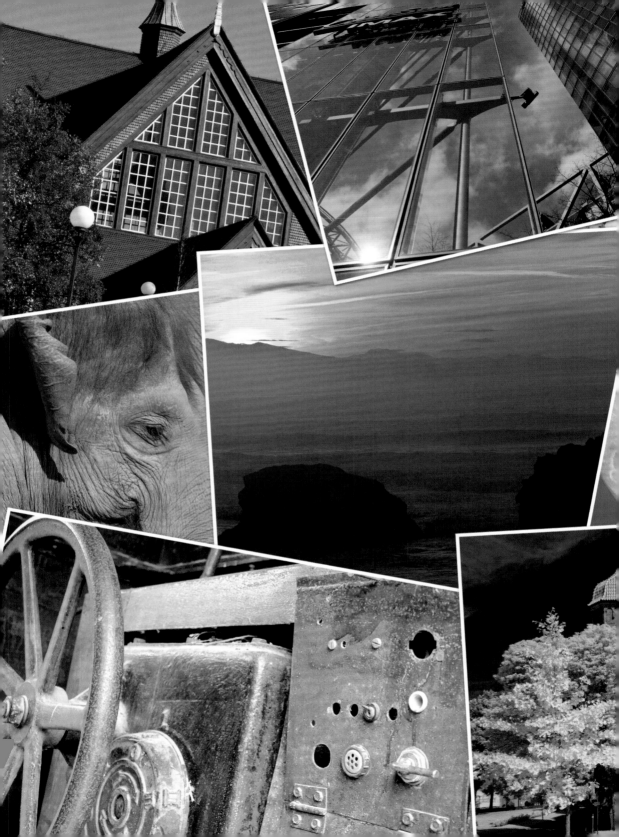

第 11 章

被摄对象

　　著名的建筑、重要的家庭节日、期盼已久的假日旅行——很多时候，都会用到相机。这一章向你介绍针对不同摄影题材的拍摄技巧。

11.1　建筑物

雄伟的建筑物是深受人们喜爱的被摄对象，但并不是在游览城市的过程中把镜头对准心仪的景致，就能拍出好的照片。专业拍摄和随手一拍的区别在哪里？经典建筑物的拍摄，具有明确的技术要求。

11.1.1　如何更好地拍摄建筑物

建筑物的垂直线条必须是平行的，不能向上倾斜。为了做到这一点，你要么使用价格不菲的移轴镜头，要么对照片进行后期处理。更多详情，请见后文中的相关内容。

若想拍出高质量的建筑物照片，必须做到：将相机设置为最低感光度（等于最小的 ISO 数值）；选择光圈优先（A 或 Av，不同品牌的相机，叫法不同）作为曝光模式，且选择一个相应的小光圈（等于大的光圈值），以保证高清晰度。

如果你对摄影技术已经有了一些了解，就会知道低感光度和小光圈组合在一起会出现问题。正确的做法是：在很多情况下，拍摄建筑物时，要使用三脚架，才能做到长时间曝光。

建筑物摄影不只是局限在城市里。你睁大眼睛看看自己的住所附近，随处都是工业社会中现代的、功能性的建筑物。就算是在乡村，你也能找到漂亮的教堂和农舍。

图 11.1　瑞典北部基律纳的教堂建于 1903 年至 1912 年之间，是由建筑师古斯塔夫·威克曼设计的。该教堂将美式木质建筑和挪威式木板教堂融于一身。其实，到处都能找到有趣的建筑物进行拍摄。拍摄参数：奥林巴斯 E-P2，42mm，1/500 秒，f/5.6，ISO100。

拍摄建筑物，好的广角镜头是摄影师的必备器材，通常再加上一支普通镜头或中长焦镜头。只有极少数情况下才会用到远摄镜头。

图 11.2　历史建筑，比如无忧宫，其立面装饰颇多，为构图和细节拍摄提供了诸多可能。
拍摄参数：尼康 D300，85mm，1/640 秒，f/8，ISO200。

　　我总是先手持从不同角度拍几张照片，找到拍摄位置之后，再把三脚架支起来。这样可谓一举两得，既灵活方便，又解决了曝光时间长的问题，而且能够精确确定想要的照片构图，绝对水平地安置相机。如果能在相机的热靴上插上水平仪以控制相机位置，这样自然更好。

　　只有在极少数情况下，建筑物是独立存在的，因此拍摄时的活动范围总是受限于周围的建筑物。一般来说，必须使用（超）广角镜头才能把整座建筑物拍进照片里。

　　广角镜头能够捕捉建筑物的整体面貌。拍完"全身照"，不妨再绕着建筑物完整地走一圈（如果可以的话），找一找不同寻常的拍摄位置。拍摄建筑物虽然有很多问题和挑战，但至少有一个优点：因为建筑物不会动，所以你有足够的时间寻找最佳拍摄地点。

　　和风光摄影一样，建筑物摄影也是依赖于自然光的，需要等待合适的光线，才能拍出完美的照片。

　　请你不要把建筑物看作一个整体，而要关注图案、线条、结构和适合拍摄的细节。这样你马上就能想到一些可能性：雕塑、井边的雕像、框架、门、窗户、装有石膏花饰的天花板和其他很多东西。

图 11.3 现代建筑物，如斯德哥尔摩的这座高楼就轮廓清晰，是具抽象感的图形照片。

　　建筑物不同，照片想要表达的思想就不同，所需的照明条件也不一样。阴天时，布拉格的伏尔塔瓦河上的查理大桥沉浸在一片迷雾之中；希腊渔村的白色村屋，则和湛蓝的天空、明媚的阳光更匹配。现代建筑物要求强烈的对比，才能突出强调几何形状。

　　一般来说，侧光最适合拍摄建筑物。光影相互交替，立面的立体形状得以突出，雕像、浮雕和装饰也非常清楚。

　　很多建筑物照片是在太阳刚刚落山时的"蓝色时刻"拍摄而成的。夜幕降临之前，白天的蓝色余光和暖色调的灯光相互混合，因为反差强烈，照片格外吸引人。

图 11.4　柏林最大的教堂——柏林教堂, 摄于傍晚。拍摄参数: 尼康 D5100, 38mm, 1/45 秒, f/4.8, ISO400。

一般来说, 布满灰云的时候, 不太适合拍摄建筑物。漫射光几乎不产生任何阴影, 立面变成"平面", 色彩显得苍白, 灰白的天空也不好看。遇到这样的天气, 最好选择在室内进行拍摄。

使用智能手机寻找光线

如果你有 iPhone 手机或安卓手机, 不妨花点小钱买个 APP 应用, 比如 LightTrac, 只要 40 元就能买到一个准确预告光线方向 (可用于建筑物拍摄和其他户外拍摄) 的神奇工具。你可以在卫星照片上或谷歌地图上, 显示任意时间地点的日出和日落时的太阳角度与高度。

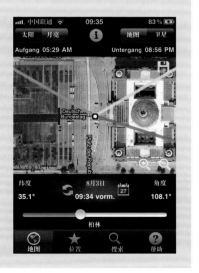

图 11.5　如果有 LightTrac, 计划户外拍摄的时间点, 变得非常简单。黄线表示日出时太阳的射入角度, 蓝线表示日落时的光线方向。你可以用红色显示任意时间的太阳高度。

11.1.2 斜线以及如何避免斜线

只有相机朝上，才能把建筑物拍全。结果就是出现"斜线"，画面中所有的垂直线条越往上越斜。建筑物看起来底下宽、上面窄，仿佛要倒下来。

图 11.6　为了把整座建筑物拍进照片里，你不得不把相机朝上拿，但这会出现斜线。拍摄参数：尼康 D300，16mm，1/200秒，f/11，ISO200。

如果是现代建筑物，比如办公大楼的玻璃表面，可以将斜线用作构图手段，使照片看起来线条分明、形状醒目、引人入胜。但如果是经典建筑物，则不能这样，最好如实记录建筑物，不要出现斜线。

斜线经常被错误地理解为镜头的像差，其实不然。因为角度问题，平行的线条会向一个消失点集中。如果是水平方向，我们不会觉得有任何问题，比如铁路轨道和马路边缘也是向着一个点集中的。但换成垂直方向，通常会觉得不舒服。

如果你使用普通镜头进行拍摄，那么避免斜线的唯一方法就是，把相机放在与建筑物正面平行的位置上。

图 11.7　*如果是拍摄现代建筑物，比如照片中的柏林波茨坦广场建筑，就将倾斜的线条用作构图手段，为照片增添动感。*
拍摄参数：尼康 D300，16mm，1/1250 秒，f/8，ISO200。

　　从地面拍，只能拍出空洞的背景，后期处理时需对这一部分进行剪切。相机的位置尽可能高一些，最好是在被拍大楼一半的高度。比如，从对面大楼的阳台或电梯间进行拍摄。另外一种可能性就是增加拍摄距离或者使用远摄镜头，用整个画幅拍摄大楼，立面就不会发生倾斜。

事后，可在电脑上对倾斜的线条进行修正

　　就算上述技巧再有效果，也会受到邻近大楼的影响。遇到这种情况，可使用电脑对倾斜的线条进行校正，比如 Photoshop Elements：

　　1.　使用"文件/打开"打开你想修正的照片。

　　2.　在 Photoshop Elements 的"滤镜/修正相机变形"下找到清除倾斜线条的功能。

　　3.　激活选项"预览"和"显示网屏"，便于对角度修正做出更好的判断。如果需要的话，可使用"色彩"选项修改网屏色彩，使网屏更加突出。

　　如果是使用 Photoshop CS5，过程有所不同："滤镜/镜头校正"（不同版本在菜单名称上有所差异）。

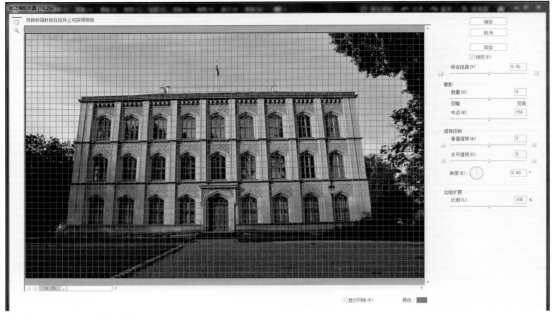

图 11.8　网屏便于照片校正。

4.　如果拍摄时，相机拿斜了，第一步先把照片水平放置。你可在"角度"旁边的空格里输入所需度数。或者在调节器上进行操作，把照片向左（逆时针）或向右旋转（顺时针）。

5.　在截面"角度控制"下，使用调节器"垂直透视"对倾斜线条进行修正。需要的话，可使用对话框左下角的 +/− 键放大剪裁，以更好地算出斜度。

6.　修正角度之后，画面左右两侧出现空白。你可以使用"缩放"来放大照片。但这需要对照片进行修剪，并对所缺像素进行内插，才能达到照片的原始像素大小。如果你不想这样，可不进行缩放，直接点"确定"。

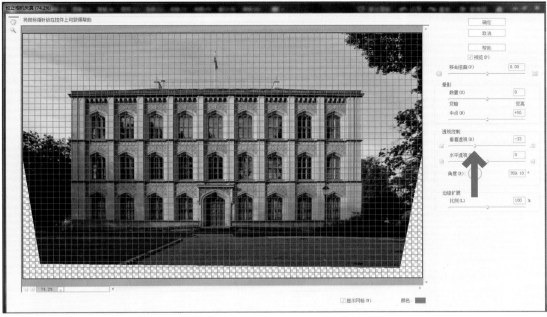

图 11.9　校正之后，照片边缘出现空白。黑白棋盘象征透明的照片部分。

图 11.10　必须压缩照片，才能修复成正常比例。

7. 大楼仿佛被拉长了，拉长多少，因修正角度而异。为解决这一问题，你可以通过"照片 / 缩放 / 缩放"压缩照片，也就是把中间水平的部分从照片上缘向下拉。

8. 最后，使用按键 C，激活剪裁工具，剪掉照片白边，确定照片的最终剪裁。然后用标记框标记照片的最终大小，点击绿色的对勾或按回车键 ↵ 对修改进行确认。

最后使用
剪裁工具确定
最终画面

图 11.11　未经修改的初始照片。

图 11.12　照片修改后，大楼的垂直线条都是平行的。

使用移轴镜头，拍摄时就可避免线条倾斜

如果你想在拍摄时避免线条倾斜，那么你需要专业的移轴镜头。移轴镜头的结构非常特殊，透镜组的光轴能够移动。佳能（TS-E）和尼康（PC-E）的专业移轴镜头，既可平行移动又可倾斜，提供多种使用可能，远远胜过传统镜头，不过通常适用于专业相机。移轴镜头不仅可以避免线条倾斜，还可以有针对性地控制聚焦平面的位置。更多内容，请见第 7 章。

倾斜的线条

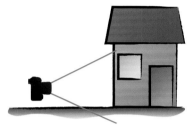

没法照全大楼。

❶ 垂直放置的相机。

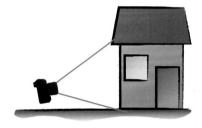

线条发生倾斜，大楼越往上越尖。

❷ 倾斜的相机。

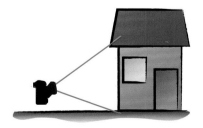

未发生倾斜。

❸ 使用移轴镜头进行拍摄，对镜头前端进行调整。大楼不仅被拍全了，而且线条没有发生倾斜。

图 11.13　使用移轴镜头，可将相机与建筑物立面平行放置，不仅能够拍全大楼，而且大楼正面不会发生倾斜。

佳能和尼康的移轴镜头配上专业或准专业的数码单反相机，使用起来比较方便。光圈功能和与曝光相关的数据能够在相机和镜头之间进行传输，甚至还能使用相机的 TTL 测光。老一点的镜头或普通相机，测光和曝光控制则比较复杂，一般只能用手动模式。

使用移轴镜头，可在拍摄时避免线条倾斜：

1. 必要时，松开止动螺栓，将镜头上的小旋钮全部转至零位。注意别夹到手。

2. 将相机装到三脚架上，保证相机横平竖直（最好使用水平仪）。很多相机的取景器或即时取景模式下的显示屏上都会显示网格线，请你对此加以利用。图像平面必须与建筑物正面绝对平行，这样拍出来的大楼，线条才不会发生倾斜。

3. 对于测光表来说，移轴可能会造成误差。因此你最好采用手动模式，在移动之前设置好光圈和快门速度。

4. 对曝光进行测量，根据曝光模式，设置所需光圈值或快门速度。缩小镜头的光圈至少 1 挡，最好是 2 挡。也就是说，设置一个较大的光圈值，因为清晰度和对比度会因镜头移动有所下降。

5. 现在平行移动前透镜。当你从某个方向能看全整座大楼时，就往那个方向移动镜头。如果你站的位置比较低，就往上移。

图 11.14　相机必须向上仰拍，才能把整个立面拍进照片里。结果就是，大楼越往上越窄，好像要倒下来。三张照片都是用尼康 D300 和 PC-E 24mm 镜头拍的。

图 11.15　如果相机（继续使用普通镜头）与大楼正面平行，线条倒是没有发生倾斜，但是前景比较多，没办法把大楼拍全。

图 11.16　将前透镜平行向上移动，整座大楼的正面以一个正确的角度呈现出来，线条没有发生倾斜。但必须压缩照片，才能修复成正常比例。

6.　确定好照片剪裁之后，拧紧止动螺栓，将镜头固定在想要的位置。

7.　检查清晰度，因为移轴镜头的结构不允许使用自动对焦，所以只能使用镜头的对焦环进行调焦。

8.　按下快门，拍摄照片，检查一下相机液晶屏上的照片效果如何。

11.1.3　室内拍摄

建筑物不仅能从外面拍，室内也能拍。仓库、博物馆或教堂——业主通常会对拍摄提出一些限制条件。各处的规定不同，但大多数地方不允许使用闪光灯和三脚架。

你只能利用现有光线。当光线弱的时候，若想保证曝光时间足够短，大口径（比如 f/1.4）的定焦镜头是最佳选择。因为光圈大幅开大，景深较小，且大口径的镜头非常贵，所以装有内置图像稳定器的相机和镜头更合适一些。如果光线特别暗，必须提高感光度（ISO 值）。你需要在较短的曝光时间和可接受的景深之间做出权衡。

图 11.17　埃伯斯瓦尔德的保罗·德奇大楼——德国的一座现代化生态行政大楼。但不是所有大楼的光线都像这座大楼的光线这么好。

在博物馆内利用现有光线进行拍摄，而最大光圈较大的且带内置图像稳定器的标准镜头或小广角镜头是最理想的选择。

一般来说，室内拍摄其光线是由日光和人造光组成的混合光线。透过窗户射进来的日光和顶棚灯混在一起，超出了自动白平衡的调整范围，从而导致照片色彩出现问题。所以请你使用灰度卡、一张白纸或一块纸板（博物馆里的一面白墙也可以）作为参照，手动设置白平衡。同时要求你使用 RAW 格式进行拍摄，遇到特殊情况，事后还能在电脑上修改白平衡，使色彩协调，且不损害图像质量。

该技术的一个不太常用的名称叫作DRI，是Dynamic Range Increase的缩写。

如何克服场景中的高反差，详细的介绍请见第382页的相关内容。

如果你从带窗户的室内向外进行拍摄，数码相机的影像传感器将受到严峻考验，因为室内光线暗，室外光线亮，反差巨大。要么就是室内太暗，导致曝光不足；要么就是日光照耀下的场景太亮，导致曝光过度。

HDR 是 High Dynamic Range Increase 的缩写，意思是高动态范围，能够完美解决这一问题。通过专门的图像处理技术，就算数码相机的动态范围有限，也能拍摄亮度差异巨大的场景。

简单来说，你使用不同的曝光拍摄多张照片，通常为 3 张照片，分别曝光适中、曝光不足和曝光过度。接着你在电脑上将不同的曝光组合起来，选取两张中曝光正确的部分，从而得到一张明暗度恰当的照片。

建筑物拍摄要点

» 因为大多数楼体比较高大，且可用面积有限，所以请你使用好一点的（超）广角镜头。

» 请你使用最低的ISO设置和中等以上的光圈值，以保证景深足够大。

» 你需要使用三脚架，即使曝光时间长一些，照片也不会模糊。

» 请你注意光线的入射角度，尝试不同的站立位置。

» 请你端平相机，避免线条出现倾斜。同时将相机放在一个较高的位置，加大拍摄距离，并使用焦距长一点的镜头进行拍摄，或使用移轴镜头。如能在拍摄时避免线条倾斜，后期处理时不必再做修正。

» 可将倾斜线条和极端角度用作构图手段，营造动感效果。一般来说，这个方法比较适合现代建筑，不太适合古代建筑。

» 请你不要只拍全景。拍完全景，再拍一些细节，比如立面装饰、阳台、滴水嘴和所有引起你注意的小东西。

11.2 微距

　　齐眉高的瓢虫、看似巨大的齿轮和大如树木的花朵：微距摄影能把日常不起眼的小东西拍成大场景。全新的视角、独特的大小比例，照片很是吸引人，也正是微距摄影的魅力所在。日常不起眼的小东西，一旦放大成主角，就会变成引人注目的"大明星"。

在微距摄影中，把被摄对象拍得越大，对技术的挑战越大，也就越需要其他附件配合才能拍摄出效果。

图 11.18 多大开始算是微距? 广泛接受的定义是从1:1 的图像放大倍率开始，算是微距摄影。从拍摄细节，到近距离拍摄，再到微距摄影，界限不是那么明确。究竟是狭义上的微距摄影还是广义上的微距摄影，并不重要，重要的是照片要好看。

图 11.19 进行微距摄影，你最好循序渐进慢慢来。先从拍摄细节入手，比如一朵花，然后一步步地接近被摄对象。

任意数码相机都能进行近距离拍摄，你要培养自己发掘小东西的能力。在树林散步时，多多关注"次要的"东西，比如蘑菇、鸟的羽毛或逆光下的叶脉。一旦具备了发掘小东西的能力，你就能很快找到许多适合近距离摄影和微距摄影的被摄对象。

如果你想把小的细节放大，那么除了适当的设备外，你还需要一些经验和必要的技术。

11.2.1　微距摄影的技术

你一旦开始"真正的"微距摄影，会觉得非常棘手。开始时，你可以找一些静止的小东西作为被摄对象，但也别太小。比如硬币、汽车模型或花朵，都是比较合适的被摄对象。

图 11.20　通过大胆剪裁，再配以合适的照明，日常不起眼的小东西，比如照片中的叉子，也能拍出非凡美感。拍摄参数：尼康 D300, 105mm, 1/250 秒, f/16, ISO200, 闪光灯 SB-600。

放大倍率

图像的放大倍率指的是被摄对象和它在传感器上成像之间的比例，它告诉我们物体以什么样的大小被记录下来。一般来说，1：1 的放大倍率开始算作微距，即数码相机传感器上的照片和真实的物体一样大；1：2 的放大倍率，传感器上的照片只有真实物体的一半大；3：1 的放大倍率，传感器上照片的大小是真实物体大小的 3 倍。

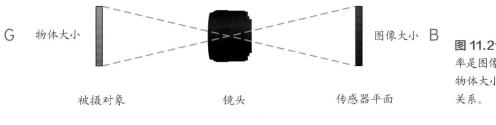

G　物体大小　　　　　　　　　　　　　　　图像大小　B

被摄对象　　　　　　　　　镜头　　　　　　传感器平面

图 11.21　放大倍率是图像大小 B 与物体大小 G 的比例关系。

最佳光圈

　　景深范围小是微距摄影所面临的挑战之一。距离被摄对象越近，放大倍率越大，景深越小，如表 11.1 所示。

　　微距摄影，原则上可以通过调小光圈扩大景深。然而放大倍率越大，衍射的消极影响越严重。也就是说设置的光圈值越大，光圈开口越小，其开口边缘的光线衍射越严重，点在传感器上会变成片状物。因此光圈开口越小，衍射越严重，整体越不清晰。

　　微距摄影，选择合适的光圈值是一件非常棘手的事情，须在因衍射产生的模糊和景深范围的扩大之间作出权衡。所谓最佳光圈，就是因衍射产生的片状物和能够允许的模糊之间能获得一种平衡。继续缩小光圈，景深虽然扩大了，但因为衍射整体清晰度有所下降。

　　在一定的放大倍率下，设置一个光圈值，如果照片的整体清晰度没有因为衍射发生明显下降，那么它就是这种情况下所能设置的最大光圈值，即最佳光圈。比如，你使用微距镜头以 1：1 的放大倍率进行拍摄，你所能设置的最小光圈就是光圈值 f/16。

　　最佳光圈是一个所能设置的最大光圈值（也就是最小的光圈开口）。设置成这个光圈值，因衍射产生的画质劣化就不明显。

放大倍率	光圈 f/4	光圈 f/8	光圈 f/22	最佳光圈
1:4	3.0mm	6.1mm	16.7mm	f/32
1:2	0.9mm	1.8mm	5mm	f/22
1:1	0.3mm	0.6mm	1.7mm	f/16
2:1	0.1mm	0.2mm	0.6mm	f/11

表 11.1　APS-C 型数码单反相机的景深范围和不同放大倍率下的最佳光圈。

通过表格你可以看出：当放大倍率较大的时候，景深有多小。还是之前提到的例子，光圈 f/22，能够拍清楚的区域不足 1mm，因此无论如何也没有办法把一朵花从前到后全拍清楚。

景深小倒不一定就是缺点。你可以变废为宝，有针对性地运用模糊，有意识地对照片进行构图。照片的哪个部分最重要，就将对焦平面放在那里，这个部分就是清晰的，在前后模糊区域的衬托之下，显得更加突出。

11.2.2 微距摄影所需附件

几乎所有数码相机都有近距拍摄模式（一般用"花朵"图标表示）。相机将会完成所有关于快门速度和光圈的必要设置，你只需贴近被摄对象即可。

普通镜头只在一定条件下适用于微距摄影，关键在所谓的最近对焦距离上。为了尽量把被摄对象拍得大一些，这个被摄对象可能是一朵花、一枚硬币或一只蝴蝶，你必须尽可能地贴近被摄对象。如果是普通镜头，结果就是：距离被摄对象较近的时候，镜头没办法进行对焦。

如果你想拍出震撼的微距照片，把蜘蛛、蜻蜓、蝴蝶或类似事物拍得无比巨大，你需要一个非常短的最近对焦距离，需要购买相关附件。开始时，或许你只是偶尔使用大的放大倍率进行拍摄，物美价廉的近摄镜足矣。一旦发现了微距摄影的魅力（请你相信我，这比想象的要快得多），你就需要花钱购买专业的微距镜头了。

近摄镜好似放大镜，通常安装在镜头前的滤镜上。

» 近摄镜和滤镜一样，都是拧在镜头的前端。如果是普通的小型相机，可在摄影商店购买安装用接座。使用近摄镜，拍摄距离更近，被摄对象的图像可以放得更大。近摄镜好似放大镜，不同的强度用折射率表示。价格便宜的近摄镜，会出现明显的色差。其产生原因在于，光线的波长不同，透镜的折射率不同，最终会形成干扰性的色边。消色差透镜由多个透镜组成，能够修正错误，但价格相对贵一些。

» 近摄接环加在相机和镜头之间，宽度不等，比如12mm、20mm或36mm。近摄接环越宽，放大倍率越大。若想放大倍率更大一些，可将几个近摄接环叠加起来。因为近摄接环只增加透镜和传感器之间的距离，本身不带光学透镜，所以图像质量不会受损，只是"吞噬"更多光线，曝光时间相应变长。如果是普通的近摄接环，则不能使用相机的一些自动功能。好一点的（也相应贵一些）近摄接环，可在镜头与相机之间传输曝光数据和自动对焦数据。

» 和近摄接环一样，皮腔也能加大镜头和相机之间的距离，但皮腔是无级变化的。光轴可变皮腔非常有意思，使用它们，能够平移和摆动镜头，这样便可以在照片中自由转动对焦平面（见第207页第7章的相关内容）。

» 倒接环的一端接在相机卡口上，另外一端接在镜头的滤镜接口上，这样你就可以把镜头反过来接到相机上了。如此一来，原来用于远距离拍摄的镜头就变成了一枚放大镜，用于近距离拍摄，图像质量更好。如果是普通的倒接环，只能手动设置曝光（不带光圈环的镜头，只能使用最大光圈）。贵一点的倒接环能够使自动功能发挥作用。

图 11.22　微距镜头，比如佳能的 EF 100mm f/2.8L Macro IS USM，适用于近距离拍摄，放大倍率可达 1：1。

» 微距镜头是用于近距离拍摄的专业镜头，最近对焦距离很短。镜头名称中加入"微距"二字，并不能说明什么，很多制造商将放大倍率为1：2或1：3的镜头也冠以"微距"的美名。不同焦距的微距镜头适用于不同的拍摄目的。焦距为50mm的微距镜头，最近对焦距离约为20cm，因为景深比较大，适用于静物拍摄和产品拍摄；焦距为100mm左右的微距镜头适合拍摄昆虫和其他动物，能够同被摄对象保持一定距离，因为约30cm的最近对焦距离使你能够与易被吓跑的昆虫和动物保持足够的距离。再长一点的焦距，虽然最近对焦距离进一步拉远，但清晰区域就会变得非常窄。

» 反光板能够照亮反差强烈的阴影。微距摄影，直径30cm的反光板就足够用了。最好使用有两种涂层的反光板，白色一面反射中性光线，金色一面则赋予光线一定的暖色调。

» 环形闪光灯拧在镜头的滤镜接口上，为被摄对象提供均匀、无阴影的照明。普通的环形闪光灯是一根围绕镜头的连续电子闪光管。专门的微距闪光灯由两根电子闪光管组成，左面一根，右面一根。微距闪光灯，可对两根闪光管进行分别设置，从而塑造光影效果。普通环形闪光灯拍出的照片，效果显得非常平面。

图 11.23 环形闪光灯能够在近距离范围内营造柔和、无阴影的照明。

» 用于三脚架云台的微距轨道能够将相机定位精确到毫米，专业的微距摄影师非常喜欢用它，以便在照片中非常精准地设置对焦平面。就像之前说的那样，放大倍率大的时候，景深降到了毫米之下。在这种情况下，以1/10mm为幅度向前或向后移动相机，比使用镜头的对焦环进行微调，简单得多，也准确得多。

11.2.3 微距摄影的被摄对象和相关讨论

适合微距摄影的被摄对象，随处可见。野外有花丛、带着露珠的蜘蛛网，城市里有立面装饰物和浮雕。你最好选择在室内进行拍摄，台灯或是外置闪光灯就能把日常不起眼的东西布置成非常有意思的构图。

花 朵

作为近距离摄影和微距摄影的入门，花朵是最合适的被摄对象。花朵很漂亮，容易拍出效果。比起室外拍摄，室内拍摄不必担心因刮风导致的震动模糊。

» 请你给数码单反相机装上微距镜头，你也可以使用近摄镜。如果你用的是小型相机，请你将相机设为微距模式，直接从正面拍摄花朵。具体离多近，请参看相机的使用手册。

» 为了方便构图和剪裁，请你把相机安装到三脚架上。此外，这样还能避免手持抖动造成模糊。

» 如果你的数码单反相机具备反光镜预升功能，请激活该功能，以排除又一个导致震动模糊的可能。

» 从侧面斜着拍摄花朵，使其和相机的传感器不再平行。此时就算彻底缩小光圈，也不再是整朵花都是清晰的，如果放大倍率恰到好处，效果非常好。

» 进行微距摄影时，闪光灯会采用TTL测光，曝光不再是问题。通常，将斜着从侧面射入的光线作为主光线，对面再用一块反光板照亮阴影，其照明效果最佳。

图 **11.24** 你可以在花园、野外拍摄鲜花，也可在家拍摄插花。一旦使用微距镜头进行拍摄，就算是不起眼的雏菊也会大放异彩。拍摄参数：尼康D80，105mm Micro，1/125 秒，f/11，ISO100。

图**11.25** 玫瑰花是非常经典的花朵类被摄对象。为了给照片增添一些新意，你可以用喷壶往花瓣上喷一些水。拍摄参数：尼康D300，105mm Micro，f/8, 1/125秒, ISO100，闪光灯SB-600。

图 11.26 可利用微距摄影的小景深，尝试清晰度渐变。它虽不能把整朵花都拍清楚，但并不一定就是坏事。
拍摄参数：尼康D300，105mm 微距，1/125 秒，f/8，ISO200。

景深合成

景深合成是拍摄技术和图像处理技术相结合的产物，用来应对高放大倍率下的小景深范围。和HDR摄影一样，景深合成也需要拍摄多张照片而且只适用于景物的拍摄。

为了最终得到一个大一点的景深范围，每次单张拍摄时，对焦都往后转一点。这样，所拍一系列照片，被摄对象的每个部分在单张照片上都是清晰的。然后通过电脑将单张照片重叠起来，用相关工具进行修改，只保留清晰的区域。

这个过程听起来非常简单，但实际操作起来很麻烦，因为近距离拍摄时，焦点变化会严重改变镜头涵盖角度。Helicon Focus Pro则是一款通过相机遥控进行单张拍摄（适用于所有带即时取景的佳能和尼康数码单反相机），并对单张照片进行裁剪的专门软件（Mac OS/Windows版本均可购买，大约1200元，www.globell.com）。

大自然

大自然中有很多值得发现和拍摄的小东西，如海滩上的贝壳、长满苔藓的树干或吮吸花蜜的蜜蜂。请你左右看一看，也别忘了看看脚下。

在微距摄影中，无论是蘑菇、蝴蝶还是冷杉球果，在拍摄时都得尽可能地接近被摄对象。请你带上一块防潮垫或金属箔，拍摄地上的东西时，可以躺在上面或跪在上面。

图 11.27 经常到大自然中寻找灵感，你就能发现别人发现不了的微距类被摄对象。拍摄参数：奥林巴斯 E-P2，30mm，1/250 秒，f/9，ISO100。

微距摄影的拍摄地点可以是树林、田野或草地，拍摄时也不一定非得是晴天。无论是早春挂在树上的嫩绿色树叶，还是深秋落在地上的棕黄色枯叶，在阳光的照耀下，其色彩都很亮。下雨天，也有很多可以拍摄的东西，甚至积水的反光或是雨滴本身就可以拍。

近距离拍摄小动物也有一点需要注意的技巧：不要从上往下拍，要从齐眉高度进行拍摄，这样拍出来的效果更好。

图 11.28 拍摄蜻蜓或其他昆虫，最好使用带远摄焦距的微距镜头。这样可以和被摄对象保持一定距离。因为景深小，昆虫可以被独立出来，同模糊的背景相分离。

拍摄迅速落下的水滴

拍摄落下的水滴，除了微距镜头或使用近摄镜外，你还需要外置闪光灯和一点耐心，并且要正确定时。

水滴的运动速度特别快，即便是相机最高的快门速度，即 1/4000 秒或 1/8000 秒，拍出来的照片也还是会发虚。

若想把水滴拍得清楚，可以在较暗的房间里，使用闪光灯进行拍摄，这样相机只拍摄被闪光灯照亮的部分。由于电子闪光灯的闪光时间非常短，因此拍出来的照片，水滴是清晰的。

拍摄落下的水滴，你需要：

» 数码相机

» 微距镜头或近摄镜

» 外置闪光灯

» 三脚架

» 遥控快门

» 碗或培养皿（药店里有售）

» 吸管或滴管

1. 把相机装到三脚架上，接上遥控快门。

2. 把碗放到相机前面，离相机近一些，以便用整个画幅拍摄水滴。

3. 关闭自动对焦，你想让水滴落到碗的哪里，就把焦点对在哪里。出于这个目的，为了能够准确设置清晰度，需把吸管插进水里。

4. 从侧面闪光，拍出来的水滴效果最好。如果是带无线闪光模式的相机，操作起来比较简单；如果不是，则需要一根外接的闪光电线（见第 8 章）。

5. 手动调节闪光功率至 1/16 或更低，以便得到一个尽可能短的闪光时间。

闪光功率	闪光时间
1/1	1/1000 秒
1/2	1/2000 秒
1/4	1/4000 秒
1/8	1/8000 秒
1/16	1/16000 秒
1/32	1/20000 秒
1/64	1/30000 秒
1/132	1/40000 秒

表 11.2　闪光时长取决于设置的闪光功率（表格展示的是佳能 580EX 闪光灯的闪光时间）。因为是近距离拍摄，所以无须使用全部闪光功率，可手动降低闪光功率，以便得到一个尽可能短的闪光时间。

6. 让房间变暗，这样拍摄时，只有闪光灯对水滴进行照明。

7. 将相机设为快门优先模式，将相机的同步速度（通常是 1/125 秒或 1/250 秒）设置为与闪光时间相等。

8. 吸管不要插入水中太深，然后用大拇指堵住吸管顶端。

9. 在水面上 20–30cm 处，掐住装满水的吸管，并用另外一只手握住遥控快门。

10. 迅速抬起压在吸管上的拇指，按下快门。

图 11.29 拍摄落下的水滴其实很简单,在家里的卧室都能拍。其成功秘诀在于正确定时。
拍摄参数:尼康D80, 1/90 秒, f/19, ISO100, 闪光灯 SB-600。

拍摄成功的关键在于正确定时,你必须在水滴接触水面的那一瞬间按快门,这很难预测结果,开始时肯定经常失败。别灰心,继续尝试。

透射光下的水果

对于部分透明的被摄对象来说,透射光是一种很有意思的照明。如果你还保留着胶片摄影时代的透明正片操作台,它会在使用透射光拍摄水果切片时派上用场。

技巧: 为了避免水果切片把照明操作台弄脏,可以在拍摄之前用一层保鲜膜覆盖。

1. 把相机装在三脚架上,保持三脚架垂直并高于照明操作台。

2. 将相机设为光圈优先模式,使用光圈 f/8 进行拍摄。选择矩阵测光作为透射光的测光方法,一般不会出错。

3. 用刀把水果(草莓、猕猴桃或柑橘最为合适)切成薄片,刀刃不能是带锯齿的。

4. 把水果切片放到照明操作台上,用黑色纸板把周围部分遮住,以提高对比度,避免反光。

5. 开启"反光镜预升"功能,接上遥控快门线,准备开始拍摄。

图 11.30　用黑色纸板把水果周围遮住, 避免反光。

图 11.31　选择透射光和薄的水果切片, 拍摄效果最佳。拍摄参数: 尼康 D300, 105mm, 1/8 秒, f/8, ISO200。

微距摄影要点

» 距离近拍摄时，自动对焦受到限制，相机找不到焦点，镜头不断伸缩。如果镜头上有对焦范围选择键，当你设置一个对焦范围，镜头只在这个范围内进行对焦。

» 遇到极端情况，或是放大倍率特别大时，你最好放弃自动对焦，采用手动对焦。如果是带即时取景功能的数码相机，操作起来会比较方便，可以使用放大功能精确对焦。

» 如果相机具备"反光镜预升"功能，在使用三脚架和遥控快门的时候，记得开启该功能。

» 将相机设为手动曝光模式（M）或光圈优先模式（A/Av）。这样可以通过选择光圈来控制景深，操作起来比较简单。

» 千万不要通过调小光圈，以获得大景深。而宁可使用中等光圈（比如f/11或f/16），避免因衍射导致的清晰度受损。调小光圈时，无论如何不要缩到比所需光圈还要小。

» 使用反光板可减轻阴影。摄影商店里卖的折叠反光板，特别实用。有时候，粘了铝箔的纸板或泡沫塑料也行。

» 拍摄之后，马上在显示屏上查看照片，而且要放大查看。

11.3　拍摄人物

毫无疑问，人像是摄影题材中最常见的主题之一。无论是在影棚里拍摄人像，还是抓拍嬉戏的孩童。成功的人像摄影作品不仅仅是一张照片，它能够捕捉到被摄对象的性格和气质。

11.3.1　护照照片

半侧面的护照照片已经过时了。现在可机读的护照照片有非常严格的要求。比起以前，现在的护照照片，人物表情看起来更加亲切友善，不再是咧嘴傻笑。

护照颁发机构只接受符合标准的护照照片（以下内容请参考我国护照的要求）。

» 照片大小为45×35mm，技术上不能有任何瑕疵。也就是说，整张脸都必须是清楚且照明均匀的。背景最好是灰色的，不能有任何图案与人脸、头发有着明显区别。浅色头发，中灰背景比较合适；深色头发，浅灰背景比较合适。

» 脸上既不能有阴影，也不能有反光，脸部特征必须是清晰的，从下巴到头顶，左脸和右脸都得是清楚的。脸部高度约占照片的4/5。原则上，是不能带帽子的。如果是出于宗教原因，可以戴帽子，但从下巴到额头必须是清楚的。

» 照片中的人物必须是直视相机的，眼睛也必须是睁开的、清晰可见的，同时还不能被头发遮住，也不能被眼镜框遮住。如果戴眼镜，眼镜上不能出现反光，尤其不能戴有色眼镜或太阳镜。

如果你没有带柔光罩的闪光灯，无法拍摄不带阴影的人像，那么你最好选择在室外利用日光拍摄护照照片。阴天时的漫射光，效果最好。为了让背景符合要求，你需要一块灰色的墙壁，被摄对象至少离墙 1m 远，以使背景上不会出现阴影。

有一款适用于 Windows 的免费软件，可以帮你打印符合相关机构要求的护照照片，网址是 www.passbildgenerator.de。

图11.32　颁发机构只接受符合规定标准的护照照片。

一旦用数码相机拍下合适的护照照片，你就可以在后期处理时把它做成合适的大小。一张 10×15cm 的相纸可以打印 8 张 45×35mm 的标准护照照片。

11.3.2　普通人像

摄影发明之初，人像就是备受欢迎的被摄对象。原则上，胶片摄影和数码摄影，对人像来说没有任何区别，但数码相机为人像摄影提供了一些便利：拍摄之后，能够马上把照片给模特看，也可以在显示屏上查看照片，需要的话，甚至可以对设置进行修改。此外，你还可以在电脑上对照片进行后期处理，比如改善肤色、祛除皱纹。因为有了白平衡，施工用灯或台灯等光源都能用于拍摄，如果是以前，则需要专门的胶卷或昂贵的彩色滤镜。

相比护照照片，普通人像摄影没有一定之规。当然，除了自由创作之外，也有一些帮你拍好人像的基本原则：

1.　中长焦的定焦镜头是拍摄人像最为理想的镜头。拍摄只到胸部的人像，可换成 35mm 的胶片相机，相当于 80mm 的焦距。如果是采用 APS-C 型传感器的数码单反相机，50-70mm 的焦距比较合适。使用这样的镜头，能够与被摄对象保持一定距离。因为与被摄对象之间的距离不足 1.5m，脸部会出现变形。焦距超过 80mm 的镜头用于 APS-C 型数码单反相机，比较适合拍摄头像。拍摄全身或集体照时，请你选择短一点的焦距，约 30mm。

2.　将光圈设置在 f/5.6 和 f/8 之间，景深比较合适。这样，整张脸从鼻尖到耳垂都是清楚的。在自然光线下进行拍摄，如果希望背景模糊一些，避免分散观者注意力，你必须把光圈开得大一些。也就是说，需要设置一个小一点的光圈值。

3.　人像摄影，尽可能简单一些。如果画面上的信息过多，会分散观者对被摄对象的注意力。背景应该低调一些，与模特和衣服相匹配。如果你是在自己的影棚里进行拍摄，那么请选择黑色或白色的单色背景（必须对白色背景进行照明，否则拍出来的照片，不是白色背景而是灰色背景）。

4.　除了光线方向，清晰度渐变也是一个重要的构图手段，通常照片中清晰的区域会吸引观者目光。好的人像照片，模特通常直视相机。想要做到这一点，很简单：把焦点对在眼睛上。如果模特斜视相机，两只眼睛会不在景深范围内，一般来说这时把焦点对在前面一只眼睛上。

5.　相机放在与模特眼睛等高的位置。

6.　把眼睛放在照片上缘下 1/3 处，照片看起来会特别和谐。

7.　竖拍人像时，请注意脸部的位置，模特看向相机的一侧要比另外一侧宽一些。

8.　从不同位置对模特进行拍摄，从半侧脸到侧脸。

9.　大多数人都有"上相的一面"，即侧面或半侧面，你不妨把两个角度都试一试。

10. 头部稍微转过来一点，照片效果会更好。

11. 在轻松的氛围下，才能拍出好的照片。拍摄人像，你要与模特展开对话，不要让模特感到拘谨。你可以突然叫模特的名字或讲一些笑话，引导模特做出不同的表情，如吃惊、大笑或害怕。

12. 拍摄之前，你应该想好拍摄姿势。如果你没能想清楚这个问题，镜头前的模特也会变得手足无措。

13. 拍摄期间，不要调来调去，这样显得很不专业，影响与模特的配合。

14. 你要给模特一些反馈，让他们看看显示屏上的照片或把照片打印出来。比起显示屏上的照片，打印出来的照片，更利于检查效果。如果看照片时显示屏上有反光，打印出来后要比显示屏上看到的明显得多。

正确照明

如果你用相机内置闪光灯拍摄亲朋好友或是熟人，拍出来的照片一定令你大失所望。这一点也不奇怪，单独使用直接打到模特身上的内置闪光灯，不可能拍出好的人像。

正面光线虽然能够消除皱纹，但会把模特拍得过于平面化，而且内置闪光灯的照明范围有限，强烈的定向光完全不适合人像摄影。原则上，外置闪光灯和持续光源，对人像摄影来说是非常不错的。就算是用从建材市场买回来的卤素灯，也能拍出好的人像作品。

拍摄人像，比起持续光源，外置闪光灯有两大优势。一方面，持续光非常亮，模特容易闭眼睛；另一方面，持续光，尤其是建材市场上买回来的探照灯，非常热。

在逆光的时候，使用外置闪光灯作为补充照明，拍摄的人像照片效果最佳。详见第 8 章。

323

带外置闪光灯的相机。

图 11.33 数码相机的内置闪光灯不适合拍摄人像。正面光会在模特身后形成阴影。

接下来，我要谈一谈闪光灯。其实，很多技巧也是可以用于持续光的。

拍摄人像，专业的影棚闪光灯自然是最好的，但相机制造商提供的紧凑型外置闪光灯也非常好。使用多盏紧凑型闪光灯进行无线拍摄，详见第8章。

只要花点小钱，就能在家搭建一个临时影棚，拍出专业人像。

光　源	光线类型	阴　影
阴天时的日光（或大的、白色的、发亮的平面）	漫射光	几乎没有阴影
闪光灯	强烈的定向光（闪光灯越远，光线定向越明显）	暗的阴影，边缘清晰
闪光灯加反光板（第二盏闪光灯、反光镜或建材市场上的泡沫塑料板）	强烈的亮光	阴影被照亮，边缘清晰
带柔光箱或反光伞的闪光灯加反光板	柔和的光线	阴影被照亮，边缘模糊

表 11.3 不同光源及其效果。拍摄人像，最为合适的就是阴天时的日光或带柔光箱的影棚闪光灯加反光板。

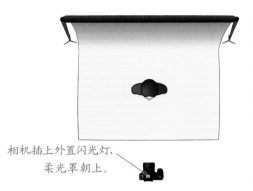

相机插上外置闪光灯,
柔光罩朝上。

图 11.34　使用独立的外置闪光灯,效果明显好得多。采用间接闪光,把灯头对着白色的天花板,照明效果更好,背景上不会出现深黑色的阴影。

　　原则上,小的点状光源会产生强烈的光线,大的光源则产生柔和且没有阴影的光线,这一点不仅仅局限于人像摄影。照明范围越大,光线越柔和,越没有阴影。大的照明范围,比如阴沉的天空,或对着白色的天花板间接闪光,光线就非常柔和。

　　间接闪光,你需要一盏带转向灯头的外置闪光灯和一间带白色天花板且不太高的屋子。闪光灯斜着向上,照亮天花板,光线则从天花板反射到模特身上。被照亮的天花板就好像是一块巨大的白色照明区域,产生柔和的间接光线,皱纹和皮肤瑕疵不再明显,拍出的照片比本人更漂亮。如果灯头不是斜着朝上,拍出来的模特会眼窝发黑,照片看起来像是模特酒醉之后拍的。

　　间接闪光拍出来的照片已经相当不错了,但如果你想更近一步的话,可以试着自制影棚。你需要:

» 背景(折叠背景、织物或背景卷纸)。

» 至少一盏外置闪光灯,最好带柔光箱或反光伞。

» 数码单反相机,50~70mm的中长焦镜头。

折叠背景由织物或人工材料制成,绷在金属框上,可折叠,不占地,有各种色彩。展开时,是一面白色一面黑色的双色背景。

图 11.35 只有把闪光灯从相机上取下来，放到相机的斜上方，背景上的阴影才会完全消失。如果不使用其他附件，光线会非常强烈，在脸上留下难看的阴影。

把背景放在模特后面，与模特保持一定距离。一方面，可以避免模特在背景上留下阴影；另一方面，拍摄时开大光圈（设置小的光圈值），可使折叠背景上的褶皱和折痕变得模糊。如果是白色背景，必须对背景进行照明，否则拍出来的就不是白色背景，而是灰色背景或黑色背景，但这也因曝光设置和距离不同而异。安排好模特和背景的位置之后，就该安置主光源了。

人像摄影的标准照明是侧上光或高侧光，也就是说，主光线应从斜上方射向模特。把闪光灯放在相机——模特轴线的 45°角上，从斜前方对模特进行照明。此外，你必须把闪光灯放在一个较高的位置，这样光线才能以 45°角从上斜方射向模特。

当然，你不需要用三角板精确测量，好的摄影作品不是靠数学算出来的。从侧面射入的主光线会把头部和脸部塑造得非常漂亮，闪光灯放在边上，以使背景上的阴影从视域或照片上消失（你必须遵守之前的步骤，模特不能离背景太近）。

直到现在，我也没有说究竟该把闪光灯放在哪边，是相机的左边还是右边。一般来说，模特的头往哪边转，光线就从哪边来，这样能够照亮比较小的那半边脸，拍摄效果最佳。

图 11.36 给闪光灯装上柔光箱，光线变得更加柔和。柔光箱放在模特的斜上方，光线非常自然类似于日光。但右边的脸是在阴影里的。

使用上述照明，已经能够拍出非常不错的人像了，但是相机内置闪光灯的光线比较强烈，未受光照的一侧阴影比较暗。很多方法能够让闪光灯光线变得柔和，但都会导致照明范围扩大。最简单的方法就是在闪光灯上绷一张白色的透明膜（比如包装油纸）。如果你愿意多花一点钱的话，可以从摄影商店购买反光伞、透光伞或柔光箱装在闪光灯上。最好是带热靴的伞架或柔光箱架，还可以把闪光灯固定到三脚架上。无论选择哪种方法，你都必须注意一点，闪光灯的散射屏必须翻到灯头之前，这样才能照亮整个平面。

现在，闪光灯的光线明显柔和多了，但还需要照亮照片中最后一个有阴影的部分，才能称得上是完美的人像摄影作品。凡是能够反射主光线的物品都可以用作反光板，如一张白纸、一条白色浴巾或白色床单，即使是建材市场的泡沫塑料板也都再合适不过了。

如果你手边有一盏尚未派上用场的闪光灯，千万别想着用它照亮阴影，这绝对不是一个好主意。使用第二光源对阴影进行照明的结果就是，原来的阴影确实是被照亮了，但新的光源又滋生出新的阴影。因此照明越简单越好，一个主光源足矣。

图 11.37　如果把一块泡沫塑料板放在主光线的对面，用作反光板，照片中的阴影会被照亮。

　　最好将第二盏闪光灯用作效果光线，以便在头发上形成漂亮的光边。把闪光灯斜着放在模特身后，注意光线不能直射镜头，以避免光线过亮和反光。

　　光线设置好之后，剩下的就是练习和模特的交流。最后一个窍门：如果把相机装在三脚架上使用遥控快门，你就可以同对面的人直接进行交流。比起说话，用手指挥更好。

采用日光拍摄人像

　　无论什么相机，都能拍出好的人像作品。如果不能在影棚里进行拍摄，你最好选择户外拍摄，但不能是有大太阳的天气。很多人错误地认为：艳阳天才能拍出好的人像。实际上正好相反，明晃晃的直射光不利于拍摄人像，强烈的光线会在脸部留下深黑色的阴影。

　　在户外拍摄人像，最好选择阴天或傍晚。如果你（和模特）能够早起的话，可以选择晨光作为拍摄光线。虽然很少有人选择在早晨进行拍摄，但晨光的效果和傍晚的光线效果是一样的。阳光灿烂的时候，最好选择在阴影里进行拍摄。

图 11.38　第二盏闪光灯放在模特身后，充当逆光，作为效果光线可在头发上形成漂亮的光边。

　　在阴影里使用漫射光进行拍摄，拍出的照片比本人显得更漂亮，且没有阴影。

　　选择中长焦镜头，设置大光圈（即小的光圈值，比如f/4）或人像模式，注意背景里不要出现难看的电线杆。模特的脸可在照片中稍微偏一点，画面效果会更好。如果模特的表情"很假"，你可以使用连拍功能捕捉自然的脸部表情。一般来说，拍完第一张照片之后，模特会放松下来。因此，紧接着的第二张照片，模特的表情要明显自然得多，放松得多。

　　前面谈完了漫射的日光，接着是在太阳底下拍摄人像，这时可使用相机内置的闪光灯照亮阴影或给阴影里的模特注入更多光彩。作为对日光的补充，闪光灯能够清除皱纹，弱化强烈的光线反差并照亮阴影。

人像摄影要点

» 开大光圈，背景变得模糊，脸部得以突显。

» 如果是在影棚进行拍摄，选择低调的单色背景，且尽可能离模特远一些。

» 远摄镜头能够拍出令人满意的脸部比例。

» 为了避免把模特拍变形，请你注意相机与模特之间的距离，至少1.5m远。

» 模特的着装是否得体？衣服会不会分散观者对脸部的注意力？

» 拍摄人像，请选择齐眉高度。

» 始终把焦点对在眼睛上。

» 光线柔和、阴影适中时，判断是否需要反光板？

11.3.3 拍摄孩子

开始上学、孩子生日或第一次骑车，儿童摄影的拍摄题材不胜枚举。就算是日常生活中，也有很多看似平凡的瞬间值得我们掏出数码相机进行拍摄。儿童摄影与数码相机的设置无关，和所使用的镜头也没有关系。技巧非常简单：蹲下、跪下或盘腿坐在地上。从上向下的鸟瞰角度，拍不出好的儿童摄影作品。

图 11.39 从上向下的成人视角，拍出来的儿童照片显得冷漠。
拍摄参数：尼康 D80，35mm，1/45秒，f/2.8，ISO100，闪光 SB-600。

图 11.40　你费点力气,蹲下来进行拍摄。这样,你与孩子是等高的,拍出来的照片效果更好。拍摄参数: 尼康 D80, 55mm, 1/45 秒, f/2.8, ISO100, 闪光灯 SB-600。

　　速度快的小型数码相机(快门延迟尽可能短一些)可适用于儿童摄影。数码单反相机搭配变焦镜头,从小广角到小远摄的焦距范围,如在 18-70mm 之间的镜头,构图的可能性会更多。拍摄动态被摄对象的照片,使用广角镜头,你有可能会在拍摄中陷入混乱,长一点的焦距则允许一个小的间距。

　　器材一定要轻便。比起复杂的设备,熟练操作相机更为重要。嬉闹的孩子跑来跑去,没有片刻停歇,拍摄时机很有限。千万别因为调试相机错失良机。

　　相机内置的闪光灯能够起到很好的照明作用,比如逆光拍摄。但直接从正面闪光,反差就非常强烈。外置闪光灯使用起来更加灵活,柔光罩能够使光线散射,变得柔和。你还可以采用间接闪光技术,比如将外置闪光灯的反光镜对着天花板(最好是白色),当光线从天花板反射到被摄对象上,照片会更加柔和,而且没有阴影。

　　拍摄人物很多时候都要用到三脚架,然而儿童摄影是个例外。原因在于,拍摄起来不够灵活,太慢了。

　　器材越简单越好,尽可能使用你熟悉的器材进行拍摄。

数码时代，就算相机技术有了很大进步，使用闪光灯进行拍摄，还是必须掌握一定的操作技巧（见第8章）。

如果你对闪光灯摄影不是很熟悉，那么你最好使用现有光线进行拍摄，或和孩子到户外进行拍摄。有阳光的时候，在阴影里拍摄，或者在阴天，阳光被散射的时候进行拍摄，效果都好。下午，阳光微微发红，是一天当中最适合拍摄的时间段。

相机设置越简单越好，比起相机技术，孩子更加重要。

不熟悉闪光技术，就不要使用闪光进行拍摄，这一原则也适用于其他拍摄技术。越简单越好，你没有太多时间调试拨轮、按键和相机菜单。如果直到现在你对快门速度和光圈设置还是知之甚少，那么请你选用相机的自动模式，将注意力集中在构图上。

拍摄时，你要有点耐心，不要一上来就拍。一般来说，孩子们只需要一点点时间就能适应陌生的相机，无拘无束地玩起来。

图 11.41 一旦动起来或玩起来，孩子们很快就会忘记相机的存在。拍摄参数：尼康 D300，80mm，1/500 秒，f/5.6，ISO200。

无论玩什么，画画、玩积木还是玩玻璃球，玩耍的孩子才是拍摄成功的关键。儿童房不是影棚，但却是一个能够让孩子觉得舒服的地方。在那里，他们能够自然表现。拍摄的时候，你脑子里始终得想着你是在孩子的地盘：玩具车很有可能成为"绊脚石"，彩色的漫画海报或装满玩具的柜子也不太适合作为背景。

儿童房的背景问题，其实很好解决。尽可能离孩子近一点，关注重点，使用整个画幅拍摄头部和上半身，照片里基本上看不到背景。如果你想把周围环境一并拍进照片里，大幅度开大光圈，背景就会变得模糊，但请你尽可能选择单色墙壁或一块壁毯作为背景。如果你想使用闪光灯进行拍摄，可以设置一个高一点的快门速度，大幅度调小光圈，这样闪光灯照不到的背景便陷入一片昏暗。

把自己想象成一个善于观察的记者。当孩子们忘记摄影师的存在，开始无忧无虑地玩耍时，便能拍出成功的照片。

图 11.42 轻松的环境才能拍出真实的人像。

拍摄参数：尼康 D300，50mm，1/125 秒，f/8，ISO200，闪光灯 SB-600 加柔光箱，泡沫塑料作为反光板，美兹闪光灯 48 AF-1 用于背景。

在儿童房或运动场积累了一定的儿童摄影经验之后，你可以尝试一下在摄影棚里拍摄儿童人像。还是那个原则：越简单越好，斜上方的主光线、一块用于弱化阴影的反光板以及简单的单色背景足矣。请你使用中长焦镜头（用在数码单反相机上，大约 50–75mm），告诉孩子你大概要拍多久。

创造一个轻松自然的拍摄环境，和孩子聊聊去动物园郊游或他们最喜欢的玩具。把其他成年人（尤其是试图展现孩子"优秀一面"的家长）"请"出去。摄影棚的环境要舒适，孩子的衣服也要舒适，镶边、带条状衣领的节日服装会让孩子觉得不舒服，导致他们的脸部表情变得拘谨。当孩子不知道把手放在哪里时，就拿个小动物道具或其他玩具在手上。

图 11.43 拍摄到处乱跑的孩子，反应要快，对相机操作要熟。

拍摄参数：尼康 D300，85mm，1/640秒，f/5.6，ISO200。

拍摄时，一旦发现孩子没了兴趣，请立刻停止拍摄，就算没有拍到满意的照片，也不要继续拍了，最好再重新约个时间。

拍摄嬉戏的孩童和拍摄影棚人像截然不同。孩子们可以充分发挥其运动天分，没有片刻停歇。这样的动态影像非常有意思，展现了孩子们无穷的生活乐趣和旺盛的精力，但对相机和摄影师提出了巨大挑战。最重要的就是抓住转瞬即逝的拍摄时机，才能拍出完美的照片。

全自动模式或运动模式适合抓拍，一般来说，全自动模式和运动模式配以高速连拍，能够拍出不错的照片。如果你想有意识地控制景深或需要一个特定的快门速度，那么就要手动设置，嬉戏的孩童超过了相机自动对焦的能力。想要拍出清晰的照片，你可以选择使用广角镜头，它的景深较大，你可以把焦点对在某一个点上，等到孩子移动到这个点，再按快门。

11.4　婚礼

婚礼、生日和纪念日，亲朋好友之间，拍照的机会特别多。如果你是一个拥有数码相机和一两支可换镜头的摄影发烧友，用不了多久，就会有朋友或亲戚问你："你照相不错，有没有兴趣给我们的婚礼拍照啊？"

这话听起来确实不错，但是请你好好想一想，你是想在婚礼上忙前忙后呢？还是想享受这场婚礼呢？婚礼是一次性的，因此你肩负着重大责任，照片必须一次成功，再没有第二次机会。请你考虑清楚，你是否真的愿意把喜庆的婚礼变成一项严肃的工作。作为婚礼摄影师，你不是客人，而是始终处在随时可能错失良机的压力之下。

如果你坚决要做一回婚礼摄影师，或者你的反对被强有力地驳回："你一定行的"。好吧，没有问题，但以后你可千万别怪我没有提醒过你。

要想拍摄成功，赢得他人的赞许和表扬，需要注意很多地方。接下来是一些关于婚礼拍摄的忠告、窍门和手法。这些原则也适用于其他大型家庭庆典，比如生日聚会等。

在摄影棚拍摄，需要创造一个轻松的环境，并告诉孩子，你在拍什么。

婚礼本身可比拍摄美丽得多！请你三思而后行，你是否真的愿意被称为婚礼摄影师，是否具备成为婚礼摄影师的能力。

335

图 11.44 婚礼开始之前，拍摄就已经开始了，请你用相机记录下婚礼的准备过程。

　　首先是器材，什么样的器材适合拍摄婚礼。因为婚礼期间的被摄对象多种多样，迥然不同，所以数码单反相机是首选。此外，你还需要一支变焦镜头（光圈越大越好），最大光圈 f/2.8，焦距范围在 24–70mm 之间最为理想。有了这样的镜头，拍摄集体照、单人人像，或在不能用闪光灯的教堂进行拍摄时，都不是问题。作为变焦镜头的补充，具有大光圈的定焦镜头是个不错的选择，比如物美价廉的 50mm f/1.8 镜头。

　　婚礼上，拍摄多人集体照时，三脚架和遥控装置会非常有用。把相机装到三脚架上，你就不用再看取景器，而且还能腾出手来指挥大家站队。另外，你还需要一盏大功率的闪光灯，如果可能，包里再放一盏闪光灯或一部好的小型数码相机用于紧急情况。

　　婚礼上，短时间就能拍上几百张照片，因此要确保备用电池和存储卡够用。

　　不要为了这纸"合约"，去购买新的闪光灯或你觉得可能会派上用场但你尚不熟悉的新相机。千万要抵制住诱惑！

　　早在婚礼开始之前，婚礼拍摄就已经开始了，只有有所计划，才能拍出成功的婚礼照片，这是前提条件。提前想一想一整天的流程，从登记处说完同意后的亲吻到切开婚礼蛋糕，不要错过任何细节。请你告诉一对新人，你将在何时何处进行拍摄，也请你问问他们想在什么时候、想在哪里拍照。如果结束拍摄之后才发现没给新人父母拍照，那就太糟糕了！

图 11.45 如果教堂不能使用闪光灯，那你就必须提高相机的感光度。

　　建议你提前走访一下拍摄地点，从登记处到教堂再到举行婚礼的礼堂。找一找合适的拍摄地点，尽量在准备阶段搞清楚是否能在登记处或教堂拍照，如果可以，有何要求。走场的时候不要放过看似平凡的小东西。比如，教堂的天花板太高或餐厅装了深色的橡木护墙板，你就不能直接闪光，而需要使用柔光箱，以便闪光灯的光线变得更加柔和。

　　婚礼拍摄基本器材为数码单反相机和一支 24–70mm f/2.8 的变焦镜头，或 18–70mm 的配套镜头。拥有大光圈的定焦镜头则是不错的补充。此外，你还需要闪光灯、备用电池和足够用的存储卡。

　　不做计划是不行的。拍摄之前，要就很多细节进行了解。和新人聊一聊，以确定哪些瞬间和人比较重要。事先找找各处比较好的拍摄地点。

拍得多比拍得少好。忘了给新娘母亲拍张单人照，或新娘父亲发表讲话时忘了拍照等，都是绝不允许出现的错误。时不时地检查一下显示屏上的照片，以便及时发现相机和设置错误。你最好把备用存储卡放在夹克口袋或衬衫口袋里，需要时，随时可以拿出来。

在登记处和教堂，这些照片一定要拍下来：

» 新娘的到来。

» 新娘父亲挽着新娘进入教堂。

» 表示同意结婚以及深情一吻。

» 戴戒指。

» 从登记处或教堂离开。

» 亲友祝福。

» 重要人物（比如新人父母、兄弟姐妹、证婚人）的单人照或合影。

图 11.46 记得拍摄一些细节，比如新娘手里的花束和结婚戒指。

　　在教堂进行拍摄，如果不允许使用闪光灯，或天花板不适合使用间接闪光，拍摄起来会比较困难。借助微弱的光线进行拍摄，只有一个解决办法，那就是提高感光度。现在的 APS-C 型数码单反相机，ISO1600 拍出来的照片依然可用，噪点仍控制在可接受范围内。请你事先测试一下相机，看看 ISO 最高可以设置成多少。完成教堂拍摄之后，请你记得把感光度恢复到原来的数值，这样才不会影响接下来的拍摄。

图 11.47 离开教堂之后，拍摄尚未结束。请你千万记得把感光度重新恢复到最小数值！

图 11.48 大胆尝试与众不同的拍摄角度。

继教堂和登记处之后就是亲友祝福，这也是非常重要的。现在该是拍摄重要人物的时候，包括单人照或集体照。新人和宾客庆祝之时，正是你工作开始之时。请你一张桌子一张桌子地拍，避免遗漏重要客人，讲话、现场游戏、切蛋糕也都要拍下来。同时，你也别忘了拍些细节，比如新娘手里的花束、桌上的装饰、婚礼菜单等。这样拍下来，才算是完满。

图 11.49 切蛋糕是婚礼过程中的一个高潮。

婚礼拍摄要点

» 请你一定做好充分准备，事先搞清楚婚礼的各个步骤。请你记下地址和重要电话，并把清单放进摄影包里。

» 请你就结婚仪式和牧师、证婚人进行沟通，以确定什么能拍，什么不能拍。

» 给电池充满电。至少带一块备用电池，最好是两块。

» 婚礼前一天，请你检查一下是否把所有设备（相机、备用机身、闪光灯、镜头、存储卡和备用电池）都装进摄影包里了。

» 重要人物（比如新人父母、兄弟姐妹、证婚人）的单人照或合影。

> » 不要直接在太阳底下拍摄人像和集体照。选择（半）阴影进行拍摄，这样被摄对象不会眯眼睛，还可以避免难看的阴影。可以的话，根据拍摄人像和集体照的时间，在相应拍摄地点进行测试。
>
> » 拍摄集体照的时候，人物富于变化，才能吸引观者注意。你可以这样安排，一些人坐着、一些人蹲着、一些人站着。
>
> » 独特的视角才能拍出与众不同的照片。从上向下拍摄，比如站在阳台上、楼梯平台上，或踩在踏梯上。而且鸟瞰角度还有另外一个优点，拍摄集体照时，被摄对象的身高不一，从上向下拍，不会挡到脸。

11.5 体育运动

就算不是专业摄影师，就算没有昂贵的器材，也能拍出一流的体育运动照片。当然，不得不承认，拍摄顶级运动员或顶级赛事，比如足球世界杯或奥运会，专业摄影师更具优势。他们不仅设备好，而且能够近距离接触被摄对象，比如拍摄 F1 方程式赛车，专业摄影师能把相机直接架到赛车装配场地的通道上；再如拍摄环法自行车赛，专业摄影师能坐在领路的摩托车上进行拍摄。

图 11.50 小型自行车赛事，摄影发烧友也能近距离接触被摄对象。
拍摄参数：尼康 D80, 300mm, 1/750 秒, f/5.6, ISO400。

比起职业摄影记者，作为摄影爱好者的你拥有一项重大优势：你既没有时间压力，也不必把照片卖给图片社。你可以选择小型赛事，使用完全不同于职业摄影记者的视角进行拍摄。很多非主流运动的运动员也很愿意协助你进行拍摄，比如艺术体操、地方田径协会举办的比赛或小型业余自行车赛，都能拍出好照片。

运动场上，风云变化，你的反应必须快，而且必须熟练掌握相机的操作。不过，就算不出错，也不能保证每张照片都是成功的。你别沮丧，这很正常。比起其他摄影题材，运动题材更加容易拍出次品。下面是一些可以帮助你提高成功率的技巧。

根据体育运动的类别和周围环境，你需要一支远摄镜头，最大光圈尽可能大一些，自动对焦要快。而配合这样的镜头，你需要一台快门延迟时间较短的相机。因此，拍摄体育运动，数码单反相机是最佳选择。

» 充分利用相机的连拍模式，避免错失关键时刻。多拍比少拍好，就算拍100张照片只出1张精品，也是值得的。

» 如果是快速运动的被摄对象，最好使用追踪自动对焦。这样可以半按快门，相机便会不间断地调整焦点。

» 如果运动速度超出了相机自动对焦所能承受的范围，只能手动对焦。比如，拍摄摩托车越野赛，你可以手动把焦点对在摩托车将要经过的地方，这样你只需等待合适的时机按下快门即可。

» 基本上，有两种方法能够拍出动态效果。"最经典的"就是使用一个较高的快门速度将动作定格，理想状态下照片能将运动的高潮记录下来，比如在拳击比赛中，拳击手被对手击中脸部，额头上的汗水四处飞溅。使用高速快门能够抓住重要瞬间，这个时间因体育类别和运动速度而异，1/1000秒或更短。如果你非常熟悉所拍体育运动，那么就比较容易成功。注意观察运动过程，在对的时间按下快门。

» 第二种方法是使用较长的曝光时间，以拍出抽象的动态影像，效果惊人。

» 如使用闪光灯，动态效果会更加出色。闪光灯的照明时间非常短，拍出来的照片，运动员身上的某个部分是清晰的。但需要调低闪光功率，避免前景太亮、背景太暗。

图 11.51　低一点的快门速度(本照片的曝光时间为 1/20 秒)，拍出来的动态影像，非常有感觉。
拍摄参数: 尼康 D80, 75mm, f/11, 1/20 秒, ISO100。

» 请你使用快门优先模式(S/Tv，因制造商而异)进行拍摄。这样你可以预设快门速度，相机自动选择光圈，以保证正确曝光。高一点的快门速度(比如 1/1000秒)，能够把动作拍清楚;低一点的快门速度(比如1/30秒)，能够拍出模糊的效果。

» 如果是在室内体育场或光线比较差的小足球场进行拍摄，光线不能满足曝光时间时，你必须提高感光度数值，如ISO1600-3200，因相机的噪点情况而异。

» 如果是在体育馆进行拍摄，请你正确设置白平衡，这样可节省后期处理的时间;如果光线恒定，请你手动设置白平衡，避免照片中出现色彩突变;如果光线是不断变化的，比如阴天和晴天，采用自动白平衡效果更好。

» 请你就拍摄向主办方、教练员和运动员进行解释说明。非主流运动的运动员通常很欢迎摄影师为他们拍照。但出于对运动员和摄影师的安全考虑，也会有一些限制，比如与越野摩托车保持一定距离，或体操比赛禁止使用闪光灯等。

图 11.52 拍摄一些能够展现运动特点的象征性照片。
拍摄参数: 尼康 D80, 300mm, 1/1000 秒, f/8, ISO400。

» 尽可能离被摄对象近一些，因为运动员的脸部表情最能给观者留下深刻印象。为了能够在稍远一点的地方以整个画幅拍摄运动员，你需要一支焦距至少为200mm的镜头。

» 剪裁时，根据运动方向确定运动员的位置。比如往右跑的运动员放在照片的左1/3处，比放在中间或右边效果更好。

» 别忘了拍摄细节。作为摄影爱好者，你是没有时间压力的，所以你有机会拍摄一些具有图形效果的象征性照片，比如运动员的设备。

拍摄动态模糊

1. 将相机设置为追踪自动对焦。相机将焦点对准被摄对象，然后根据运动情况对焦点进行追踪。

2. 请你在模式转盘上选择快门优先模式，根据被摄对象的速度设置一个低一点的快门速度。相机会自动选择合适的光圈。

3. 动态影像，模糊要朝着运动方向。如果把图像稳定器设置为水平方向，那么只有垂直方向上的模糊会被抵消。佳能IS防抖级别为2级，尼康VR防抖为"正常"模式。

4. 双手拿稳相机，上臂紧贴身体两侧。

5. 对准被摄对象，半按快门，开始自动对焦。

6. 用相机追踪运动，彻底按下快门曝光。

7. 曝光时，再把相机朝着运动方向移一点。

8. 就算是经过反复练习，刚开始时也不一定能够拍摄成功。检查显示屏上的照片，如果需要，可使用更高或更低一点的快门速度重新拍摄。

11.6 风景

想象一下，你眼前是一片广阔的沙滩，远处海水和地平线连成一片。面对这样的场景，你一定很欢欣鼓舞，此时按下快门，就能拍出好照片吗？实际上，远没有想象的这样简单。风景好，拍出来的照片不一定好。

一定要记录风景最美的瞬间。大多数被摄风景，清晨和傍晚时看起来最漂亮。那时光线呈现温暖的红色，太阳位于低空，在光影变化的衬托之下，风景倍显突出。

拍摄风景，耐心非常重要。一天之中，太阳在天空中的位置不断变化，不仅如此，风景本身也是始终在变的，一年四季，景致各不相同。春天，树木发芽；夏天，花朵异常娇艳，夏末金黄色的麦浪跌宕起伏；秋天，到处充满忧郁的色彩；冬天，白雪将树枝雕琢成艺术品。

风景摄影以广取胜这很好理解，但千万不要过犹不及。照片始终都是二维的，没有气味、没有微风和其他感觉印象。无论广角镜头有多广，也只能反映现实的一个部分。

图 **11.53** 使用广角镜头拍摄，前景要富于变化，照片才能有纵深感。拍摄参数：奥林巴斯 E-P2，14mm，1/250 秒，f/8，ISO100。

请你在拍摄前对画面元素进行有意识的取舍。关注风景具有特色的一面，通过有层次的构图赋予照片辽阔的感觉。广角镜头特别能突出前景，所以请你在前景上多花一些心思，找一找能够吸引人的东西，这可以是岩石、棕榈树、渔船或被风吹成某个形状的沙丘。凡是能够吸引观者眼球的东西，都能作为前景拍进照片里。

风景拍摄有一项基本原则：照片中的水平线必须绝对水平。风景再美，技术再高，一旦水平线发生倾斜，照片效果都会大打折扣。你最好对水平线予以特殊关注。

图 **11.54** 小东西，大功用——有了热靴式水平仪，让构图保持水平变得易如反掌。

专业的数码单反相机取景器或显示屏会提供虚拟的水平线,便于对齐。如果你的相机没有这项功能,在热靴上插入小水平仪,效果也不错。

现在,很多数码单反相机能够在取景器里显示网格线,可用于对齐。你也可以在显示屏上贴上网格,便于拍摄之后检查水平线的位置。

万不得已时,可以使用电脑对倾斜的水平线进行后期处理。但也有一些例外,旋转时的像素内插和使用Photoshop进行后期剪裁,会导致相关信息的丢失,影响照片的清晰度。

11.6.1 风景摄影所需设备

虽说使用任何相机都能拍出好的风景照片,但选择合适的设备,效果会更好:

» 分辨率高的数码单反相机,不仅能够拍摄细节分明的照片,而且能够把照片放大成海报。

» 选择变焦镜头时,最短焦距非常重要。18-70mm的标准变焦镜头,广角端相当于全画幅相机的28mm,而超广角(12-24mm)能够把更多内容拍进照片里。

» 使用偏振镜,色彩更加饱满。

» 使用中灰渐变镜,能够很好地掌握风景和天空之间的巨大反差。

» 三脚架能便于构图,尤其光线弱的时候,必须使用三脚架。

» 使用可插在热靴上的小水平仪,能够精准对齐水平线,简单易行。

11.6.2 完美设置相机拍摄完美照片

有选择,就有犹豫。数码相机多种多样的设置可能经常令人感到困惑,为了方便你进行构图和拍摄,我收集了一些适合风景摄影的相机设置:

» 拍摄风景,始终设置为最低感光度(即最小的ISO值)。这样拍出来的照片,图像质量最佳,细节最为分明,而这也正是风光摄影最为重要的两个方面。

» 对于大多数被摄对象而言,多区矩阵测光是最合适的测光方法。如果场景的对比度非常高,点测光可以让你不走任何弯路,就能做到完美曝光。

» 至于曝光模式，你应该选择光圈优先模式（A/Av）。对风光摄影来说，曝光时间只对照片效果起次要作用，流水除外。

» 请你根据所期望的景深设置光圈，相机会自动选择相匹配的快门速度。注意：从光圈f/16起，因为衍射，大多数相机的分辨率会降低。

» 若想效果最佳，应使用RAW格式。如果储存卡足够大，请你选择"RAW+JPEG"。

如果你只用 JPEG 格式进行拍摄，又想在不进行后期处理的情况下打印照片，那么请你把相机里的色彩强度设为"明亮"或"生动"并选择一个中等清晰度，这样照片色彩就不会太淡了。

11.6.3 溪流和瀑布的拍摄策略

拍摄流动的水，有两种方法。一种是使用高速快门，拍下清晰的瞬间；另一种是使用低速快门，流水被拍成模糊的白色痕迹。所有不动的东西，比如石头、岩石或岸边的树则是清晰的。

图 11.55 曝光时间长，照片中的河流显现出丝绸一般的光彩。
拍摄参数：尼康 D70，65mm，1/6 秒，f/32，ISO200。

采用第二种方法拍出来的照片，很是特别。所需曝光时间的长短取决于流水的快慢。不断涌出的山泉，1/30 秒就能拍出模糊的效果，1/4 秒或 1/2 秒，效果特别好。水量也是起决定作用的，傍晚的一场倾盆大雨能在一夜之间把一条小溪变成流水潺潺的山涧。

如何拍出丝绸一般的流水效果：

1. 把相机安装到稳定的三脚架上。

2. 把曝光模式转盘转到快门优先模式（S/Tv，因相机制造商而异）。

3. 设置一个较低的快门速度。试着将 1/4 秒作为初次尝试的快门速度。

4. 使用有线遥控快门或定时自拍。

5. 在显示屏上查看照片效果。如果不够模糊，请延长曝光时间。

在闪烁的阳光下，使用较长的曝光时间拍摄流水，容易出现曝光过度的问题。选定了合适的快门速度后，即使把光圈缩到最小，仍然可能曝光过度。

遇到这种情况，你要么等到傍晚，阳光没有那么强的时候；要么给镜头加上一个中灰密度镜。中灰密度镜的色彩是中性的，只是减少进光量而已。

这样就算是在日光下拍摄，也能够实现长时间曝光。中灰密度镜的强度各不相同，常见的有 ND4（2 挡光量）和 ND8（3 挡光量）。如果光线特别亮或曝光时间特别长，可将几枚滤镜组合使用。

11.6.4　像专业摄影师一样地拍摄日出日落

虽然老套，但几乎所有摄影师都拍过落日。为了日出日落排满整个画幅，你需要远摄镜头，就是运动场旁边体育记者手里的"长枪大炮"。

通常 200mm 以上的焦距才算合适，我个人比较喜欢短一点的焦距。对我来说，太阳稍微小一点，不是什么大问题。使用这样的镜头，优点有二：一是重量轻一些，二是除了太阳还能把周围环境一并拍进照片里。拍摄日出或日落时，人物剪影或前景中与众不同之物的剪影往往特别吸引人。它们完全是黑色的，看不出任何细节，相比明亮的天空，仿佛剪纸一般。

日出或日落，转瞬即逝。因此，请你事先根据地图计划好相机的拍摄位置。至于如何使用智能手机规划光线方向，请你阅读"建筑物"小节的相关内容。

图11.56 *海上日出虽然很俗，确实非常美。*

拍摄参数：尼康D300，90mm，1/250秒，f/8，ISO200。

拍摄日出或日落，正确曝光，远比你想象得简单得多：

1. 将相机的测光方法设置为点测光，在曝光模式转盘中选择光圈优先模式（设置"A"）。

2. 将白平衡设置为日光，这样落日会被拍得更加火红。

3. 设置一个中等光圈，比如 f/5.6 或 f/8。

4. 请你把取景器中间的小测光点对准太阳旁边那块明亮的天空上，轻击快门，开始测光。

5. 不要松开快门（以便测光数据被保存起来），现在重新对照片进行构图，也就是你想拍摄什么。

6. 如果满意构图，彻底按下快门，拍摄照片。

7. 如果想要确保万无一失，请你在目前测光的基础上分别降低 1 挡、提高 1 挡曝光各拍一张。

8. 拍摄完毕，请你记得把测光方法重新改回多区测光。

如果你的相机没有点测光，也可以用多区测光。但你要注意，太阳有可能扰乱自动曝光。拍摄之后，你一定要在显示屏上检查曝光，并用相机上的 +/- 键修改曝光。

省电的相机设置

　　如果在荒郊野外连续拍摄数天，就无法保证及时充电，因此摄影包里必须放一块备用电池。此外，还有一些小技巧，能够帮助你提高电池的使用率。通常内置闪光灯和显示屏特别费电，下述设置能够帮你将相机的耗电量降到最低：

» 内置闪光灯待机状态下也是耗电的。因此，请你先在关闭闪光灯的情况下进行测光，如果现有光线确实不够用，再弹起闪光灯。

» 为了延长相机电池的使用时间，请你关闭LCD显示器，使用取景器进行拍摄。如果不想完全弃用相机显示器，请你在相机的系统菜单里选择一个尽可能短的显示屏显示时间。

» 正确选择自动对焦模式，也能帮你省电。选择持续自动对焦时，先轻轻按住快门，相机则不间断地检查焦点，自动调节清晰度。拍摄风景，应选择单次自动对焦，这样也能节省电量。

11.6.5　风雨天进行拍摄

　　天气不佳，也能拍出好照片。雷雨前后或狂风前后，拍摄条件极具戏剧效果。明亮的风景、暗黑的天空，对比非常强烈，必须有针对性地曝光，才能把云彩拍好。

　　天气不好的时候，光线一般都比较弱，必须使用三脚架，风光摄影通常也是这么要求的。风大的时候，三脚架摇来晃去，往三脚架上挂些东西能好一些。比如你可以把摄影包挂在中轴上，或在中轴上挂个装满石头的口袋。

　　下雨时，一定要保护好昂贵的相机设备。专业的数码单反相机和一些小型相机能够经受住坏天气的考验。它们的机身密封性能好，可以防水，无论是溅起的水滴还是雨水（对于普通数码单反相机来说，必须给镜头粘上唇形橡胶密封条，以保证镜头不进水，这样相机内部才能保证是干燥的）。

　　其他相机，则需要套上防雨罩。塑料袋就是既简单又有效的方法，在塑料袋上给取景器掏个洞，用橡皮带将其固定在镜头的遮光罩上。

虽然很难把牛毛细雨拍得气势磅礴，却也能拍出有意境的照片：设置一个低一点的快门速度，可使噼里啪啦往下落的雨滴连成一条线。

图 11.57 阴天时，也能拍出好的风景照片。如果太阳透过云层露出一角，光线效果会特别有意思。

拍摄参数：奥林巴斯 E-P2，14mm，1/400 秒，f/8，ISO100。

图 11.58 拍摄彩虹时，你的动作必须快。某一瞬间，空中的雨点像棱镜一样，阳光被分解成光谱色彩，这一瞬间不过几分钟。彩虹消失得很快，极短的时间就又变得苍白。因此，你必须事先做好准备，如果彩虹已经挂在空中，再从摄影包里往外掏相机，很可能会来不及。使用偏振镜，拍出的彩虹更亮。而所拍彩虹的强度取决于滤镜的旋转角度。

拍摄参数：尼康 D5100，80mm，1/60 秒，f/5.6，ISO200。

图 11.59 冬日的清晨，太阳慢慢地冲破晨雾。拍摄这谜一般的场景，时间非常紧迫。拍摄参数：奥林巴斯 E-P2，14mm，1/250 秒，f/9，ISO100。

如果风不大，大型雨伞会是非常有效的保护。不拍摄的时候，你需要一个摄影包，而它也应该是防水的，能够应付大雨和持续不断的雨点。

如果有雾气和水汽，拍出来的照片显得很神秘。夜间，靠下的空气层大幅度冷却，空气中的水蒸气冷凝，形成雾气。

春天、秋天或温暖的冬天，在有水的地方，比如湖边、河畔，或沼泽、草地上，最适合拍摄晨雾。雾气很难预报，一般来说，繁星闪烁的晴朗寒夜有可能形成雾气。

比起浓重的灰色浑浊浓雾，薄雾更加适合拍摄，通常雾气之下拍出的照片将呈现浪漫温柔的水粉色彩。如果太阳能够被雾气折射，或逆光将雾气照亮，照片更是别有韵味。

拍摄雾气，必须注意：绝对不要使用闪光灯（无论是相机内置闪光灯还是外置闪光灯）。闪光会被空气中的水滴反射，造成照片曝光过度，这和雾天开车打远光灯是一个道理。

图 11.60 冬天有
很多值得拍摄的东
西。但是，低温对
于摄影师和相机
来说，是个不小的
挑战。

拍摄参数：尼康
D70，42mm，f/10，
ISO200。

如果天气
预报说夜间晴
朗，那么第二
天早上就可能
有雾。此时一
定要调好闹钟，
雾气出现得快，
消失得也快。
等到上午就太
迟了，雾气会
随着第一缕阳
光的出现慢慢
消散。

为了加强照片效果，丰富色彩层次，你可以在后期处理时加重色彩。如果是 Photoshop 或 Photoshop Element 软件，请你选择对话框"色调 / 饱和度"。

面对美不胜收的冬季雪景，摄影师不禁心跳加速。冬季拍摄，需要注意一些问题。其中最大的问题在于雪的反射，皑皑白雪仿佛一面巨大的镜子，反射的阳光会扰乱测光。

如果选择自动测光，不进行手动补偿，又容易曝光不足。一般来说，多区测光比其他测光方法效果要好，尽管如此你还是要在现有测光的基础上，提高 0.5 挡或 1 挡曝光。

使用数码相机，不必再用胶片时代的色温滤镜（如 81C），但白雪确实超出了自动白平衡的能力范围。因为均匀的白色平面和阳光中占很高比例的 UV 线（尤其是山区）会干扰相机的电子元件。

为了避免照片表面出现淡蓝色，你最好手动选择白平衡，将相机的色温设置在 7000-10000K 之间。

温度较低的时候，供电是数码摄影的一大软肋。大多数制造商所谓的温度下限，也就是数码相机在 0℃ 仍能正常使用，这是以供电作为条件的。从机械方面看，至少专业的单反相机是能够抵御低温的。

低温会影响电池性能。当温度低于 -5℃，显示屏需要更长的时间才能显示，有些相机则完全失效；变焦和自动对焦变得缓慢，快门延迟时间变得更长，这在小型相机和微单相机上尤其明显。

因此你应该把相机裹在夹克里，拍照的时候再拿出来。此外，你必须带上足够的备用电池，且同样带在身上。不仅要给相机保暖，也要给双手保暖。戴上笨重的手套，根本无法操作小型相机，如果是数码单反相机，操作起来也很困难。此时你可以戴上薄的羊毛手套、棉质手套或丝质手套（可在专业的户外用品商店购买），手不仅能够很好地操控小按键，又很保暖。如果温度非常低，摸金属（比如三脚架）的时候，必须戴手套，因为直接用手触摸冰冷的金属（低于 -10℃），手可能会被冻住。

风景拍摄要点

» 经常变换焦距。除了广角镜头，也请你试一试远摄镜头，以突出风景中某个与众不同的元素。

» 时刻不离三脚架和遥控快门。使用三脚架，拍摄速度会慢下来，可以在取景器或显示屏上有意识地进行构图。此外，为了确保大景深，必须设置一个小光圈（即大的光圈值），由于曝光时间会非常长，使用三脚架能够避免模糊。

» 等待最佳光线。正如谚语所说："早起的鸟儿有虫吃。"清晨和傍晚，光线条件最佳。日光斜射在风景上，形成光影分布，照片非常具有立体感。

冬季拍摄时，从严寒的户外回到温暖的室内，先不要把相机从摄影包里拿出来，让相机适应一下过几个小时，再把它拿出来。如果一进屋就把相机从包里拿出来，镜头上会蒙上一层雾气，进而形成冷凝水滴。

冬季拍摄，除了必备摄影器材，还要带够备用电池，且为了保温，应尽可能把电池贴近身体。穿上宽松温暖的夹克，把相机裹进衣服里，还要记得准备一副薄的羊毛手套、一个小的电热暖垫和太阳眼镜，防止眼睛受到白雪反射。

» 在前景安排一个与众不同的被摄对象，能够为照片效果增色。这个被摄对象可以是很多东西，比如陡峭的悬崖、一朵花或一片沙丘。它们能够吸引观者眼球，引发观者注意照片。

» 利用中灰渐变镜对天空和风景之间的亮度差异加以掌控。中灰渐变镜的一面是中性色彩。把滤镜加在镜头前面，深色一般朝上，以避免照片中的天空失去色彩。

» 请你给予地平线特殊关注。你要先确定一个照片主题（和谐的、夸张的），再根据照片主题放置地平线。此外，请你注意一点，地平线必须是绝对水平的，不能倾斜。

11.7 全景照片

胶片摄影时代要拍摄全景，需要昂贵的专门相机。然而无论是什么样的数码相机，都能拍摄一系列相互重叠的照片，后期再用电脑拼合成没有接缝的全景照片。Photoshop 和 Photoshop Elements 的 Photomerge 功能都能够自动完成照片拼合。

11.7.1 这样拍摄完美的单张照片

Photoshop 和 Photoshop Elements 的 Photomerge 功能非常强大，甚至能够手动拼合。通常拍摄全景照片，需要注意以下几点：

图 11.61 这张安塔利亚的港口全景由 4 张单张照片组合而成。

图 11.62 全景拍摄的附件包括全景托盘、云台、角度轨道和带水平仪的相机。

三脚架虽然对拍摄有帮助，但不一定非要使用三脚架。手持拍摄，请你保证所有单张照片的地平线都在同一高度。取景器能够显示网格线的相机，使用起来比较方便。为确保相机在垂直线上，你可以对垂直的被摄对象边缘和水平的被摄对象边缘进行定位。

» 把相机装到三脚架上（越稳固越好），借助水平仪将相机水平对齐。你可以在中轴上挂一个装满石头或沙子的口袋，也可以挂摄影包，以稳定三脚架。

» 不要使用广角镜头，短焦距会导致照片边缘变形，加大单张照片的拼合难度。如果是采用APS-C型传感器的数码单反相机，焦距应在30mm以上，你只需多拍几张照片而已。

» 如果被摄对象速度快，比如动态人物，请你横着拍，且尽量少拍几张照片；如果是静物，你最好竖着拍，这样拍出来的全景照片，分辨率最高。

» 调整好三脚架和相机之后，先用相机试着扫一遍全景区域。根据地平线的位置，在取景器里检查一下是否所有东西都在垂直线上。

» 为了避免拍出来的全景照片出现亮度差异和焦点差异，所有单张照片必须采用同样的曝光设置和对焦设置。请你关闭自动曝光和自动对焦功能，手动设置快门速度、光圈和对焦点。拍摄期间，保持这些设置不变。

图 11.63 我会对全景照片的第一张照片和最后一张照片做标记。比如在第一张照片之前和最后一张照片之后拍上自己的手。这样，后期处理的时候，很快就能找到属于某一全景的所有照片。

拍摄全景照片，一定要专心致志，一气呵成。如果时间太长，移动的物体会出现在照片中不同的位置。比如快速移动的云朵就足以毁掉一张全景照片的整体效果。

» 请你关掉自动白平衡，选择一个预设模式，比如日光，避免单张照片之间出现色彩突变。

» 请你标记全景照片的开始和结束，比如你可以在第一张照片之前和最后一张照片之后，给自己的手拍两张照片或盖上镜头盖拍两张全黑的照片。

» 拍摄时，请你注意相邻照片的重叠区域应保持在20%–30%之间，尤其是照片边缘的标志性物体，比如大树或山峰，以便为之后的裁剪提供良好依据，但人物、动物或其他移动物体不要出现在重叠区域。单张照片的重叠区域超过1/3尚可接受，但不能超过50%。请你注意，一张照片不能和前后相隔的那张照片重叠。

» 使用遥控快门，并开启相机的反光镜预升功能，能有效避免模糊。而所用单反相机是否具备反光镜预升功能，请你查看相机的使用说明。大多数数码单反相机在开启反光镜预升功能后，第一次按快门的时候，反光镜上翻，至少要等2秒才能再次按下快门，拍摄照片。和遥控快门一起使用，反光镜预升功能才能发挥最大功效。

循序渐进拍摄完美全景照片：

1. 按照顺序，安装好各个附件。先把全景托盘装到三脚架上，接着是云台（球形云台或三向云台），云台上面是角度轨道，同时相机要竖放。最后把有线遥控快门插到相机相应的插槽里或使用红外线遥控快门。

2. 借助装在全景托盘上的集成水平仪，将三脚架设置成水平。

3. 将水平仪插到相机的热靴上，再将相机放于云台之上并确保处于水平位置。

移动相机取景时，给被摄对象的上下方留出足够空间，因为之后进行裁剪时，单张照片的高度难免会出现偏差。

4. 关闭相机所有的自动功能，进行手动对焦。

在超焦距上进行对焦，整个区域自所设焦距的一半起直到无限远，都是清晰的。APS-C 型数码单反相机，搭载 50mm 镜头，在光圈 f/8 时超焦距大约是 16m。关于超焦距，详见第 205 页第 7 章相关内容。

5. 根据情况，将光圈设置在 f/8 至 f/16 之间。这样景深足够大，同时还能弱化边缘的暗角。

6. 选好光圈，然后测光，并手动设置相应的快门速度。

如果是视角特别宽的全景，测光可能出现问题，因为全景各处的曝光值可能存在巨大差异。从整个全景中选择一个介于最亮区域和最暗区域之间的中间区域，对其进行测光，并将这个区域的测光结果用于各个单张照片。

7. 用相机扫过整个全景进行一次试拍，并在取景器里，借助地平线检查一下相机是否真的是垂直的。

8. 现在开始拍摄。把全景托盘转回到初始位置，按下遥控快门。

在距离照片右侧边缘 1/3 处找一个标志物，然后转动相机，直到标志物落在照片的左侧边缘时，按下快门。重复此步骤，直至拍完全景所需全部单张照片。

全景托盘可以装在三脚架和云台之间，也可以装在云台和相机之间。它是可以自由转动的，且带有一个分级刻度。另外，集成的水平仪能够保证相机绝对水平。

全景云台和节点适配器

使用采用光学取景器的小型相机进行近距离拍摄，你可能遇到过下面这个问题：你想拍摄一朵花，在取景器里对准的是花，拍出来的照片却变成了花茎。

这种所谓的取景误差可以通过一个简单的实验加以说明。伸出手指，放到距脸15cm远的地方，先闭左眼，再闭右眼，交替进行。尽管手臂和头都没动，但食指看起来却是跳动的。

伸出的食指在鼻子前面"跳"，距离相机近的物体，在转动数码相机拍摄全景照片的时候，也是一样的，因为物体在单张照片上位于背景中不同的位置。无法拼合单张照片而需要裁剪时，不可避免地会出现"鬼影"。

拍摄全景，为了避免取景误差，你必须沿着镜头的入射光瞳转相机。这个理想的回旋点经常被误称为节点，镜头节点并不在相机的卡口固定位置上，这一点很是令人气恼。

使用专业的全景云台，可在三脚架上对相机进行精确校准，以便获得理想的回旋点。其缺点在于：这样的专业设备，售价约1600元，而且很占地方，无论是往行李包里装，还是往摄影包里装，都很麻烦。

正如之前所介绍的，只有距离相机近的物体，才会出现取景误差。超过10-15m，可以忽略这个问题。对于大多数全景照片来说，取景误差不是什么问题。

如果你只是拍摄一两张全景照片，每张全景照片由2-6张单张照片组成，而且不是在狭窄的室内进行拍摄，那么，你不必花重金购买专业的全景云台。

11.7.2　无缝裁剪单张照片

使用 Photoshop、Photoshop Elements 或专门的全景软件，很容易就能把拍好的单张照片拼合成全景照片。Photomerge 是 Photoshop 和 Photoshop Elements 的一个全景工具，它能够自动寻找单张照片的接口和重叠部分，将单张照片拼合成一个完整的全景照片。

Photomerge 会产生一个文件，它能对单张照片进行对齐，使其在各自平面上通过图层蒙版相互重叠。需要的话，还可以手动调整和修版。比如，全景特别宽的时候，由于太阳的射入角度不断变化，单张照片的亮度不一，就需要手动调整和修版。使用灰度修正或明暗曲线，再加上图层蒙版，能够遮盖亮度差异。

1. 通过"文件/新建/Photomerge–Panorama"，开启 Photoshop Elements 的全景助手。

2. 点击"查找"，将对话框切换到存有单张照片的文件夹。然后按住向上箭头⇧，点击第一张和最后一张照片，通过"打开"进行确定。

如果所有单张照片全部都在一个文件夹里，在下拉菜单"应用"里选择"文件夹"选项，其中的所有照片将全部上传到全景构图。

如果你想使用现在编辑器里打开着的照片，请你点击按键"添加打开的文件夹"。

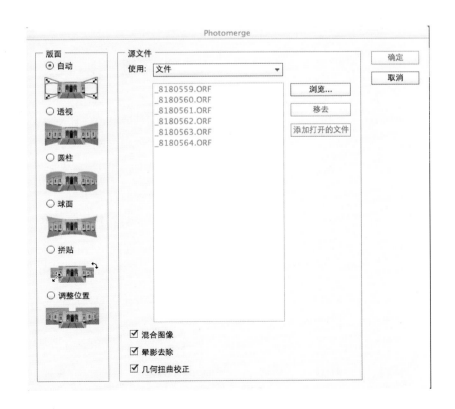

图 11.64　在 Photoshop 的对话框里，可对单张照片进行选择，并决定单张照片以何种形式重叠和裁剪。

3. 请在 Photomerge 的对话框里选择版面"自动"。在这种模式下，Photoshop Elements 会对原始照片进行分析，自行决定一个版面类型，将照片进行转换和叠加，形成一个全景。

» 透视：中间的原始照片用作参考照片，其他照片做相应的延伸和倾斜，经常出现令人讨厌的变形。

» 圆柱：照片仿佛贴在一个圆柱体上。这种版式尤其适合由多个单张照片组成的横幅全景照片。

» 球面：单张照片仿佛覆盖在一个球体内部。

» 拼贴：单张照片精确对齐，同时可以伸缩和翻转。

» 复位：Photomerge精确对齐单张照片，但是没有变形和扭曲。

» 交互：尤其适合具有一定困难的拼合，可手动调整和对齐单张照片。

另外，除了将原始照片对齐，并进行转换之外，Photoshop Elements 9 还提供了 3 种选项，用于实现单张照片的无缝完美拼合。

» 始终勾选"照片全部叠化"选项。这样Photoshop Elements会识别单张照片之间的最佳过渡，用裁剪工具修改重叠，再调整照片色彩。

» 使用广角镜头进行拍摄，容易出现像差，而接下来的两种选项能修正这些像差。如果单张照片是用中焦镜头拍摄的，不必勾选这两个选项。其中"晕影去除"功能能清除照片暗角，"几何扭曲校正"功能能修正桶形和枕形畸变。

如前所述，Photomerge 全景提供 7 种选择，可将单张照片完美对齐、无缝拼合，且看不到过渡的痕迹。单张照片的版面类型取决于视角和被摄对象。

基本原则：球面版式适合小视角，圆柱版式适合大视角。你也可以先试一试自动版式，通常情况下它的拼合效果就已经非常不错了。

如果你对自动版式的拼合结果不满意，再试一试你喜欢的其他版式。如果提供的版式效果均不成功，请你选择"交互"版式，来用手移动、旋转照片，对照片进行变形，直到形成你满意的全景照片。同时它还能完美重叠，看不见过渡。

图 11.65 Photomerge 可提供多种版式，而使用不同的版式类型，可先对照片进行变形，再对照片进行组合。"透视"版式。

图 11.66 "圆柱"版式。

图 11.67　点击选项"复位"，再将单张照片一张接一张地放在一起，就没有变形和扭曲。

4. 点击"确定"，Photomerge 可将单张照片拼合成一张全景照片。你什么也不用做，只需等待即可，而等待时间因单张照片的大小和张数而异。Photomerge 打开单张照片后，在各自图层上对单张照片进行对齐，借助图层蒙版将单张照片叠化。

5. 最后出现对话框"清除边缘"。单张照片变形之后所形成的全景照片，周围有一圈白边，是否由 Photoshop Elements 清除这些白边，由你决定。点击"否"，将不做修改，继续下面步骤。

点击"是"，Phtoshop Elements 将自动填充白边，不过仅 Photoshop Elements 9 才有这一功能。根据我的经验，该功能只对均匀单一的平面有效，比如蓝天。若是带有细节的被摄对象（比如例子中左右两边的大树），自动填充容易导致难看的像差。

Photoshop 根据源照片制成一张由多个图层组成的照片，并按需要添加图层蒙版，为的就是在照片相互重叠的地方制造叠化。你也可对图层蒙版进行加工处理或添加设置图层，以便对全景照片的各个区域做出精细调整。

6. 最终的全景照片，数据量非常大。为了节省存储空间，可将全景照片简化："图层 / 减少至背景图层"。

7. 点击Ⓒ，激活裁剪工具，裁掉照片上面和下面的白边。

图 11.68　制成全景照片之后，可自动去除白边。

图 11.69　你也可以使用裁剪工具去掉白边。

图 11.70 去掉白边之后，最终的全景照片。

11.8 拍摄动物

　　埃菲尔铁塔、郁金香和大峡谷有什么共同之处？它们都是静止的，而动物不是静止的，一旦靠近它们，可能会立刻逃走。那么怎样才能把跳跃的猎豹、俯冲的雄鹰和疾驰的羚羊拍成好照片呢？拍摄动物的专业摄影师会在拍摄上花费大量的时间和金钱，并付诸大量耐心。而且如果没有昂贵的超远摄镜头，几乎没有办法危险的狮子、长颈鹿等动物拍满画幅。

　　拍摄动物，你要有耐心，反应要快，也需要一点点运气，更对失败要有一定的承受能力。但还是很难做到完美，光线不是太亮就是太暗，背景抢了被摄主体的风头，就算是找到了合适的藏身地点，背景也过于低调，还不能保证动物会正视相机。在前往非洲的自然保护区之前，你最好先去动物园或野生公园拍一拍那里的动物，积累一些经验，或拍一拍自己家的宠物。

11.8.1 动物园和野生公园

　　开始时，无须花费重金，也能拍出不错的动物照片。在动物园里，人离动物比较近，而且那里的动物不怕人。学习拍摄动物，动物园或野生公园往往是不错的选择。

图 11.71　*动物园里的动物不怕人。拍摄参数：尼康D300，300mm，1/640 秒，f/5.6，ISO200。*

　　在动物园和野生公园，动物仿佛生活在一个自由的禁猎区，那里非常大，不会把栏杆拍进照片里。但除了优点，也有缺点：动物有很多藏身之处，你必须有点耐心。

　　作为摄影爱好者，你在动物园和野生公园也能拍出好的动物照片。

» 　你需要一支光圈较大的变焦镜头，最好这只镜头配备了图像稳定器。小型相机10–12倍变焦即可，APS–C型数码单反相机至少要250mm的镜头。在这里，远摄增倍镜是个不错的补充，可在必要时延长焦距。

> 　　数码变焦变的不是焦距，而是通过像素内插放大照片。因此，你最好使用镜头最长的光学焦距进行拍摄，之后再在电脑上进行剪裁。

远摄增倍镜

　　你不必花一辆二手车的价格购买一支专业的超远摄镜头，远摄增倍镜就能延长焦距。

　　增倍镜加在数码单反相机和镜头之间，可延长焦距，通常有两种规格：1.4倍或2倍，但图像质量深受增倍镜质量和镜头质量的影响。增倍镜会降低1–2挡光圈通光量，具体情况则因规格而异。你需要一支大口径的镜头，光圈至少是f/5.6，最大光圈为f/4或f/8则更好，这样自动对焦才能在装上增倍镜的情况下继续工作。

　　增距镜不仅可以用于数码单反相机，也有可以用于带滤镜螺口的小型相机的增倍镜。为了把图像质量损失降到最低，最好使用和相机同一品牌的增倍镜。

> » 有了独脚架，远摄镜头使用起来比较方便，而且独脚架比三脚架灵活。

> » 将单张拍摄改成连续拍摄，设置追踪自动对焦，以提高成功率。

> » 拍摄动物，早上动物园开门的时候是最好的时间，到了下午，很多动物都非常懒散困倦。而且尽量把拍摄安排在工作日里，周末动物园游客太多。

> » 务必关注一下拍摄规定和照片发表规定，一些动物园甚至不允许将所拍照片用于个人主页。

> » 根据拍摄环境选择曝光模式。在定格快速运动时，请你选择快门优先模式，且设置一个比较短的曝光时间。如果是以整个画幅拍摄动物，光圈优先模式则更合适一些。此时请你选择较大的光圈（也就是较小的光圈值），这样的小景深会使动物从模糊的背景中突显出来。

如果你喜欢使用场景拍摄模式，请你选择运动模式拍摄移动的动物。如果是在近距离拍摄，则应选择人像模式。

图 11.72　小猴子看起来非常向往自由。很多有效的"策略"能够隐去照片中的栏杆，但你也可以对这些障碍物加以利用，突显动物园这一主题。
拍摄参数：尼康 D80，300mm，1/350 秒，f/5.6，ISO100。

» 笼子的栏杆是动物摄影的主要问题之一，这些栏杆是不应该出现在画面里的。为了让这些栏杆"消失"不见，请你尽可能离笼子近一些（当然是在允许的前提下），并使用大光圈（也就是小光圈值）进行拍摄。请你注意，背景中不能有栏杆或篱笆。

» 有时篱笆会干扰自动对焦。如果改变对焦区域也不奏效，就只能手动对焦了。

» 背景应该是低调、中性的。需要的话，可以通过小景深，让背景变得模糊。

» 如果动物的身体和头部是冲着相机方向的，拍出来的照片，效果特别好。此时请你始终把焦点对在动物的眼睛上。

» 虽然充满整个画幅的动物照片能够给观者留下深刻印象，但构图不要太紧凑，需留一些空间给周边环境。

» 如果动物是在厚厚的玻璃窗后面，请你给镜头装上遮光罩，有时需要直接在玻璃上设法遮光。此外，你还可以使用偏振镜，消除玻璃窗上的反光。

图 11.73　拍摄参数：尼康 D80，185mm，1/180 秒，f/5.6，ISO400。

11.8.2　宠物

就算是拍摄自己的宠物，四条腿的宠物或带羽毛的宠物，也并不好拍。但比起前往遥远的非洲，拍摄自己的宠物还是具有一定优势的，因为是在熟悉的环境拍摄自己的宠物，所以既不必寻找藏身之地，又不必靠近动物。

通常狗比猫好拍，因为猫咪非常固执。狗很听话，会按照指令到达你想让它去的地方，狗是动物摄影非常好的入门题材。

图 11.74　助手可以把狗引到你想要它去的地方。
拍摄参数：尼康 D80，50mm，1/60 秒，f/5.6，ISO100，闪光灯 SB-600、闪光灯美兹 48 AF-1。

动物摄影在很多方面都和儿童摄影非常相似（见"儿童摄影"小节相关内容）。动物和孩子一样，难以引导，但只要有耐心和敏锐的观察力，是能够拍出令人印象深刻的照片的。请你注意观察宠物的生活规律和习惯，看看你的四腿朋友有没有特别喜欢呆的地方？你最好选择早上或下午拍摄作为食肉动物的狗和猫，而家兔、仓鼠和豚鼠则是越晚越精神。

如果你能够遵守普遍的构图规则（比如黄金分割法），突出动物特性，抓住关键瞬间，就能拍出好的动物作品，这类摄影并不神秘。

» 拍摄动物，请你选择齐眉高度。大一点的动物，比如猫和狗，蹲下来拍就可以。如果是啮齿类动物或爬行类动物，拍摄时最好把它们放在桌子上。

» 拍摄动物之前，先拍一拍毛绒玩具或类似玩具，以检查相机设置，比如光圈和快门速度。

» 尽可能以整个画幅拍摄动物，但也要拍摄一些细节，比如近距离拍摄眼睛，通常具有特色的细节胜过泛泛的全身照。

» 拍摄宠物，背景是最容易出现问题的地方，比如起居室的柜子或椅子腿。如果没有安排好，这些东西看起来就像长在动物的脑袋上，因此建造一个带单色背景的小影棚，效果最为理想。如果是在户外进行拍摄，可以使用远摄镜头和大光圈（设置小的光圈值）使背景变得模糊。

» 和人像摄影一样，相机的内置闪光灯和简单的插入式闪光灯也不适用于动物摄影。请你使用柔光罩将光线变得柔和一些，或对着天花板间接闪光。

» 如果能有个引导狗或猫的助手，那么你作为摄影师便可全身心地投入拍摄。

» 请你准备一些食物犒劳动物，但注意拍摄之前不要给宠物喂食，否则它们会在拍摄时对美食诱惑毫无反应。

» 动物的叫声或其他声音信号能够引起宠物的注意，使它们看镜头。

» 和人像摄影一样，拍摄动物时也请你把焦点对在眼睛上。

» 拍摄仓鼠或豚鼠时，请你自建一个小的摄影棚，给它们提供一个用木屑搭建的地基，使其感到放松。

图 11.75　拍摄小动物，最好搭建一个小摄影棚。拍摄这张照片时，我用纸板建了一个小影棚，背景是用蓝色纸板做的，从侧面透过仿羊皮纸闪光。
拍摄参数：尼康 D80，150mm，1/125 秒，f/8，ISO100，闪光灯 SB-600。

图 11.76　用于拍摄小仓鼠和其他类似小动物的简易摄影棚，即用彩色纸板和木屑搭建而成。从侧面透过包装油纸闪光，对面的白色纸板则起到反光板的作用。

» 多拍一些照片，以便在电脑上删除不好的照片。

» 不要让小动物太累，尽可能地把拍摄时间限制在30分钟以内，最多不要超过1小时。

11.9　夜景摄影

图11.77　晚间，柏林的国会大厦是非常不错的被摄对象。天空的色彩取决于拍摄时间。日落之后的黄昏，天空是蓝色的，再晚一些，就变成了黑色。
拍摄参数：尼康D300，85mm，4秒，f/5.6，ISO200。

天黑以后，照样能拍照。夜晚，整座城市焕然一新，教堂、桥梁和其他景点熠熠生辉。除了照亮城市景点的聚光灯，还有许多其他人造光源，比如路灯、汽车探照灯和霓虹灯。

这种与白天拍摄不同的光线，正是夜间摄影的魅力所在。此外，一些分散观者注意力的细节也消失于黑暗之中。除了被照亮的房屋立面外，教堂、城堡、潮湿的柏油路面或石块路面，这些被光线照亮的景物也是很好的拍摄素材。有了它们，原本不起眼的交叉路口，因为反射了交通指示灯的光线，变成了不错的被摄对象。

数码相机的传感器不同于人的眼睛，它能够"收集"光线。曝光时间较长时，就算是在暗夜，也能拍出发亮的照片。

图 11.78 夜间拍摄，如果有路灯出现在照片里，那么比起照片里的其他部分，路灯要亮得多。
拍摄参数：尼康 D300，16mm，f/8，15 秒，ISO200。

使用附件，更多地拍摄夜景

» 夜间拍摄，一定要给镜头加上遮光罩，这样可以有效避免离相机近的路灯的灯光，提高所拍照片的对比度和清晰度。

» 由于曝光时间长，需要使用稳定的三脚架和结实的云台。

» 使用有线快门或红外线遥控器，无须接触相机，能够避免因相机和三脚架震动产生的模糊。如果手边没有遥控快门，可使用定时自拍，且把时间定得稍微长一些。

» 长时间曝光比较费电，因此记得带上备用电池。当夜间拍摄，需长时间曝光时，可在相机底部安装电池手柄，保证供电充足。

» 手电筒可为相机操作提供方便。如果是戴在额头的头灯，双手就能够被解放出来。但曝光之前，记得把手电关掉！

11.9.1　拍摄光线轨迹

　　夜色渐浓，先不要使用相机，而是打开三脚架。模糊的光线效果会为照片注入活力，但如果整张照片都是模糊的，就会显得非常业余。夜间拍摄，曝光时间往往长达数秒，需要使用三脚架，以免把照片拍虚。

　　夜晚，采用较长曝光时间拍出来的动态光轨，是非常经典的。这一光源可以是经过身边的汽车探照灯，也可以是节日上绚丽多彩的大转轮。

夜晚，采用较长的曝光时间拍摄马路，拍出来的照片，其行驶车辆的前后探照灯变成了白色和红色的线条，汽车本身则模糊不清。

图 11.79　使用低达数秒的快门速度进行拍摄，展会是非常不错的被摄对象。
拍摄参数：尼康 D300，35mm，2 秒，f/29，ISO100。

长时间曝光，来获得模糊效果。

1.　把相机装在三脚架上，关闭内置闪光灯。

2.　选择一个最低的感光度数值（一般来说是 ISO100）。使用三脚架以支持相机长时间曝光，使传感器能够收集现有光线。此时感光度不需要太高，以免照片中出现噪点。

3.　除了感光度高照片中会出现噪点外，曝光时间长的时候，影像传感器自身也会出现噪点，因此请你在相机菜单里激活选项"长时间曝光降噪"。选择此项设置，除正常曝光外，相机还会在关闭快门的情况下，再进行一次测光，以计算相关设置下的影像传感器噪点，将干扰信号从照片中剔除。

其唯一的缺点就是，工作时间有所延长。

4. 将白平衡设置为人造光线。

5. 周围环境过暗时，自动对焦会遇到障碍。如果自动对焦找不到焦点，请换成手动对焦。

6. 选择手动曝光模式加多区域矩阵测光，同时设置一个较长的曝光时间（至少5秒）。

7. 根据相机显示屏的显示设置光圈。

8. 采用遥控快门或定时自拍试拍几张照片，以确定正确曝光。

9. 光线轨迹的长度取决于曝光时间的长短和被摄对象的运动速度。曝光时间长，照片中的光线轨迹就长；曝光时间短，照片中的光线轨迹就短。

10. 在显示屏上查看照片和直方图。如果照片太暗，请你开大光圈（即设置一个更小的光圈值）或降低快门速度；如果照片太亮，请你调小光圈（即设置一个更大的光圈值）。

11. 重复步骤9到11，直到你对亮度和光线轨迹的长度感到满意为止。

图 11.80 长时间曝光的经典之作——使用低达数秒的快门速度，捕捉过往车辆探照灯的光线轨迹。

拍摄参数：尼康 D300，19mm，f/11，30秒，ISO200。

　　使用数码相机在夜间拍摄，场景的对比度过高是一大问题。通常被聚光灯照亮的教堂和前面公园里没有被照到的树木，光线差异非常大，数码相机的传感器难以将其正确记录下来。

　　你必须对曝光进行折中，如果想要亮的被摄对象正确曝光，光源自身，比如路灯就必然会曝光过度。当记录亮部的像素比旁边的像素高时，高光部分会受到侵蚀，完全变成白色光斑。此时可采用 DRI 技术解决这一问题，即使用不同曝光拍摄若干照片，接着在电脑上进行组合，最终产生一张画面和谐的照片。详情请见后文中"对极端反差加以掌控"小节相关内容。

11.9.2　烟花

　　新年之夜的烟花不仅漂亮，而且为磨练摄影技术提供了绝佳机会。一般来说，大一点的烟花，比如民间节日燃放的烟花，效果更好。你能清楚地知道烟花于何时何地进行燃放，以便拍出很多特效照片。

图 11.81　烟花照片看起来非常漂亮，而且拍摄起来远比你想象得简单得多。
拍摄参数：尼康 D5100，22mm，f/11，15 秒，ISO100。

烟花并不难拍，它比想象中简单得多，只需一点点练习。下一次，遇到合适的被摄对象，不妨试一试下面的拍摄步骤。

1. 找一个合适的站立地点，前景部分最好没有太亮的光源，且要支好三脚架和相机。

2. 将镜头的变焦环转到广角端，同时将相机转至烟花将要出现的方向。

3. 检查一下相机菜单，看看是否已经关闭"长时间曝光降噪"功能。如果打开该选项的话，正常曝光之后，还会在关闭快门的情况下再次曝光，这样会错过一些烟花场面。

4. 关闭相机的自动对焦功能，手动对焦至无限远。

5. 选择手动测光，试拍时，设置光圈为 f/11 或 f/16（ISO100）。

6. 设置一个 10 秒的快门速度。

7. 烟花刚开始燃放时，试拍几张照片，在显示屏上检查一下曝光情况。如果烟花太暗，请你开大光圈（设置一个小点的光圈值）；如果夜空中的光线效果过于明亮，请你调小光圈（设置一个大点的光圈值）。

8. 在烟花燃放的过程中，请你按照计算好的光圈设置，并采用 10 秒的快门速度连续拍摄。其小窍门在于如果你的相机能够间隔曝光，你就可以找个地方靠一靠，欣赏烟花了！

如果单张照片上的烟花比较稀疏，你可以在后期处理时将多张照片组合起来，比如使用 Photoshop Elements 软件将多张烟花照片相互重叠，以达到预期的烟花数量和密度。

1. 打开两张不同的烟花照片。

2. 通过 Strg + L / ⌘ + L 打开单张照片的色阶调整将黑色指针向右移动，以提高对比度，使天空完全变成黑色，烟花闪闪发亮。这样一来，你还自动清除了烟花结束之后留在空中的烟雾。

图 11.82 裁剪的时候，照片会被重叠复制。

3. 利用剪贴板把第二张照片复制到第一张照片上，即先通过 Strg + A / ⌘ + A 选择整张照片，再使用 Strg + C / ⌘ + C 将其复制到剪贴板，最后切换到第一张照片，通过 Strg + V / ⌘ + V 从剪贴板添加第二张照片。

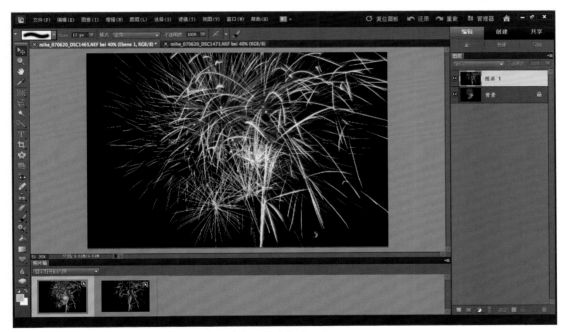

图 11.83 使用填充方法"照亮"，两张照片的烟花均变为可见。

4. Photoshop Elements 把第二张照片放在第一张照片之上的一个新建图层上，因此只能看见最上面一层照片中的烟花。为了显示下面图层的烟花，请你在"图层 / 调色板"中将填充方法改成"照亮"。

5. 如果你对结果满意，请你通过"图层 / 减少到背景图层"简化照片，并将照片存起来。

11.10 对极端反差加以掌控

任何数码相机都难以应对过大的亮度差异，当光比较高的时候，数字光电图像转换器必须做出配合：如果被摄对象既有亮的部分又有暗的部分，数码相机无法同时记录高光和阴影。

夜晚，拍摄霓虹闪烁的街道，就是一个非常典型的例子，有光源的部分要比灯光照不到的路段亮得多。

1. 正确曝光光线照不到的路段，路灯就会曝光过度，什么也看不见。

2. 选择高一点的快门速度，亮部倒不会曝光过度了，但暗部一片漆黑，看不见任何细节。

3. 最后一种可能就是设置一个介于两种极端效果之间的曝光。遗憾的是，亮度差异巨大的时候，这也不起作用，因为高光还是会特别亮（即便没有第一种情况那么严重），阴影受损也在所难免。

所谓光比或动态范围，指的是照片亮部和暗部之间的差异，用曝光值（EV，exposure value 的简称）表示，你已经在"光圈 / 快门速度 / 等级"相关内容中对曝光值有所了解了（详见第 6 章"曝光"）。

1 挡曝光量或曝光值相当于 1 ：2 的动态范围（也就是说高光的亮度是阴影的 2 倍）。当曝光值提高 1 挡，曝光量和动态范围提高 2 倍，也就是说 2EV 相当于 1 ：4 的动态范围，3EV 相当于 1 ：8，以此类推。

现在的数码相机（采用 RAW 格式）能够拍摄大约相差 10 挡曝光值或曝光量的动态范围。如果是 JPEG 文件，动态范围则要小 2 挡曝光值。

请你这样计算被摄对象的动态范围。

1. 将测光模式设置为点测光。

2. 选择光圈优先模式（设置 A 或 Av）作为曝光模式，同时设置一个中等光圈，比如 f/8。

3. 将取景器中间的小圆圈，对准被摄对象中最亮的部分进行测光，同时记住快门速度。

4. 移动相机，使取景器中间部分朝着被摄对象最暗的部分进行测光。

5. 步骤 3 和 4 的曝光数据会形成差数。如果步骤 3（设置的光圈为 f/8），也就是针对高光的测量，快门速度为 1/250 秒；而步骤 4，也就是针对阴影的测量，快门速度为 1/15 秒，动态范围就是 4 挡曝光值或曝光量。

对阴影的测光	1/15	1/15	1/15	1/15	1/15	1/15	1/15	1/15
设置的光圈	8	8	8	8	8	8	8	8
对高光的测光	1/30	1/60	1/125	1/250	1/500	1/1000	1/2000	1/4000
动态范围曝光值 / 光量	1	2	3	4	5	6	7	8

表 11.4 请根据高光和阴影曝光的差数计算动态范围。

6. 如果曝光值差异大于 8-9 挡，就超过了传感器的动态范围，你必须对曝光进行折中。当然你也可以使用不同曝光拍摄若干张照片，后期采用 DRI 技术。

很多情况下，应该在拍摄时降低对比度，以减少电脑后期处理的麻烦。你可以这样做：

» 改变对被摄对象的构图，尽可能让构图之内的景物少一些亮度差异。

» 使用反光板照亮阴影，但这主要是摄影棚才会用到的方法。此外，在户外拍摄人像或是户外微距摄影，也会用到反光板。

» 使用闪光灯照亮暗部，就算是相机的内置闪光灯也能够明显改善逆光人像。

» 等待合适的光线条件。通常阳光明媚的时候，明暗对比非常强烈，因此在树林里进行拍摄，阴天通常要比有日光时更好。

» 拍摄风景，请你给镜头装上中灰渐变镜。这样拍出来的照片，天空非常明亮，地面上的风景又不会太暗。

上述降低对比度的方法只在一定情况下和一定范围内起作用，然而数码摄影可以通过图像处理来克服对比度问题。原理很简单：使用不同曝光拍摄两张或多张照片，然后在电脑上将这些单张照片组合起来，只保留每张照片曝光正确的部分。

一些数码单反相机具备提高动态范围的功能（比如尼康 D-Lighting）。相机可根据特殊算法在拍摄时对高反差的亮度进行调整。

不同曝光值的单张照片重叠在一起，其全部动态范围都被保留下来，数据量非常大，但效果十分惊人。

原则上，有两种技术可以把不同曝光的单张照片组合成一张动态范围理想的照片，这两种技术同属于"动态范围增加"（DRI）。所谓的"混合曝光"，单张照片借助图层蒙版拼合成一张照片，动态范围明显扩大。

"高动态范围影像"（HDRI）也是由多张不同曝光的单张照片组合而成，但保留了原始文件完整的动态范围。真正的 HDR 文件，每个色彩通道包含 32 比特的亮度信息，电脑显示屏和洗印出来的照片都无法显示这些信息。查看 HDR 照片，必须通过压缩色阶（色调映射），才能将动态范围降低到可视范围。

11.10.1　使用不同曝光进行拍摄

闲逛的行人、驶过的车辆、风中摇曳的麦穗，很多被摄对象都不是静止的，这就为 HDR 摄影带来了一些问题。不过如今的相机越来越好，现在能够徒手拍摄多张照片，并且可以除掉因为被摄对象在单张照片中处于不同位置而产生的"鬼影"。尽管如此，正确的拍摄技巧依然是拍摄成功的基础，HDR 技术用于静止的被摄对象效果最佳。拍摄时，注意下述几点，便能成功拍摄单张照片，HDR 的应用也就迎刃而解了。

» 必要时请你使用三脚架，以使不同快门速度拍摄出来的照片相互一致。

» 关掉自动对焦功能，使用手动对焦，否则景深变化会导致单张照片中的图像轻微位移。

» 如果相机具备反光镜预升功能，请你开启以免按快门时相机发生震动。

» 使用遥控快门和自动包围曝光，避免模糊。相机是否具备自动包围曝光功能，请你查看相机的使用手册。

» 手动设置白平衡或选择预设白平衡，避免单张照片之间出现色彩突变。

» 变换快门速度（曝光时间），而非光圈设置（改变光圈会导致景深发生变化，增加单张照片裁剪的难度，照片最后会出现模糊区域）。

» 曝光必须存在明显差异，包含整个动态范围。开始时，可以试着采用3种曝光，设置分别为−3、0和+3；5次曝光可以试一试−4、−2、0、+2和+4。

> » 最亮的照片（最长的曝光时间）要能反映较暗的拍摄区域，最暗的照片（最短的曝光时间）要包含亮的地方，不能削减高光。

> » 如果反差强烈，则需要更多的单张照片和更大的曝光值差异范围。

> » 最好使用HDRI技术拍摄静物。行驶的汽车、散步的人、风中摇曳的大树，在单张照片中，它们的位置各不相同，无法做到一致裁剪。

如果是动态的被摄对象，单张照片相互重叠，会出现一些问题。因为它们不是绝对一致的，结果就是出现模糊和"鬼影"（一个被摄对象出现在照片中的两个位置）。这时候需要用到所谓的"伪 HDR"，该技术通常使用 RAW 文件作为原始材料。RAW 格式的动态范围高于 JPEG 文件，提供一个曝光余量，通过多次显影的 RAW 文件，这个曝光余量会被消除。你利用 RAW 文件显影的两张照片，一张暗、一张亮，将两种亮度进行组合后，便可充分利用 RAW 文件的曝光范围。

11.10.2　使用Photoshop Elements的Photomerge 处理高动态范围

夜晚，在灯火通明的城市里进行拍摄，相机传感器的动态范围很受限制。曝光时间较长时，路灯或霓虹灯在照片中会过亮，高光会溢出。缩短曝光时间，亮部正确曝光，但照片的其他部分则一片漆黑，什么也看不见。

使用包围曝光和 Photoshop 软件可以解决这个问题。曝光次数取决于被摄对象的对比度。也就是说，被摄对象的明暗反差越大，所需单张照片越多。一般来说，3 张照片即可，曝光分别为 –3、0 和 +3。

1. 通过"文件 / 打开"，将包围曝光的照片全部上传到 Photoshop Elements。

2. 选择"文件 / 新建 /Photomerge 曝光"，启动"Photomerge 曝光"，并在接下来的对话框中点击"打开全部"。

图 11.84 把之前打开的所有照片放入"Photomerge 曝光"。

3. 对话框"Photomerge 曝光"采用不同方法对包围曝光的单张照片进行组合。你可以试一试，哪种设置效果最好。

编辑菜单里的"手动"设置适合组合两张照片，一张使用闪光，一张不用闪光，比如拍摄灯火通明的城市夜景，对包围曝光的单张照片进行组合；还有一种"自动"模式，效果也不错，通常有两种工作模式。

"简单叠化"：使用起来无须其他设置，"Photomerge 曝光"可自行算出理想的曝光设置和单张照片的裁剪，并将结果显示在预览窗口。一般这种自动模式的效果都很好。

"选择性叠化"：使用控制器"标志细节"，控制亮度和高光显像。"对比度"控制器可提高或降低照片黑色区域的亮度，调节"饱和度"滑块可改变色彩强度。

图 11.85 "Photomerge 曝光"将包围曝光拍摄的几张照片组合成一张和谐的照片。

　　屏幕下方显示了组成现在这张照片的单张照片。如果不想加入哪张照片，就勾选哪张照片前面的对勾。

　　4. 如果对组合结果感到满意，选择"确定"并关闭"Photomerge 曝光"。很快，Elements 将在编辑器里呈现完成的照片。

　　5. 通过图层控制面板可知最终照片是由两个图层组合而成的。最暗的那张几乎是黑色的照片，高光正确曝光，后用作背景。如果需要的话，可以降低上面一个图层的涂改能力，在最终成片里显示更多的高光部分。

　　6. 通过"图层 / 减少到背景图层"选项，合并两个图层，保存照片。

图 11.86 前后对比照。当曝光时间短时，高光部分正确曝光，但照片的其他部分几乎是黑色的。
拍摄参数：尼康 D300，18mm，1 秒，f/8，ISO200。

图 11.87 中等曝光，乍一看，照片不错。但再仔细看看，天空太亮，高光部分的细节有缺失，阴影处什么也看不见。
拍摄参数：尼康 D300，18mm，5 秒，f/8，ISO200。

图11.88 曝光时间长,阴影里的细节很清楚,但照片的其他部分曝光过度。

拍摄参数:尼康D300,18mm,20秒,f/8,ISO200。

图11.89 使用了"Photo-merge 曝光"对单张照片进行合成,得到一张色阶分布适中的照片,高光和阴影都很清楚。

11.10.3 高动态范围摄影（HDRI）

HDRI 技术应用广泛，深受数码摄影师的喜爱。这种照片看起来很是特别，仿佛漫画一般。关于 HDRI，有人喜欢，有人抵触，也有人觉得不重要，这完全是个人品位问题，切记过犹不及。

虽然没有之前一个例子那么效果惊人，但 HDR 软件是一个非常有效的工具，能够把反差强烈的场景合成画面自然、曝光完美的照片。这一转化过程，肉眼是看不见的。

常见的免费HDR软件包括：HDRtist (Mac OS, www.ohanaware.com/hdrtist)，Picturenaut (Windows,www.hdrihandbook.com/picturenaut) 和 Hugin（一个用于Windows、Mac OS 和Linux 的公共资源项目,www.hugin.sourceforge.net）。

应用程序	描述	平台	价格	网址
Photoshop CS5	Photoshop 自 CS3 开始，可以生成 HDR 照片；现行版有很大改进，就算拍摄动体也很清楚	Windows、Mac OS	10000 元	www.adobe.de /photoshop
Photomatix	最受欢迎的 HDR 软件之一，具备多种功能，能够批量加工 HDR 照片，非常方便	Windows、Mac OS 及用于 Lightroom 的插件	990 元	www.hdrsoft.com
Nik HRD Efex Pro	将 HDR 技术和制造商用于滤镜的 U–Point 控制技术相结合，便于效果的机内调节	Windows、Mac OS 及用于 Photoshop、Lightroom 和 Aperture 的插件	1600 元	www.niksoftware.com/hdrefexpro.
FRD Tools	控制可能多种多样，但操作复杂	Windows、Mac OS	390 元	www.fdrtools.com

表 11.5 重要的 HDR 软件一览。选择多种多样，每一款软件都有自己的特色，所有制造商均提供免费的试用版本，你可以试一试，看一看哪款软件适合你。

图 11.90　若过分应用的话，HDR 照片看起来会过于鲜艳，显得很不真实。使用 Photomatix Pro 对 3 张包围曝光的照片进行 HDR 处理，软件将对亮部和暗部细节作增强处理。

图 11.91　逆光拍摄时，曝光会做出折中，使前景相对较暗，天空过亮。通过 HDR 对两张包围曝光的照片进行处理，一张的曝值为 -2，另一张的曝光值为 +2。
拍摄参数：尼康 D80，16mm，1/90 秒，f/8，ISO100。

图 11.92 亮的照片,前景很清楚。但天空曝光过度。

拍摄参数:尼康 D80,16mm,1/20 秒,f/8,ISO100。

图 11.93 曝光值 -2 时,照片非常暗,只能看见天空和太阳。

拍摄参数:尼康 D80,16mm,1/350 秒,f/8,ISO100。

用自动包围曝光拍完照片之后，你需要使用一款合适的软件，比如 Photomatix Pro 软件，将多张照片制成 HDR 照片。

1. 通过"文件 / 上传包围曝光"启动 Photomatix Pro。然后选择单张照片，点击"确定"关闭对话框。

以前的版本，Photomatix 将在下一步直接用包围曝光制成 HDR 照片。但这样的照片看起来非常暗淡，反差强烈，效果令人很失望。因为生成的 32 比特照片反差太大，一般的显示屏无法正确显示，因此请你解除选项"显示 32 比特照片中间效果"。

图 11.94　Photo-matix 版本 4，能根据你的要求，显示 32 比特的 HDR 照片。

2. 通过 Photomatix 打开对话框"预加工 / 项目"，请你根据需要进行设置，点击"确定"生成 HDR 照片。

如果包围曝光时你没有使用三脚架，各单张照片的画面不是完全相同的，需要使用选项"对齐原始照片"。通常"以位移为基础"的方法更快一些，但手持拍摄，"以标志为基础"的方法效果更好，这是经验之谈。

如果是动态被摄对象，你需要使用选项"减少鬼影"，且"半自动"的设置，效果最佳。你在中间步骤对动态对象加以标志，Photomatix 能够有效清除鬼影。

有些被摄对象，需要使用选项"减少噪点"和"减少色差"来改善照片效果。因为例子中既没有色边问题也没有噪点问题，所以这两个选项，我都没有选。

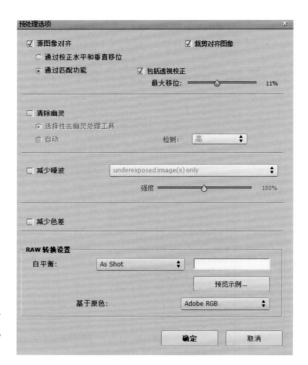

图 11.95 通过各种参数对 HDR 生成的照片进行优化。

如前所述，通过包围曝光拍摄的单张照片制成的 32 比特 HDR 照片，动态范围非常高，远远超出了打印机和显示屏的能力范围，因此必须通过色调映射将动态范围减少到能够显示的标准。原则上，软件对照片每一区域的亮度信息进行搜索，根据特定预设将其识别成一张色彩深度为 8 或 16 比特的"正常"照片，细节可见于各个区域。

Photomatix Pro 就降低动态范围提供了不同的方法，在屏幕下面可显示各个预览结果。

3. 选择你最中意的结果，点击"预览 / 缩略图"。根据自己的需要，使用左侧的调节器对照片进行调整，即点击按键"加工处理"开启色调映射。

作为对色调映射的补充，PhotomatixPro 还提供一种"合并"功能。它能根据包围曝光的原理，将单张照片不经过 HDR 处理直接重叠。

色调映射是非常关键的一步。采用"细节增强"的方法，一眼便能看出是 HDR 照片。这一方法类似于 Photoshop 或 Photoshop Elements 中的"阴影 / 高光"，可使暗部和亮部的细节变得可视。第二种方法叫作"色调压缩"，照片效果比较自然，色阶可被压缩到显示屏和打印机能够接受的程度。

图 11.96　Photomatix Pro 可提供不同方法，将 HDR 照片的动态范围减少到能够显示的标准，并在下方出现预览。选择"细节增强"时，照片的人造痕迹会比较明显，有些失真。

图11.97　在逆光情况下，采用色调映射的另外一种方法进行压缩，照片效果会更自然，阴影和高光的色阶均得以完美呈现。

11.11　现场光

　　不使用闪光灯，只用现有光线进行拍摄就叫现场光摄影。很多地方是不允许使用闪光灯的，比如博物馆和体育比赛。很多时候，放弃使用闪光灯才能得到自然的光线效果，比如演唱会或剧院演出。

　　使用现场光进行拍摄，你会遇到一系列问题，从而纠结于是否要使用闪光灯。现场光不同于闪光灯光线，不会只照亮前景，现场光比闪光灯光线柔和得多，能够赋予照片纵深感。其缺点在于：由于现场光比较弱，照片容易发虚。

图 11.98　你最好使用现有光线拍摄摇滚音乐会。且有意识地放弃使用闪光灯，以得到漂亮的光线效果。拍摄参数：尼康 D80，80mm，1/350 秒，f/5.2，ISO1600。

在剧院里或演唱会现场进行现场光摄影，由于光线较弱，带图像稳定器的镜头或相机，以及独脚架或三脚架，貌似能够派上用场。实际上，无论是图像稳定器还是三脚架，都只能预防因为拿不稳相机导致的模糊。摇滚乐队的主唱在舞台上跑来跑去，相机再稳，曝光时间一旦较长，照片也还是会发虚。

如果光线较弱，使用大光圈的镜头能够拍出好的照片。大光圈的镜头，由于光圈开口大，所以通光量也多。大多数非专业变焦镜头的最大光圈是是 f/4（广角端）和 f/5.6（远摄端）。当光线弱的时候，f/5.6 的最大光圈会限制拍摄。

专业的变焦镜头通常有 f/2.8 的恒定最大光圈，但是价格非常昂贵。对于现场光摄影而言，携带最大光圈较大的定焦镜头是个不错的备选。对于 35mm 胶片单反相机来说，50mm 镜头是经典的标准焦距。而它用于 APS–C 型数码单反相机则如同小远摄镜头，最大光圈为 f/1.8 甚至 f/1.4，价格相对便宜。

除了镜头的最大光圈之外，传感器的感光度设置也在现场光摄影中起到重要作用。ISO 设置越高，曝光时间越短，越不容易出现模糊。

利用现场光进行拍摄，使用最大光圈较大的镜头，才能拍出好照片。此外，请你在相机上设置一个高的感光度，这样就算光线较弱，曝光时间也能足够短，从而避免各种各样的成像模糊。

图 11.99　为了获得光线效果，我甚至在拍摄时将感光度提高到 ISO3200。

拍摄参数：佳能 G11，6.1mm，1/100秒，f/2.8，ISO3200。

问题在于：ISO 值越高，噪点就越多。所谓噪点，就是干扰画面效果的不同亮度或色彩的圆点。在不影响图像质量的前提下，感光度能够提高到多少，取决于你所使用的相机。相比采用小面积影像传感器的小型相机，影像传感器较大的数码单反相机，即使提高感光度，也不会出现明显的噪点。

现场光摄影，除了光线较弱，你还会遇到其他问题，包括高光比、逆光和色彩失真等。

拍摄时采用 RAW 格式，即可避免色彩失真。事后，你可以在电脑上使用正确的白平衡过滤掉失真的色彩。但是一般不提倡这样做，以摇滚音乐会为例，有色彩斑斓的舞台灯光，照片才显得真实。

至于最难对付的逆光和高光比，你最好使用相机的点测光模式来测光，且针对照片比较重要的部分进行有针对性的测光，比如音乐家或单个演员，以便正确曝光。

11.12 黑白摄影

黑白照片堪称永恒的经典，即便是在数码摄影时代，也因其精妙的灰度变化而大受欢迎。黑白照片不只是一张没有色彩的简单照片，它能突出形状和结构，其效果能引起观者的无限遐想。

图 11.100 进行黑白摄影创作时，你最好选择对比强烈、轮廓鲜明的被摄对象。
拍摄参数：尼康 D300，28mm，1/320 秒，f/11，ISO200。

不是所有被摄对象都适合进行单色转换。请你找一些亮度对比强的被摄对象，比如被阳光照得发亮的玉米地和阴沉沉的天空，而绿树和绿草就不是合适的被摄对象。色彩相近的照片，由于缺乏亮度差异，转换成黑白照片，画面很是无趣，非常平面化。

因为没有色彩，结构、形状和图案将显得格外突出，通常强烈的条状光源是拍摄抽象图形的理想光源。而从侧面射入的阳光将投下清晰的阴影，可起到塑型的作用。光影分布也使照片中的沙丘或怪石看起来更立体。

一张好的黑白照片既要展现纯黑的部分，又要展现纯白的部分，而且黑白之间的灰度分布要尽量广泛一些。在雾中拍摄或在海边拍摄的浪花，灰度变化就非常精妙，为黑白摄影提供了良好前提。

黑白照片以轮廓见长。使用微距镜头，日常不起眼的小东西，如沙滩上的贝壳或小石子，也能拍出艺术感。

图 11.101 展现风景的黑白照片，能突出自然的基本结构。雾气和水汽能够提供精妙的灰度。

在黑白风景中，极具戏剧效果的天空给人的印象最为深刻。拍摄这样的照片，最理想的情况就是湛蓝的天空上飘着几朵白云。此时将曝光降低 1/3 挡，可以提高对比度，从而使天空更暗，云朵更白。

经典的胶片黑白摄影，拍摄时会在镜头前加上红色滤镜以遮挡天空，与白云形成更加强烈的反差。数码时代的黑白摄影，倒不必这样，可在拍摄之后使用电脑进行灰度转化时精细调整灰度值。

天空的色彩可视作介于深灰和雷雨黑之间的任何灰度级别。多拍一些天空，少拍一些风景，效果更加强烈。

图 11.102 进行黑白转换时，采用有针对性的通道调整，天空就会变暗，与白云形成更加强烈的对比。拍摄参数：尼康 D300，20mm，1/640 秒，f/8，ISO200。

拍摄技术：相机的黑白模式

初学黑白摄影，数码相机的黑白模式对此非常有帮助。采用黑白模式，能够通过显示屏对被摄对象的灰度转换有个大概了解。经常这样看一看，很快就能知道特定的色彩、灰度值和外观在黑白照片里看起来是什么样子的。

如果采用JPEG格式进行拍摄，最好不要将相机的黑白设置用于原始照片。在黑白模式下，所有色彩信息将不复存在，之后再无可能对灰度转换施以有针对性的影响。RAW格式则相反，单色转换只作用于预览照片。你能够看见被摄对象在黑白照片中是什么样子，但色彩信息是被保留下来的，需要的话，你可以有针对性地在电脑上进行黑白转换。

11.12.1 在电脑上进行黑白转换

使用数码相机进行黑白摄影，既不需要给相机装上专门的胶卷，也不需要在暗室里使用对身体有害的化学试剂。你可以像平常一样使用数码相机拍摄彩色照片，然后通过后期处理对照片进行黑白转换，非常方便。

图 11.103 使用图像处理软件可以有针对性地把色调转换成灰度值。有了电脑，调色也不是什么问题，完全不需要暗室和化学试剂。
拍摄参数：尼康 D5100，26mm，1/20 秒，f/4.8，ISO100。

从彩色转换成黑白，彩色照片会丢失重要的色彩信息，将其换算成具有细微差别的灰度值，看上去才像是黑白照片。因此使用黑白模式转换去除色彩，并不是一个好主意，只有极少数情况下才能得到完美的黑白照片。

和装在镜头前的色彩滤镜不一样，你能够在电脑上看到被摄对象的灰度转换过程，并对其进行精确控制。

无论是 Photoshop Elements 还是 Photoshop 软件，都提供了强有力的转换工具，可把色彩信息转换成灰度值。如果是 Photoshop Elements，则选择"转换成黑白"选项后进行转换，操作过程是"加工处理 / 转换成黑白"。如果是 Photoshop CS5，你可以把 RAW 转换器"相机 RAW"变成一个黑白洗印室，再激活复选框"转换成灰度"，以便使用滑块控制器过滤掉色彩信息。黑白转换的另外一种可能是使用"图像 / 修正 / 黑白"功能。

> 黑白摄影的技巧在于有针对性地转换，把色彩转换成合适的灰度值。

使用Light-troom 3进行黑白转换，最快捷的方法是：请你在程序模块的界面"快速修改照片"中，从可能的默认值中选择一个。

图11.104 Light-room 在自动混合过程中需考虑一个事实，人眼在感知色彩方面存在亮度差异。比如，蓝色在我们看起来要比红色或绿色深一些，尽管三种色彩的亮度是一样的。

接下来，我将向你示范如何使用 Photoshop Lightroom 3 将一张彩色照片转换成一张对比鲜明的黑白照片。

1. Lightroom 3 显影模块中的"黑白混合"，为黑白转换提供了一款功能强大、使用简单的工具。首先打开菜单"Lightroom/ 预设"，确保勾选"第一次转换为黑白时应用自动混合"选项。

2. 现在切换到 Photoshop Lightroom 的显影模块，用鼠标点击"基本设置"里的"黑白"。

3. Lightroom 的自动过滤效果已经相当不错，你还可以根据需要进行精确调整。请你使用"HSL/ 颜色 / 灰度" 面板中的"灰度 – 通道"调整滑块控制器。

4. "灰度 – 通道"调整的各个控制器所处位置不同，说明 Lightroom 会自动将通道混合调整到合适，你则通过色彩控制器来影响色彩向灰度值的转换。比如，你把"蓝色"控制器向左移动，天空变暗，或者你把"绿色和黄色"控制器向右移动，树木和草丛变得更加明亮。

图 11.105 点击"黑白"即可完成转换。使用滑动控制器可轻松调整各色彩通道的转换。

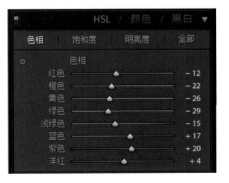

图 11.106 使用单个"色彩过滤器"可以非常精确地控制色调。

Lightroom 通过滑块控制器进行通道调整，为黑白转换提供了一种非常直观的方法。但想要达到预期效果，相当困难，因为我们不知道某一特定区域究竟是由哪些单个色彩组成的，比如天空一般不只是蓝色，还含有紫色和洋红色。Lightroom 的"目标调节工具"能够非常准确地调整单个图像区域的亮度。

黑白摄影的技巧在于有针对性地进行转换，以把色彩转换成合适的灰度值。

图 11.107 向左移动"蓝色"控制器，天空变暗；向右移动"绿色"控制器，前景的绿草变亮。

　　5.　先将之前的调整复原到现在为止的通道调整，以便从零开始。然后按住 Alt 键，在"HSL/ 颜色 / 灰度" 面板里将"黑白混合"换到"返回黑白混合"。最后用鼠标点击 Alt，使所有控制归零。

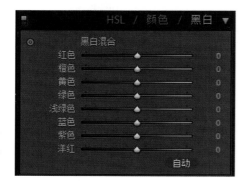

图 11.108 点击 Alt，将通道调整归零。

6. 在"HSL/颜色/黑白"面板中，想要修改哪个色调的灰度值亮度，就用光标点哪个色调，比如天空。然后按住鼠标，将其向下拖动，灰度变暗；向上拖动，灰度变亮。

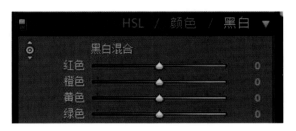

图 11.109　没有比这更简单的了。有了"目标调整工具"，不必考虑单个图像区域是由哪些色彩组合而成的。操作时，你可以使用鼠标控制亮度，非常轻松。

数码黑白摄影要点

你不必在拍摄时确定你想要拍摄的照片类型是彩色照片还是黑白照片，也不需要使用专门的黑白胶卷。你只须一如既往地拍摄彩色照片。

黑白效果不是在暗室里洗出来的，而是通过后期处理制作出来的。你不仅要去掉照片的色彩，还要有针对性地控制色调向灰度值的转换。这种工作方法的另外一个优点是，你不必在拍摄时使用用于控制对比度的红、绿、黄滤镜。

拍摄数码黑白照片的基本步骤：

1. 像往常一样，使用相机的正常设置进行拍摄，黑白模式会减少后期处理的可能性，因此没有必要。黑白模式唯一一个优点是数据量较低。

2. 在后期处理过程中，请你对单个色彩通道进行有针对性的控制，以得到富有层次感的单色照片。

如果你从 Lightroom 以 TIFF 和 JPEG 或以 Photoshop 文件（即 psd）输出转换成的黑白照片，色彩数据将被全部摒弃。以 DNG 文件输出，色彩则得以保留，能够被找回，比如用 Photoshop。

11.12.2　美术打印

使用电脑花费大量心血将彩色照片转换成黑白照片之后，你会想要把它打印出来。高质量的喷墨打印机和顶级相纸能够呈现黑白照片完美的灰度值，效果堪比暗室里洗印出来的照片。

新型墨水还可提高照片的保存期限，佳能、惠普、爱普生都能保证70-100 年的保存期限。美术打印效果惊人，但要求你掌握大量技术，我只能在本书中做简单介绍。

原则上，有四种不同的方法可以进行黑白打印。

» 黑白模式：很多打印机驱动程序会提供一个黑白打印选项（灰度模式），也就是说只用黑色墨水打印。选择黑白模式，虽然打印出来的照片没有色彩偏差，但是老式喷墨打印机墨滴相对较大，分辨率无法达到高品质照片的要求。

» 彩色模式：使用彩色模式，分辨率虽高，但打印机必须使用青色、洋红色和黄色三种色彩才能混合出明亮的灰度。虽然分辨率明显高于黑白模式，但是必然出现色彩偏差，且难以抵消这种偏差。使用打印机驱动程序中的墨量调节器能够轻微弱化色彩偏差。

» 黑白专用墨水：使用专业的灰色墨水，能够打印出色彩中立的照片，但只有少数打印机制造商提供这种墨水，也只有少数打印机能够使用这种墨水（比如惠普Photosmart B8350或爱普生Stylus Photo R2400）。

» 其他墨水：常见的喷墨打印机，制造商不提供黑白墨水，使用其他墨水也能够打印出完美的黑白照片，你可以尝试一下European Ink牌的Triton Plus系列墨水。使用这种墨水，选择彩色模式，无须其他操作，即可打印黑白照片。

他人代印

如果你不想自己打印，想请洗印店或服务处代印，需要注意以下几点：

» 很多在线服务用的都是所谓的"迷你洗印室"（也就是在小空间里洗印各类照片的机器）。一般来说，这类机器适合洗印彩色照片，因其色彩偏差在所难免，无法洗印真正的黑白照片。

» 如果你想请一家迷你洗印室打印黑白照片，并想通过特殊软件将照片数据传给洗印室，请你关闭"图像优化"选项（这些修正是为彩色照片设计的，它们会毁掉黑白照片的灰度值分布，使你前功尽弃）。

» 只有采用喷墨打印机和灰色墨水的专业供货方（比如www.fotokabinett.de）或采用经过改造的传统放大机，在模拟PE纸或Baryt纸曝光数码照片的专业洗印室（比如www.variochromat.de），才能做出符合美术要求的黑白照片。

» 请你对服务处提出校准要求。所有可靠的供货方均提供辅助工具，如灰度色块、测试卡、ICC色彩配置文件等。

11.13　红外线摄影

如果白天变成黑夜，树木开始发出恐怖的亮光，那么这就不是后期处理了，而是红外线摄影。

图 11.110　白天拍出了亮白的树叶，漆黑的天空。但这并非后期处理，而是红外线摄影。拍摄参数：索尼 NEX-3(改成 700nm)，16mm，1/250 秒，f/11，ISO200。

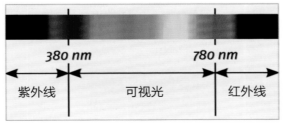

图 11.111　图为可视射线的电磁光谱。通常人眼只能看见 380nm 到 780nm 之间的区域。我们无法感知短波的紫外线和长波的红外线。

红外线摄影不是热感应摄影。这张照片是用专业的热成像照相机拍摄的,这类照相机能够记录被摄对象的热量散发效果。这里记录的就是 50um–1mm 之间波长非常长的远红外线。

比较受人欢迎的红外线照相机是佳能 G1、G2 和 G3,以及尼康 D70。秘密武器是适马 SD14,其红外滤镜和防尘滤镜合二为一,无须娴熟的技巧,即可安装和拆卸。

图 11.112 照片中的红外线二极管发亮时,红外线的感知能力足够强。拍摄参数:尼康 D70,50mm,10 秒,f/8,ISO200。

光线不只是围绕在我们身边的可视射线。人眼所能看见的,经常被我们用于拍摄的区域只有 380–780nm。可视光谱之下是紫外线,之上是红外线。红外线摄影用的是 780–1400nm 之间的波长。

绿色变成白色,蓝色变成黑色,能显现人眼看不见的特殊射线,这正是红外线摄影的魅力所在。原则上,任何一块数字影像传感器都能记录红外线,且对其非常敏感,相机制造商给相机装了一枚低通滤镜,旨在将长波的红外线挡在传感器之外。

原理:镜头透镜对不同波长光线的折射率不同,其最佳效能都是针对光谱可视部分的。如果光线的红外部分到达传感器,可视光谱的清晰影像会和不清晰的、略大一些的红外影像发生重叠。相机不断推陈出新,内置于数码相机的低通滤波器功效也越来越强。因此数码相机款式越新,越不适合红外线摄影。2004 年的尼康 D70 能够拍出不错的红外照片,而尼康 D80 的红外线低通滤镜性能极佳,根本感受不到红外线。

测试:你的数码相机是否适合拍摄红外照片?

1. 找一个空间,遮暗一点,往桌子上放一个常见的红外线遥控器,比如电视机的遥控器,测试时,外线二极管的一端朝外放。

2. 把相机安装到三脚架上,然后拍摄遥控器的二极管。

3. 手动控制相机,选择光圈 f/8 和一个较低的快门速度,比如 10 秒。

4. 关掉房间的灯,按下相机快门,且整个曝光时间里都要按住遥控器的某个按键。

如果拍出来的照片里有一个发光的红外线二极管,就说明你的相机能够感知红外线,能够用于红外线拍摄。如果照片发暗,说明你的相机不适合进行红外线拍摄。

镜头也是一样的。原则上，任何镜头都能用于红外线摄影，但制造商将镜头的最佳效能设计为可视光谱的范围，很多镜头对红外线的反应只在于清晰度有所下降。不过也有一些镜头，因为专业涂层而完全不适合红外线摄影。

你只能通过测试才能确定镜头是否适合红外线摄影。如果你还保留着胶片时代的镜头，而且镜头与数码单反相机相配，那你就太幸运了。这种镜头非常适合红外线摄影，甚至还能简化对焦的指数标记。这些标记通常是小白点或小红线，以显示红外线对焦平面相对于可视光对焦平面的偏差。

进行红外线摄影，红外线滤镜是你所需的唯一附件。该滤镜与之前提到的在数码相机内部起作用的红外线滤波器刚好相反，它是深红色或黑色的，能挡住人眼所能看见的所有可视光，只有长波的红外线能够到达传感器。红外线滤镜的区别在于限制区域不同。红外线摄影，两大最著名、最常用的滤镜是豪雅（HOYA）R72 和皓亮（Heliopan）RG830。豪雅滤镜能够阻挡的可视光谱达到 720nm，只允许一小部分可视光线通过；皓亮滤镜是黑色的，能够阻挡的可视光谱达到 830nm，只适用于红外线感知能力强的相机。

刺眼的正午日光是红外线摄影的最佳条件，因为红外线比例非常高，这一点和风景摄影刚好相反。

11.13.1　使用数码单反相机进行红外线摄影

1. 把红外线滤镜装到镜头前。因为暗色滤镜会干扰自动白平衡，你必须手动调整白平衡，比如将相机对准绿色的草地，手动设置白平衡。如果使用 RAW 文件进行拍摄，也可在事后使用 RAW 转换器调整白平衡。

2. 把滤镜取下来，将相机装到三脚架上。调整相机，直到发现满意的照片构图。然后把遥控快门线插到相机相应的插槽里。

一方面因为镜头前的红外线滤镜（几乎挡住了所有可视光），另一方面因为相机内部传感器前的红外线滤波器（过滤了部分红外线），所以进行红外线摄影，就算阳光明媚，快门速度也需要低至数秒。

3. 事先完成手动对焦工作，因为装上红外线滤镜之后取景器中的图像会变得非常暗，自动对

图 11.113　今天，还有一些镜头有红外线标记，可在红外拍摄时精准对焦。

焦无法正常工作。如果你用的是带红外线标记（红线或白点）的老式镜头，只需将对焦距离转到红外线标记。

现在，大多数制造商省去了镜头上的红外线标记。所以除了试，你别无选择。可以先试着设定一个比可见光下对焦距离近些的点。

之前已经介绍过，镜头透镜对不同波长的光线反射不同。清晰的红外照片，其对焦平面和可视光照片的对焦平面是有偏差的。

4. 尽可能把光圈缩小一些（比如光圈 f/8、f/11 或 f/16），以便得到一个大的景深，降低红外照片出现模糊的可能性。同时将相机设为手动曝光，即 M 挡曝光模式。

5. 对红外拍摄而言，相机的测光用处不大，因为红外线滤镜会影响测光，正确的曝光深受所用滤镜、相机类型和光线条件的影响。比如阳光充足的时候，可使用尼康 D70、豪雅 R72 红外线滤镜，5 秒的快门速度和 f/16 的光圈，ISO200 的感光度。

6. 把红外线滤镜装到镜头前，不要影响相机位置和对焦设置。

7. 请你使用遥控快门。如果手边没有遥控快门，可使用定时自拍，避免因为手按快门导致的相机抖动。

8. 通过显示屏检查曝光和对焦情况，很少能够一次性拍摄成功。需要的话，请你调整曝光和焦点，重复步骤 6，直到拍出清晰且曝光完美的红外照片。

因为相机使用了红外线滤镜，曝光时间会变得非常长。为了应对这一点，你可以提高相机的 ISO 设置。

从事红外线摄影，你需要投入一些时间。开始时需要反复尝试，无法迅速拍出好照片。一旦跨越最初的一些障碍，你便会疯狂地爱上红外线摄影。

红外线摄影的被摄对象

红外线摄影为看似普通的被摄对象带来了新的阐释。死水和蓝天不反射红外线，因此看起来一片漆黑。流动的水和近乎纯白的云朵则构成鲜明反差。由于曝光时间长，云朵会变得模糊，成为隐约可见的阴影。

红外线摄影，最突出的就是白色的树木和草地。绿色的树叶、草地和沼泽会反射大量红外线，因此变得非常亮。美国物理学家罗伯特·威廉姆斯·伍德早在1910年就对这一现象做出过描述，后来人们根据现象的发现者名字将其命名为"伍德现象"，草和树叶细胞壁里的叶绿素是这一现象产生的原因所在。叶绿素几乎反射了阳光中全部的红外线，以避免阳光强烈的时候植物变热，从而保护自己免受干涸之苦。

阳光充足，天空湛蓝，积云漂亮，此时正是进行红外线摄影的最佳时机。红外摄影，请你选择带树木或草地的被摄对象，宫殿和城堡则最能拍出童话般的效果。

11.13.2 对红外照片进行黑白转换

相比使用胶卷（比如柯达高速红外胶卷）拍出的单色红外照片，你在数码相机显示屏上看到的红外照片还是差得远。虽然用了红外线滤镜，但相机还是记录了所有色彩通道，因此黑白转换势在必行。

1. 在 Photoshop 或 Photoshop Elements 里打开红外照片。

下文的照片是用 RG−720 滤镜和自动白平衡拍摄而成的，暗红色的滤镜干扰了白平衡，使照片明显发红。

图 11.114　使用自动白平衡，照片明显发红。

2. 通过"图像/修正/灰度值修正"或 Strg+L/ ⌘+L 打开对话框"灰度值修正"。修改偏红的照片时，须对单个色彩通道的直方图进行修改。每个通道都要进行所谓的"灰度值展开"，"黑色控制器"和"白色控制器"分别移至色阶曲线的开头或结尾，然后从下拉菜单"通道"中选择"红色"，并将黑色三角滑块移至直方图左侧边缘；将"白色控制器"（右边的三角滑块）移至色阶曲线右侧边缘，如图所示。

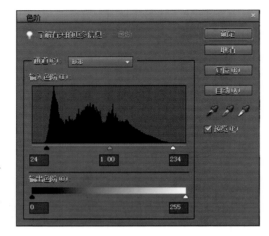

图 11.115 将各个色彩通道的黑白控制器移至色阶曲线的两端。

3. 重复步骤 2，修改绿色和蓝色通道。如果控制器上的色阶曲线存在缺口，就要向曲线两端移动控制器。

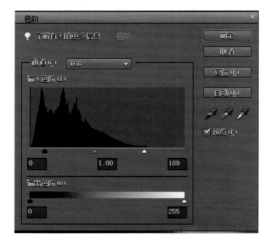

图 11.116 将绿色通道里的白色小三角滑块移至直方图的右侧边缘。

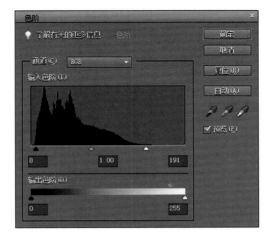

图 11.117 在蓝色通道中,大幅向左移动白色三角滑块,直至到达直方图末端。

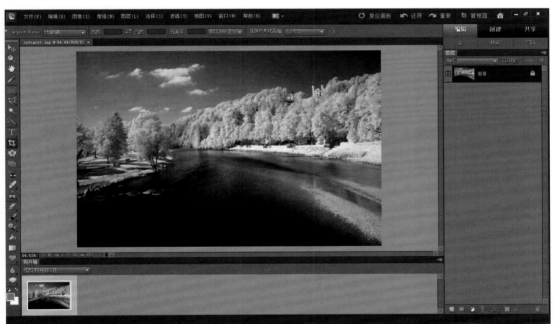

图 11.118 对各个色彩通道进行色阶展开,去除红色。

4. 打开"图像 / 修正 / 黑白"，将红外照片转换成单色的黑白照片。试一试风格"生动景致"，对各个色调的控制器进行调整，直至得到满意的效果。

图 11.119 使用对话框"黑白"，将红外照片转换成灰度照片。

拍摄红外照片，经过改造的数码相机更顺手。如果想让相机对红外线更加敏感，必须去掉内置的红外线滤波器，换上一块透明玻璃或波长范围经过改良的滤镜。心灵手巧、敢于尝试的人可根据网上的改造说明自行制作，其他人最好求助于专家，比如"optic Makario"（http://www.h-maccario.de/wordpress/）。

图 11.120　红外照片，蓝天变得非常暗，水几乎变成了黑色。相反，树叶白得发亮。原始照片的拍摄参数：尼康 D70，16mm，2 秒，f/16，ISO200，三脚架，豪雅滤镜 RG720。

图 11.121　可使用经过改造的相机进行徒手拍摄。拍摄参数：索尼 NEX-3（改成 700nm），16mm，1/400 秒，f/16，ISO200。

11.14　为网店拍摄产品照片

新年大扫除的时候，总会找出很多旧东西。这些东西虽然再也不用，但是丢掉又很可惜。以前，人们会前往旧货市场直接挑选实物；如今，人们更喜欢通过照片进行网购。

你不必成为专业的广告摄影师，但是精美的照片有利于销售，这一点毫无争议。照片越专业，就越有利于展示。因此在拍摄上花些心思，还是值得的。

你可以在摄影商店找到各种尺寸的拍摄桌，小的只有几厘米，大的足有 1 米。拍摄桌可以是一张桌子，也可以是一个托架，根据拍摄需要而定。背景纸板装在拍摄桌上，呈凹弧状。一般来说，桌面是白色的，但如果是透明桌面就更为理想，因为这样还可以从后面和底下透射。

如果你想拍摄硬币、邮票或其他小东西，未必要用昂贵的微距镜头。如果只是偶尔拍摄产品照片，给镜头加上一枚近摄镜就足够了。

拍摄小物件，比如硬币、手表、CD 或书籍，并不需要一个完整的摄影棚，重要的是背景不能喧宾夺主。如果是在厨房操作台进行拍摄，被摄对象后面的脏盘子或脏抹布实在有碍观瞻。拍摄小东西，你可以把一块白色的纸板固定在桌子上，并把它冲着墙窝一下，形成一个凹弧，和摄影棚一样，这样也能拍出好的照片。

CD、书籍或是表面光滑的其他东西，光源最好和被摄对象成 45°，避免反光。使用"光线帐篷"，能使照明光线变得非常柔和，且没有阴影。你可以将透明薄膜或透光材料以圆锥体或长方体形状绷在被摄对象上，无论是单个光源还是多个光源，光线都会变得非常柔和。

拍摄产品时，请你尝试不同角度。如果从斜上方打光，拍摄效果非常普通；如果直接从前面打光，很多实物会显得富有张力；如果给相机装上广角镜头，贴近被摄对象，从下面进行拍摄，照片更有戏剧效果。

在网店出售旧的咖啡机、留声机或其他体积大、价格贵的家用电器，除了给整个产品拍照，还要拍摄产品细节和附件。照片要尽可能拍得漂亮一些，但同时要保持真实。如果所卖的数码相机显示屏上有划痕，一定要告诉买家，让买方有一个心理准备。

图 11.122　简易拍摄桌，你可根据需要进行折叠，能够节省空间。

图 11.123　拍摄桌、装了柔光箱的闪光灯、泡沫塑料板（用作反光板），再加上第二盏闪光灯用于背景照明，即可拍出专业的产品照片。

拍摄参数：尼康 D300，85mm，1/125 秒，f/16，ISO200，闪光灯 SB-600 外加柔光箱，美兹闪光灯 48 AF-1 用于背景。

拍摄产品时，你最好选择中性背景（黑色、白色或灰色）。使用彩色背景，请你注意它对被摄对象的影响，因为背景的部分反光必然会反射到产品的某一部分上。

如果你经常为网店拍摄产品照片或只拍摄小东西和静物，那么你最好配备一个完整的迷你影棚。如今，网店购物越来越流行，你可以在网上摄

彩色背景的效果千差万别，就背景而言，并无一定之规。你可以多尝试几种色彩，看看哪种色彩最适合被摄对象，你自己最喜欢哪一种色彩。

影商店买到全套设备，包括背景、照明和相机支架。很多迷你影棚是可以折叠的，折叠后也就只有公文包那么大。但是迷你影棚只能拍摄小东西。

11.14.1 静物

对影棚摄影来说，静物是非常大的挑战，创造力、构图、色彩和照明都很重要。很多东西可以用作被摄对象，效果不比艺术品差。整个照片全部由你掌控：从被摄对象的选择到单个对象的布置、背景的选择，再到照明。

图 11.124　拍摄参数: 尼康 D300, 70mm, 1/60 秒, f/22, ISO200。

在影棚进行拍摄的优点在于：拍摄条件始终如一。如果需要的话，你可以重复拍摄，重新布置单个元素，直至满意。

» 刚开始拍摄静物，尽可能简单一些。几何形状是比较适合初学者的被摄对象，比如骰子、保龄球或滚珠。

» 开始时，请你将照明限制为一个光源，通常从窗户射进来的日光，效果就非常好了。

» 色彩少一些，这样拍出来的静物显得安静平和，因为不需要克服强烈的对比。

» 选择一个简单的背景，因为被摄对象才是最重要的。

» 积累一定的静物拍摄经验之后，可以尝试复杂的光源，消除不想要的阴影或突出强调被摄对象的某个特定部分。

» 背景与被摄对象保持一定距离，这样可以对背景进行单独照明。一张白纸能够照出不同的灰度，从亮白到深黑，使用彩色薄膜能够做出彩色背景。

» 确定光源时，无论是闪光还是持续光，都要先从主光源开始。主光源一定要用好，其他光线只是锦上添花。想要突出物体的形状，从侧面射入的光线效果最好，因为侧光形成的阴影能够为形状营造三维效果。此外，侧光还能够强调构造，拍出材料质地。使用侧光拍出来的静物，观者能够感觉到表面是粗糙的、光滑的，还是毛毛的。

» 需要的话，调整光源和被摄对象之间的距离，控制光影效果。闪光离被摄对象近，光线较柔和；距离远时光源会变成点状，光线强烈，阴影明显。

» 对着主光源，在被摄对象的另外一侧，放一块反光板，能够缓解主光源导致的深黑色阴影。

» 用背景光对背景进行照明，通常倾斜的光源，富于变化。如果照射面积大（使用散射装置的闪光灯附件），则照明均匀。

11.15　旅行摄影

不同于建筑摄影、风景摄影或人像摄影等其他摄影类别，旅行摄影的被摄对象是不固定的。在路上所拍摄的一切，都属于旅行摄影的范畴，这也正是旅行摄影的别致之处。

好的旅行照片绝非偶然。细致入微地规划假期虽然有些夸张，但你确实需要在动身之前想清楚一个问题：旅行和摄影，究竟哪个更重要？你是为了摄影而旅行，还是只把数码相机用作记录旅行经历的工具？

度假之前，请你考虑一个问题，你是一个旅行的摄影师，还是一个摄影的旅行者？

想清楚这个问题，你就不会在事后追悔莫及。大多数摄影爱好者在摄影和旅行之间做出了折衷选择，这确实是个不错的主意。你可以利用早上和傍晚的光线进行拍摄，其余时间和家人或朋友一起游玩。

11.15.1　"带全带精"

专业摄影师都会在旅行之前打两个包。除了装衣服、鞋子和药品的普通背包以外，你还必须带齐摄影装备。相机、镜头、三脚架和其他附件，马上又是一个大包。

在海滩上近距离拍摄，需要近摄镜头甚至微距镜头。以整个画幅拍摄动物，必须使用相对重一点的远摄变焦镜头。如果是拍摄埃菲尔铁塔，则需要使用移轴镜头才不会出现变形。使用鱼眼镜头拍一些与众不同的照片固然很好，但这就要求你再带上一个备用机身。在偏远地区进行拍摄，为了保证电量充足，记得带上一块备用电池。三脚架、闪光灯、遥控快门和偏振镜自然也必不可少。

"带全带精"是旅行前准备摄影器材的有效原则。

上述设备都能派上用场，但必须视情况而定，不同形式的旅行携带不同类型的器材。如果你是在非洲开着吉普车进行拍摄，你就可以带上功能强大且有着恒定大光圈的远摄镜头，再重也不是问题。

图 11.125　在旅行途中，你会遇到很多不同类型的被摄对象，包括建筑物、城市风景、夜市和自然风光。动身之前，一定要带齐设备，以便应对各种可能的拍摄题材。
拍摄参数：尼康D300,45mm,1/200秒,f/11, ISO200。

图 11.126　拍摄参数：尼康 D300，18mm，1/40 秒，f/5.6，ISO0800。

　　如果是在威尼斯拍摄狂欢节，就不必携带重达 4000 克的大炮了。要是在尼泊尔徒步旅行，那么器材能轻则轻，体积小、重量轻的变焦相机是最佳选择。

图 11.127　拍摄参数：佳能 Powershot G11，30mm，1/250 秒，f/8，ISO0100。

419

图 **11.128** 拍摄
参数：佳能 Powershot
G11，6mm，1/160 秒，
f/8，ISO80。

图 **11.129** 拍摄
参数：尼康 D300，
1/200 秒，f/8，
ISO200。

对于摄影师来说，旅行途中最糟糕的事情莫过于错过拍摄机会却无力挽回，拍摄所需镜头绝对不能落在家里。但沉甸甸的摄影包又实在令人扫兴，所以请你在动身之前，想清楚在途中都要拍些什么，再决定哪些器材是必需品，哪些可以留在家里。

大多数情况下，基本装备包括 1 台机身，2-3 支高品质变焦镜头。根据我的经验，现在的相机质量相当不错，不会临时失灵或突然出毛病。只有去非常偏远的地方，才需要带上一台备用机身。

> 做好旅行计划，才能带对装备。

> 既要带全设备，又要带精设备。一方面，所带设备要能应付各种拍摄，不会错失良机；另一方面，沉重的摄影包压在身上，实在扫兴。

旅行摄影打包清单

摄影器材：

» 数码单反机身

» 广角变焦镜头

» 标准变焦镜头

» 远摄变焦镜头

» 微距镜头

» 存储卡

» 偏振镜

» 中灰渐变镜

» 备用电池

附件：

» 带云台和快装板的稳固三脚架

» 遥控快门

» 手电筒

» 笔记本和铅笔

» 指南针/GPS接收器

» 清洁刷和微纤维布

» 如前往热带，备好硅胶作为干燥剂

» 移动存储器

11.15.2　计划旅行

尽可能多找一些关于旅行目的地的信息，把重要的被摄对象列一张简明的清单，避免到目的地之后错过重要的拍摄。

如果你真的想准备一次摄影之旅，那么请你放弃这样的念头"度假的时候顺便拍些照片"。如果不想碰运气，那就必须对拍摄做出计划。

确定旅行目的地之后，首先要对住宿、租车和旅行路线进行规划。此外，你还要了解海关规定和其他法律规定，比如度假的地方是否允许拍照，避免路上遇到麻烦。

调研计划还远远不止这些。你要尽可能多看一些关于旅行目的地的资料，旅行社的宣传手册、旅行杂志、明信片、旅行指南、视频和画册都可以。目的地的旅游局也是个不错的信息渠道。如果需要，可为你邮寄大量免费资料。其他摄影师和网上的照片数据库，比如 www.fofocommunity.de 或 www.fotolia.de，也能够为你提供参考。

慢慢地，你就会对目的地的光线条件和值得拍摄的地点有一些感觉。当然很多照片都是重复的，比如澳大利亚的导游手册上一定会有艾丽斯岩，巴黎的城市画册上一定少不了埃菲尔铁塔。对你而言，这些照片的意义不在于模仿复制，而在于积累创新，值得拍摄的城市景点、博物馆、纪念碑和自然风景也会逐渐变得清晰。

建议你在旅行之前把被摄对象列一张单子，最好是记在本子上，并将其装进摄影包，随身携带。虽然不必事先对每张照片做出周密计划，但一路上可看的东西太多，混乱之中容易忘记要拍的目标。如果有据可循，事后就不会因为错过拍摄而懊悔不已了。

出发之前，对拍摄清单进行整理，用荧光笔或便签纸在校验地图或公路地图上标出拍摄地点。

旅行途中，继续寻找好的被摄对象。你可以找人问一问情况，比如酒店员工、导游或先于你到达目的地的其他游客，马上就能知道某些地点的开放时间、入园规定（比如国家公园）和其他很多有用的信息。

旅行之前对设备进行检查

　　长途旅行之前，须仔细检查摄影器材。没有什么比因设备问题而错过更令人恼火的了。

　　动身前，你应该及时完成下述检查：

» 使用气吹彻底清洁所有镜头和机身。如果是顽固污渍，请使用清洁剂和镜头纸。

» 使用气吹清洁反光镜。

» 试拍几张照片，检查传感器上是否有灰尘或脏东西。关闭自动对焦，把光圈设置为f/11或f/16，然后使用EV+1到EV+2的曝光补偿拍摄一张白色纸板的照片。

» 需要的话，使用气吹清洁传感器，或把传感器送到维修部进行彻底清洁。

» 检查相机的电池，清洁触点，必要时把旧电池换成新电池。

» 使用不同的快门速度试拍几张照片。

» 检查相机的特殊功能（遥控、自拍、内置闪光、调小光圈）。

» 检查所有想要携带的存储卡，并在电脑上读取照片。

» 检查移动存储器。

　　旅行前，及时检查相机，一旦发现问题，能够有足够的时间把相机送去维修。维修可能需要4、5周甚至6周的时间，具体情况因制造商和维修站而异。

11.15.3 善于发现城市之美

在异国他乡，身着传统服装的当地人既是最受欢迎的，也是最难拍的被摄对象。拍摄之前，请你先征得被摄者同意，他们往往需要一些时间适应陌生的相机，请你耐心一点，这样才能拍出自然的照片。

异国他乡的建筑、人物或活动，无论是城市还是乡村，可拍的东西非常多，且具有浓厚的地方特色。

所有大城市都提供一项服务——城市游览，它能够帮助你迅速了解一座城市，但它绝对不适合拍摄。一方面，每个景点的停留时间太短；另一方面，游览时间一般是在白天，光线条件不甚理想。你最好借助明信片、导游手册或旅行指南找出受欢迎的被摄对象，在地图上设计好路线，再乘坐出租车或骑自行车前往拍摄地点。

图 11.130　安塔利亚旧城。拍摄参数：尼康 D300，20mm，1/250 秒，f/11，ISO200。

作为入门来说，拍摄城市全景是个不错的选择，既适合幻灯欣赏，又适合用作相簿。拍摄时，最好从山顶、高楼、教堂或酒店天台进行俯拍。

汉堡的米歇尔教堂、巴黎的埃菲尔铁塔或纽约的自由女神像——每座城市都有自己的特色，这些景点是游客必去的，也是摄影必拍的。

拍摄这些景点的困难在于：拍的人太多了，书上、日历上、明信片上，到处都能看见它们。然而知名景点虽然难拍，但不能不拍。你可以将前人作品为己所用。

图 11.131 拍摄参数：奥林巴斯 E-P2, 30mm, 1/125 秒, f/8, ISO100。

　　"边缘时间"，也就是清早或傍晚是拍摄知名景点的最佳时间。这两个时间段，游客比较少，光线条件比较有意境。

　　但也别只是围着知名景点转。换上一双舒服的鞋，到处走一走、看一看，了解一下市井生活。

　　远离热闹的街道和喧嚣的人群，你将拍到不同于其他摄影师的照片，也可能遇见因为对摄影一无所知而面对镜头毫不紧张的人。除了有形的被摄对象，比如高楼和人群，你还可以试着捕捉城市的氛围，节奏的快慢？是悸动的大都市，还是安逸的小城镇？

　　夜间拍摄是个不错的选择，能够把一座城市拍得与众不同。天黑以后，整座城市仿佛换了一张脸孔：路灯发出弧光，霓虹灯灿烂夺目，高楼大厦和教堂也都闪着亮光，从身边驶过的车辆也在黑暗中留下一道长长的光迹。原理是这样的：曝光时间越长，驶过车辆的尾灯光迹越长。必须使用三脚架。如何拍摄夜景，请见本书第 373 页相关内容。

天黑以后你仍可以继续拍摄，华灯初上的城市别具味道。

图 11.132　集市和各种民族节日具有浓厚的地方色彩，是非常好的被摄对象。
拍摄参数：奥林巴斯 E-P2，35mm，1/320 秒，f/5.6，ISO100。

旅行摄影要点

» 精选携带的设备。动身之前，想好打算拍些什么，带好所需设备。

» 寻找与众不同的拍摄视角。

» 前往非热门景点看一看，找一找集市和民间节日，也不要错过具有特色的
细节，比如饮食。

» 找一个合适的观景地点拍摄全景。

» 把人物拍进照片里。

» 将GPS数据导入照片，便于一眼看出拍摄地点（详见第12章）。

11.16 创造性的光绘

长时间曝光，不仅可以拍出模糊的汽车尾灯和年节中的摩天轮。使用长达数秒的快门速度，再配合手电筒、烟花或其他能够想到的光源，还能进行富有创造性的光绘。

方法如下：在黑暗中，把相机装到三脚架上，快门速度至少15秒或更低，在此期间对着相机挥舞光源。于是数码相机的传感器变成了银幕，以捕捉你在暗夜画下的光影。

图 11.133　几根荧光棒加上长一点的曝光时间便能在夜空画出 UFO。拍摄参数：尼康 D300，20mm，30 秒，f/4，ISO800。

我将在本章结尾告诉你，如何使用荧光棒（可在超市、电器超市或渔具商店可买到）在夜空画下绚烂的 UFO。

图 11.134　拍摄这张照片时，你需要绳子、胶条和几根荧光棒。

1. 准备工作。剪一段长约 1.5m 的绳子。

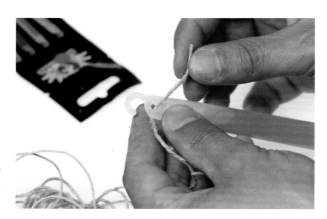

图 11.135　荧光棒被依次固定在绳子上。

2. 把两三根荧光棒穿到一起，并在荧光棒的扣眼处分别打结。

3. 用胶条将荧光棒的底端固定在绳子上。

图 11.136　用胶条将荧光棒的底端固定在绳子上。

1. 等待天黑。请你穿上深色衣服。

2. 找一个较暗的地方支起三脚架，装好相机。

3. 选择镜头的广角端。在调整相机的时候，注意周围不要出现不想要的其他光源。

4. 关掉自动对焦，你想站到相机前的哪处，就把对焦环转到那个距离。开始时，可以尝试一下 5—10m。

5. 荧光棒的亮度有限，因此请你设置一个高点的感光度，比如 ISO800。

6. 请你首选手动曝光模式，开大光圈，比如设置成 f/4。

7. 接着设置一个最低的快门速度，比如 30 秒。

8. 设置一个最长的自拍时间，通常是 12 秒。

9. 从中间折弯荧光棒，当它们开始发光时，请你启动自拍功能。

10. 站到相机前设定好的位置，让绳子绕着伸出去的胳膊旋转。

技 巧

想在夜里用烟花或手电筒写字，你必须想到一点，数码相机记下的字迹是反的。

为了解决这一问题，你要么正常书写，后期处理时对照片进行镜像处理（在Photoshop Elements中进行 "图像/旋转/水平镜像" 操作）；要么背对相机，反着拿手电筒，也就是让发光表面对着镜头，以使你用手电筒在一个臆想出来的黑板上写字，照出来的照片，字迹也清晰可见。

图 11.137　用光线作画，想象力不受任何限制。你可将暗夜视为画板，用手电筒或烟花随心所欲地绘画。拍摄参数：尼康 D300，16mm，15 秒，f/9，ISO200。

429

第 12 章

在电脑上进行
后期处理和存档

一旦拍摄结束,电脑便派上了用场。数码摄影,当然也可以不用电脑,但直接用相机拍出来的数码照片一般都不够完美。你可以使用电脑存储照片,优化色彩,为打印做好充分准备。

12.1 硬件设备和软件设备

早期的图像处理软件（如 Fotomac 和 Photoshop1.0）只适用于苹果 Mac 系统。当时的人们普遍认为苹果是最出色的电脑系统，富有创造力，不会出现技术问题。Windows 系统则适合处理单调乏味的办公室工作，经常出现错误信息和技术故障。

渐渐地，Photoshop 开始用于 Windows 系统，Mac OS 逐渐退步。直到 iPhone 问世，iMac 和 MacBooks 才重新回到家庭用户的写字台上。

是用"Mac OS 还是 Windows?"依我之见，纯属个人喜好。理性来看，两种操作系统不分伯仲，所有重要的图像处理软件和图像存档软件，Windows 能用，Mac OS 也能用。自 Windows 7 问世以来，流传着这样一种说法，Mac OS 操作起来更加简单直观，从某种程度上来说，这是有一定道理的。

Windows 电脑容易中毒，安全系统固然负有一定责任，但市场份额才是更主要的原因。Mac OS 也开始出现病毒软件，且愈演愈烈。此外，如今的很多安全问题出在网络浏览器上，与所使用的操作系统并没有关系。

另一方面，产自库柏蒂诺的设计款电脑价格昂贵，二手的 Mac OS 甚至贵于相同配置和质量的 Windows 电脑。

在我看来，可以同时使用双系统是 Mac OS 的一大优点，但它只能用于苹果电脑。使用虚拟软件，比如 Parallels，可以无缝运行 Windows 和 Mac OS 应用软件。

那么现在是 Mac OS 还是 Windows：照片文件，尤其是视频文件，数据量非常大，对所使用的硬件提出了一些要求。相机越先进，电脑也应该越先进。600 万像素相机拍出来的 6M 的 RAW 文件，老款电脑尚能应付。而 1800 万像素的数码单反相机，拍摄若干单张照片，再把这些照片组成一张全景照片，如果电脑速度慢，那么处理过程会令你非常痛苦。

图 12.1　功能强大的笔记本电脑，比如 MacBook Pro，可在旅途中对照片进行处理。

处理数码照片，系统内存越大越好，至少 4GB。如果经常制作全景照片或进行多图层裁剪，那么 8GB 也不夸张。

若想充分利用大容量的系统内存，电脑的操作系统必须是 64 比特的。这种系统的内存明显优于 32 比特系统，单个软件比如 Lightroom，得到的内存更多，处理大批量文件时更加流畅。

处理器的主板会标明其速度。速度提高时，技术问题会随之加剧，比如 CPU 急剧发热。芯片制造商的关注点，已经由千兆赫纪录转为多个计算内核。目前，4 核处理器应用广泛，6 核处理器和 8 核处理器刚刚进入市场。其图像处理的优点在于：每一个处理步骤被分配到多个处理内核，再由这些处理内核平行处理。

多个内核同时工作，其进度更加流畅，处理大批量文件时，这种优势尤其明显，比如照片裁剪、使用滤镜及 RAW 转换（原始数据的色彩深度为每个色彩通道 16 比特）等。

除了足够的系统内存和一个流畅的处理器，你还需要一个存储容量高的快速硬盘。除了内置硬盘外，你最好再买一个外置硬盘，有了双保险，即使硬盘出错，也不会遗失珍贵的照片。此外，连接速度一定要快，否则缓慢的数据传输相当折磨人。传输越快越好，目前最快的外置硬盘连接是用于 Windows 电脑的 USB3.0 和用于苹果电脑的雷电（Thunderbolt）。

一直以来 Mac OS X 都是一个 64 比特的操作系统。如果你是用 Windows 系统，则需要额外购买一个 64 比特的版本，而且它并不比 32 比特的系统贵。

433

独立显卡能够优化图像处理性能。无论数码照片的分辨率多高，图像处理始终都是二维的，因此你无须购买昂贵的 3D 加速显卡（除非你想用电脑玩游戏）。就性能而言，高效显卡自然具有优势，因为有些软件，比如 Photoshop CS4 或 CS5 要用到显卡的图形处理器（GPU）。

图 12.2 专业的显示屏，比如艺卓（EIZO） CG223W 覆盖了大部分的 Adobe RGB 色彩空间，能够显示细致的色调层次。正确校准之后，便可在显示屏上预览打印效果，非常精确。

根据我的经验，显示屏经常被冷落。笨重的显像管显示屏已经成为过去，漂亮的平面 TFT 显示屏与过去相比存在巨大差异。

在家进行图像处理，不必使用专业的自动校准显示屏，但也不能太差。廉价的简易 TFT 屏不太适合图像处理，因为它只能显示有限的色彩空间，而且色彩和亮度会受视角限制。中端显示屏则能显示（接近）完整的 Adobe RGB 色彩空间，受视角限制较小，可以手动校准（见"显示屏"小节相关内容），显示结果值得信赖，打印出来的照片与显示屏上的照片一致。

正确的软件

　　数码摄影软件的种类多如牛毛，从简单的图片浏览器，到专业的RAW转换器，再到包罗万象的图像处理软件。其种类繁多，价格各异，免费的软件有用于照片存储管理的Picasa和作为完整图像处理的Gimp。数码相机制造商通常会提供一个用于后期处理的软件，就家用而言，Mac用户借助iPhoto能够很好地进行照片管理存档。昂贵的有Photoshop，价格要数千元甚至过万元。专业的图像处理软件不仅价格昂贵，而且操作较为复杂，不过功能非常全面。

图 12.3　Adobe Photoshop Elements是Photoshop的"小弟弟"，不仅拥有内容丰富的处理功能，而且能够对照片进行存档。

　　依我之见，对于摄影发烧友来说，Adobe Photoshop Elements或Corel Paint Shop Pro的性价比最佳。尽管软件的价格不足1000元，是Photoshop的1/10，但它们能够胜任数码摄影的绝大多数任务。Elements除了提供管理器外，还精于数码照片管理存档。

　　单就RAW文件来说，Adobe Lightroom（约2500元）是最有效的。它能够实现你所需要的工作流程，如硬盘导入照片、照片优化、照片存档，即使照片数量再多，也能迅速找到想要的照片。但Lightroom并不是一个完整的图像处理软件。

12.2　色彩管理

你一定遇到过这样的问题：你花了大量精力在电脑上对照片进行优化，也非常满意显示屏上的修改结果。但打印出来的照片，模糊不清，色彩不准，与显示屏上的照片相差甚远，一点也不像花了九牛二虎之力修饰过的照片。

自彩色胶卷问世以来，摄影师们就一直纠结于色彩的正确还原。数码摄影时代，这个问题也并未变得简单。问题在于：相机、显示器和打印机的色彩各不相同。数码相机将大自然的连续色谱转换成数字的灰度值。显像管显示屏的屏幕上有一层荧光粉，电子枪打出的激光束照在荧光粉上会发亮；LCD 显示屏靠液晶显示图像，通过发红绿蓝光的亚像素制造色彩。三种亚像素一样亮时，将得到一个白色的像点；三种像素的发光强度不一样时，则得到一个彩色像点。而采用墨水和纸张的打印机则截然不同，由青色、品红色、黄色和黑色墨水混合形成色彩。

参与其中的各种设备，鉴于技术局限，只能显示一种有限的色彩范围。有可能会这样，相机记录了一个特定色调，而显示屏无法再现这个色调，经过简单换算，色彩并没有从显示屏传输到打印机。

由于相同的或类似的设备无法做到色彩完全一致，就更加剧了困难。如果你去电子市场逛一逛，便可知晓。你看展出的电视机，有些电视的图像亮一些，有些则暗一些；有些电视色彩发红，有些则发绿，很难找到两台色彩完全一致的显示器。仔细打量就会发现，相机显示屏上的照片、电脑显示屏上的照片和打印出来的照片也各不相同。若想完美呈现色彩，就必须对所有设备进行校准，也就是说，要使之相互协调。

不同设备，比如扫描仪、打印机、显示屏及相机所显示和包含的色彩范围被称为色彩空间。ICC（国际色彩协会）色彩标准对色彩空间做了精确描述，旨在统一不同设备的色彩。

色彩标准用伽马值来定义。伽马值是一个数值，描述显示屏的亮度差和对比度。正确的 ICC 色彩标准是至关重要的第一步，但是这还远远不够，还需要一个能够协调相机、显示屏和打印机色彩标准的色彩管理软件。

只有当你使用一张色彩空间经过定义的数码照片，并为显示器和打印机安装了色彩配置文件，色彩管理软件才能从图像经过定义了的色彩（工作色彩空间配置文件）和输出设备经过定义的色彩（显示器和打印机配置

整个环节中，即拍摄、显示和打印必须相互协调，拍出来的照片才能做到色彩准确、亮度合适、对比恰当。

色彩空间是对所能显示和包含的色彩范围进行描述。

文件）算出正确的色彩还原。

如果你是在一个没有色彩管理的软件里显示嵌入配置文件的数码照片，工作色彩空间将被忽略，使用的是原始的显示器色彩空间。而色彩还原的准确性如何，主要取决于显示器色彩空间有多接近工作色彩空间。采用工作色彩空间 Adobe RGB 的照片，如果没有色彩管理，通常非常苍白。因为常见的显示器和 TFT 显示屏是遵循 sRGB 色彩空间的，一般来说，即便没有色彩管理，采用工作色彩空间 sRGB 的数码照片，效果也很好。

请你把色彩管理想象成：从拍摄到在电脑上用 Photoshop 进行后期处理，再到在打印机上输出照片的一个链条。以 ICC 配置文件为基础，确保各设备知道自己该如何再现照片的色调。

> 色彩管理软件将会照片的初始色彩空间换算成打印机的色彩空间，以确保打印时准正确再现照片色彩。

12.2.1　在数码相机里对色彩配置文件归类

色彩管理，你应该在拍摄之时就已经开始，因此相机以何种配置文件纳入照片非常重要。大多数数码相机以 sRGB 配置文件作为标准。如果是高品质的桥式相机和单反相机，你可以在相机菜单里选择 Adobe RGB。

你一定会问：我应该设置哪种色彩配置文件呢？答案是：视情况而定。Adobe RGB 更大一些，是印刷工业的标准。若想质量尽可能好一些，当选 Adobe RGB。sRGB 配置文件则适合在显示器上使用。如果你不想继续使用色彩管理，也不把照片供给杂志社或出版社，请将 sRGB 设为标准。

12.2.2　显示器配置文件

色彩管理链条的下一环节就是在电脑屏幕上显示照片，大多数制造商给自己的设备安装了 ICC 色彩配置文件，它们能够很好地再现各自显示器的色彩空间。你必须自行制定一个显示器配置文件，结果才能准确显示。因为显示器会老化，导致色彩显示发生变化，所以每隔一段时间，你就得重新校准一次，这样才能保证使用的是最新的色彩配置文件。

对显示器进行校准，你需要用到比色计，它是一种测量工具，能够算出准确的色彩值。Datacolor 牌的 Spyder 3 是一款操作简单、价格实惠的比色计。

图 12.4 Spyder 3 是一种色彩校准工具，安装在屏幕上，以控制显示器的色彩还原。相关软件会自动根据测量值制定一个当前显示器的色彩配置文件。

把比色计固定在屏幕上，通过 USB 线与电脑连接，相关软件在显示器上依次显示比色计所测量的不同色域。接着，软件对测到的色彩值和参考值进行比较，由此制定出一个正确的显示器色彩配置文件。

校准过程中须注意以下几点，才能得到一个最佳的色彩配置文件。

» 如果是传统的显像管显示器，至少在校准前 30 分钟打开显示器。显像管显示器需要预热，开机后直接测量，色彩不准确。

» 你一般什么时间对照片进行后期处理？选择该时间段略晚些时候的光照条件作为校准时的光照条件。

» 请你选择中性灰度作为桌面背景。因为校准软件的测量平面达不到整个屏幕，色彩丰富的背景会误导测量结果。

因为显示器也会老化，所以，你必须及时设置当前配置文件，至少每月一次。

仅凭色彩配置文件本身还不能正确再现色彩，你还须将色彩配置文件分配给显示器，只有使用能够正确解读色彩配置文件且能相互换算的具备色彩管理能力的软件，比如 Photoshop、Photoshop Elements 或 Lightroom，才能正确再现色彩。一般来说，校准软件负责安装制定好的色彩配置文件，并将配置作为标准显示器配置文件。

Adobe Lightroom的色彩管理

　　我将在本章接下来的内容向你介绍如何使用Adobe Lightroom对你的照片进行后期处理和存档。此处，先简单介绍一下Lightroom的色彩管理。Lightroom软件会尽可能地避免让色彩管理烦扰用户。只有需要打印照片时，你才会和它打交道。

　　"修改照片"模式，Lightroom为RAW文件提供了一个以ProPhoto RGB色彩空间为基础的内容丰富的色彩空间。RGB色彩空间是最大的色彩空间，包含数码相机所能记录的全部色彩。

　　导入TIFF、JPEG或PSD文件，Lightroom会自动使用照片嵌入的色彩配置文件。如果没有配置文件归入，Lightroom会从sRGB色彩空间开始。

　　在"图库"模式，中低质量的预览照片总是以Adobe RGB色彩空间呈现，高质量的预览照片则使用ProPhoto　RGB色彩空间。如果以"设计"模式打印照片，这些预览照片便派上了用场。

　　在"幻灯片放映"模式和"Web"模式中，Lightroom总是以sRGB配置文件导出照片，以确保大多数显示器能够得到一个好的结果。

　　只有在"打印"模式，你才需要对色彩配置文件进行选择，以便显示器配置文件的色彩能更好地配合打印机、打印纸和所用墨水（你将在下一小节读到更多关于正确设置的内容）。

12.2.3　打印机配置文件

　　在具备色彩管理能力的软件中，经过校准的显示器能够正确显示照片，但打印出来的照片不一定是正确的。为了了解打印照片的情况，你还需要一个针对你所用打印机、墨水和打印纸相组合的色彩配置文件。

　　随着数码摄影的日益流行，越来越多的人选择使用喷墨打印机打印照片，而其打印质量之好，是几年前无法想象的，尤其是质量上乘的打印照片堪比数码洗印室洗印出来的照片。

　　如果你用的是某一品牌的打印机和原装墨水及原装打印纸，那么大多数情况下，无须对打印机进行校准。很多制造商会提供相应的配置文件，可供下载。

使用合适的显示器配置文件，电脑上的照片才能够正确再现照片色彩。但是这并不能保证，喷墨打印机打印出来的照片色彩和显示器上的照片色彩一致。

相反，如果你使用其他品牌的打印纸或墨水，就必须像显示器一样，给打印机、打印纸和墨水制定一个色彩配置文件，结果才能完全准确。另外，还需要专门的硬件（有针对显示器校准和打印机校准的组合方案），工作步骤类似于显示器校准：即先打印一张参考图表，然后用分光光度计对其进行测量。接着将算出的数值同参考数值进行比较，一个相应的色彩配置文件便制定好了。

委托服务商（比如 www.farbenwerk.com）可制定个性化的打印机色彩配置文件，这是个不错的选择。

用打印机、打印纸和墨水打印一张带有多个色域的测试图表，并将其寄给服务商，再根据这张测试图表制定一个 ICC 色彩配置文件。

图 12.5 在 Lightroom 的"打印"模式下，你可以确定谁来进行色彩管理，是 Lightroom 还是打印机驱动。

用 Lightroom 进行打印，如果设置了用户自定义的色彩配置文件，请你务必关闭打印机驱动的色彩管理，否则，一张照片将进行两次色彩管理，打印出来的色彩可能与期望不符。

用 Lightroom 打印照片，请将个性定制的打印机色彩配置文件用于你的打印机、墨水和打印纸。

1. 在"打印作业"面板里，点击选项"配置文件"中的小三角。

2. 在窗口"选择配置文件"中勾选想要的色彩配置文件。

3. 在"渲染优先"区域里点击小三角，确定色彩在打印机色彩空间里以何种方式进行换算。一般来说，打印机所能显示的色彩少于显示器。通过"渲染优先"可设定打印机色彩空间以外的色彩呈现方式。

"感知"设置：色彩之间的视觉关系可被保留下来。如果很多色彩都不在打印机色彩范围内，推荐使用这种设置。

"相关"设置：所有打印机色彩范围内的色彩都可被保留下来，以外的色彩被修改成最接近的可打印色彩。如果只有少量色彩超出色彩范围，适合使用这种设置。

12.3　在电脑上的工作流程

数码摄影并不难，难的是对硬盘里的照片进行整理。你一定有这样的感受：无论是孩子生日、婚礼、假日旅行，还是在家附近的树林里边散步边拍照，一旦开始拍，便停不下来，硬盘里的照片会越来越多。把照片从存储卡拷到电脑硬盘上很简单，但接下来的工作就没有那么容易了，最终要归档、调整色彩和亮度（不经修改的照片大多不完美）。保险起见，你最好把照片存到一个外置硬盘里。这些工作不能一拖再拖，否则你很快就会忘得一干二净。

对数码照片进行归档，程序化的工作有多讨厌，我深有体会，常把关键字的编写工作无限延后。比起费时的关键字编写，我更愿意去拍照。就效果而言，拍完照片就马上解决这些必要的工作，远比等到这些工作堆积如山难以解决时要好得多。

如果只是偶尔拍摄，照片存放很简单，无须太多思考，可每年建一个文件夹，再把这个年度文件夹划分成不同的子文件夹，比如"暑期度假"。这样你便可以一览诸多照片，使用简单的文件浏览器，比如 Mac 系统的 Finder 或 Windows 系统的 Explorer，就能找到某一特定主题。

查找照片，微软或苹果自带的图像浏览器并不一定好用，你无法使用特殊的查找功能，较大的照片档案还需要使用专门的软件。如果你经常在路途中进行拍摄，我建议你在数码照片的存档方面多花一些心思。

我将拍摄之后的工作流程分为下述步骤：

1. 将存储卡里的照片拷到电脑的内置硬盘里。

2. 将原始文件直接传输到外置硬盘上。

3. 存储照片时，我一共要用 3 个不同的硬盘。一个外置硬盘包含拍摄的所有照片；电脑的内置硬盘只保存拍摄成功的、技术没有问题的照片；另外一个外置硬盘则为这些照片做备份。

> 查找某一特定主题的照片就像在干草堆里找大头针。因此尽可能简单的工作流程，是避免照片混乱最保险的方法。尽量每次拍摄之后都使用一样的工作流程，使前后保持一致。

第 496 页的"地理标签"相关内容将向你介绍地理标签的具体使用。

4. 通过地理标签，将坐标和拍摄地点写入电脑硬盘的照片里。

5. 现在才是 Lightroom 的目录导入。我选择使用导入对话框，可同时重新命名照片，导入重要的元数据，比如版权标志。如果是同类照片，关键字和照片注释也可被纳入元数据。

当然，你也可以把照片从存储卡直接导入目录，同时拷到硬盘。但我愿意选用之前的方法，因为我的很多照片摄于旅行途中，Lightroom 无法提供地理标签功能。此外，遇到紧急情况，还能找回原始文件。

6. 接下来是预选，目录里的照片会少很多。使用 Lightroom，能够迅速完成预选，操作非常简单。浏览时，我用"P"标记所有拍摄成功的照片，表示保留。所有不清楚的、错误曝光的或由于其他原因导致拍摄失败的照片，用"X"标记，表示删除。

7. "图库 / 根据标记过滤"，能显示想要删除的照片，可再检查一遍。确认无误，将这些照片从目录和硬盘里删除。

8. 如果满意选出的照片，接着在"修改照片"模式里进行必要的图像优化，比如修正白平衡、调整对比度或降低噪点。处理过程中，发现无法达标的照片，返回"图库"模式，把照片从目录和电脑的内置硬盘里删除。

9. 现在为目录里留存的照片导入重要的元数据，主要是关键字、照片名称和注释，以便更加准确地描述各个图像内容。

10. 最后是备份。Lightroom 在目录结束时，会自动建立一个备份文件。尽管如此，我还是会把原来的图像文件存入另外一个外置硬盘里。

当然，整理硬盘里的照片档案，也有免费的软件。Mac 用户可以使用操作系统内置的 iPhoto，Windows 用户可以关注一下免费的 Picasa（下载地址：http://picasa.google.com）。

接下来，我将举例向你说明整个工作流程，从读取照片到使用 Adobe Lightroom 为照片存档。Adobe Lightroom 是一款用于编辑和存档照片的软件，操作简单、内容丰富、功能强大，使用它可以从存储卡导入数码照片、删除拍摄失败的照片、对照片进行分类、为照片输入关键字及优化照片。需要的话，可以采用 TIFF 格式或 JPEG 格式输出照片，制作幻灯片或用于网上展示。

图库 ｜ 修改照片 ｜ 幻灯片放映 ｜ 打印 ｜ Web

图 12.6 如果屏幕右上角没有显示"模式选择"，点击屏幕正上方的小三角或按 F5 键，进入"模式选择"。

Adobe Lightroom 是为摄影师开发的工具，支持数码照片的管理和优化，主要是针对 RAW 格式文件。Adobe Lightroom 分为如下模式："图库"、"修改照片"、"幻灯片放映"、"打印"和"Web"。

如果你是第一次使用软件 Lightroom，在目录里看不见任何照片。所以第一步，你必须先将照片导入目录，就像下一步所展示的那样。

图 12.7 在图库"模式下，对照片文档进行组织安排。

Photoshop Lightroom 既不同于传统的图像浏览器，比如 Windows 系统的 Explorer 或 Mac OS 系统的 Finder，也不同于后期处理软件，比如 Photoshop。含有照片的目录是 Lightroom 的工作基础，可在"图库"模式下对目录进行组织安排。且在该模式下，可以向目录导入照片、从目录导出照片、组织安排照片、分类照片、评价照片及给照片附上关键字，这样便于在需要时能够迅速找出照片。

照片优化也是在"图库"模式下进行的。初始照片原封不动，因为 Lightroom 不具有"破坏性"，所有的图像优化设置以"修改照片"指令形式存入目录。只有在输出照片时，修改才会发挥作用。带目录照片缩略图的"虚拟光表"是"图库"模式的核心，可分成不同的控制面板，你通过这些控制面板管理照片文档。

点击屏幕四角的三角型，可以迅速显示隐藏各个控制面板，以为预览照片留出更多的空间。

需要时，可通过菜单窗口/控制面板"开启和关闭控制面板。

图 12.8 请你通过屏幕左侧确定屏幕中央显示哪些缩略图。

"导航器"面板向你展示当前所选照片的预览。用鼠标点击预览，照片变大，出现在中间的工作区域。同时鼠标指针变成放大镜，可放大视图。按 G 键，缩略图将恢复成网格视图。

通过"目录"、"文件夹"和"收藏夹"面板，可控制哪些照片出现在中间的"虚拟光表"上。点击选项中的一个，只显示相应的照片。

"文件夹"面板，可根据硬盘的输入对文件夹等级进行描述。不过你要小心，如果重新命名文件夹，Lightroom会直接在硬盘的目录系统进行修改。

有了"收藏夹"面板，便能迅速存取按照特定标准汇编的照片收藏夹。一开始，只能看见智能收藏夹，它是 Lightroom 自动分组的收藏夹。收藏夹非常实用，能够根据使用目的对照片进行汇编，比如为上一次的旅行制定一本相簿。由于 Lightroom 只是参考原始照片，所以一张照片可以同时存在不同的收藏夹。点击加号，从快捷方式菜单中选择"建立收藏夹"，便可建立一个新的收藏夹。我会在本章的"整理收藏夹和智能收藏夹里的照片"相关内容中向你介绍收藏夹的使用方法。

"发布服务"面板是 Lightroom 3 的一个新功能，能够将"图库"模式的 JPEG 格式照片迅速上传，比如微博或 Flickr。你也可以把照片输出到另外一个存储位置，比如硬盘上的一个文件夹。

图 12.9 通过过滤条对目录里的照片进行过滤。

缩略图上方的"图库过滤器"面板能够迅速查找特定照片，简单有效。你也可以根据文件进行查找，显示特定评价的照片或根据特定的元数据（比如相机类型或所用镜头）进行过滤。

"直方图"以图表形式显示所选照片的色彩值分布和灰度值分配。"图库"模式只服务于照片信息，"修改照片"模式则是交互的，可直接影响色阶曲线。Lightroom 将显示重要的拍摄数据，比如感光度、焦距、光圈和快门速度。

在"快速修改照片"面板里，可对照片进行修改，"比如修改白平衡"、曝光，或进行预设。

在"关键字"面板里输入合适的关键字，对照片内容进行描述，还可以了解照片已经输入了哪些关键字。需要时，可对已经存在的关键字进行修改。

"元数据"面板显示的是所谓的 EXIF 数据，也就是相机自动存入照片的信息，比如拍摄时间、拍摄地点、所用镜头和许多其他参数。

"元数据"面板下有两个按键："调节同步"和"元数据同步"。如果选择了多张照片，对"修改照片"设置或关键字做了修改，"调节同步"和"元数据同步"就会被激活，所有照片的"修改照片"设置和元数据将达成一致。

照片目录的缩略图下面是工具栏。

» 左边是 4 个按键，可对视图进行转换，包括"网格视图"、"放大视图"、"比较视图"和"筛选视图"。

» 使用"喷涂工具"可将关键字或设置传输到所选照片，快速方便。

» 使用"分类"，可对网格形式的照片进行分类。

通过阅读直方图，你可以在拍摄过程中对数码相机的曝光进行控制，也可以据此判断拍完照片的曝光情况。

图12.10 右边是"直方图"、"快速修改照片"、"关键字"和"元数据"。

» 滑动调节器可以对网格视图的缩略图大小进行调节。

» 点击最右边的小三角打开快捷方式菜单，对工具栏里的工具进行修改，比如启用评价星级。

» 下方的摄影胶片也在其他模式里，包含主窗口里所有照片的缩略图。在摄影胶片和工具区域之间点击鼠标，可对大小进行修改，向上或向下拉动摄影胶片；点击左侧和右侧的小三角，能卷起摄影胶片。

使用工具栏里的滑动调节器，控制"虚拟光表"上的预览照片大小。

12.3.1　将照片上传至Lightroom目录

照片目录是 Lightroom 的工作基础。这个目录不包含原始照片，而是原始照片的缩略视图连同原始数据。Lightroom 会将电脑特定目录的照片建成一个"虚拟相簿"，但它并不改变电脑硬盘上的目录结构。

第一次启动 Lightroom，不显示任何缩略图，必须先将照片导入目录。软件提供多种可能，导入时，如能正确设置，可为之后的照片管理节省大量时间和工作。

Lightroom 常使用目录进行工作且一般只使用一个目录展开工作。需要的话，可以通过"文件/新目录"建立多个目录，比如几个人使用同一台电脑进行工作或将照片公私分开时。

Lightroom 导入目录的方法包括：

» 首先映入眼帘的是左下角的"导入"键。点击按键，在对话框里选择想要导入目录的文件夹，然后将文件夹、单张照片或已经存在的 Lightroom 目录统一到当前目录。如果你是 Windows 用户，已经用 Photoshop Elements 的 Organizer 工具对照片进行过管理，可将这个目录导入 Lightroom，甚至连关键字也能一并纳入。

» 使用菜单"文件/从数据载体导入照片"，即 Strg + ⬆ + I，⌘ + ⬆ + I。

» 在标准设置下，插入的存储卡一旦被识别，Lightroom 就会自动打开"导入"对话框。如想手动将文件加入 Lightroom 目录，就在"预先设定"里关闭"自动导入"，方法是"加工处理/预先设定"（Windows 系统）或"Lightroom/预先设定"（Mac 系统）。当存储卡被识别后，在对话框里切换到选项"常规"，关闭选项"显示导入对话框"。

» 还可以使用被监测的文件夹将照片自动加入目录。比如，将被 Lightroom 监测的文件夹内的照片复制（在 Lightroom 外也可以），使其自动纳入 Lightroom 目录。

"导入"对话框里的选项

　　对数码照片进行存档是件苦差事，这一点我深有体会。存档工作被无限期后置，相比存档，还是拍摄更有意思。但如果拍摄之后就马上对照片进行必要的处理，远比等到处理工作堆积如山时要好得多。

　　幸运的是，Lightroom 简化了分类和存档功能，部分功能甚至能够自动完成。但其导入时的设置非常重要。如果能正确设置，照片导入目录时，就已经有序可循了。

导入时，Lightroom 可帮你减少一些程序化工作。

图 12.11　在"导入"对话框里选择合适的标准和设置，它能够减轻很多日后工作。

　　1.　点击工作区域里的按键"导入"，显示对话框"导入照片"。在左侧找到想要导入的文件夹，中间则显示照片的缩略视图。而对不想导入目录的照片，点击缩略图左上角的小框，去掉对勾，该照片将被去除。

复制为 DNG　复制　移动　**添加**
将照片添加到目录而不移动

图 12.12　在操作面板上方设置 Lightroom 将以何种方式处理原始文件。

图 12.13 "导入"
对话框右侧的操
作面板提供了多种
设置可能。

2. 导入时，Lightroom 对原始照片的
处理方式不同，可在对话框上方的控制
面板里选择处理方式。

» DNG：适合用 RAW 格式拍成的照片。照
片被导入目录复制时，原始文件在新的存储
位置由 RAW 格式转换成 DNG 文件（Adobe
的一种标准化且开放的原始格式）。

» 复制：照片被纳入目录，原始照片按照接
下来的设置复制到硬盘。

» 移动：不同于之前的设置，照片没有被复
制，而是被移动到所选择的存储位置。

» 添加：适合已经手动传输到电脑硬盘的照
片。照片参考被纳入目录，原始文件保持不变。

3. 右侧的控制面板根据所选导入类
型而变化。"文件处理"提供下述选择：

» 通过"预览"确定预览照片的类型和大小。
为了迅速以网格视图的形式展示照片，
Lightroom 用的是预览照片，而不是原始照片，
其使用哪种预览大小，显示速度如何，均可
设置。小的预览照片，显示速度虽快，但是
质量不佳。但没有关系，因为你在选择和处
理照片时，Lightroom 会生成一个大小合适的
预览。

选择"最小"，显示速度最快，使用从相机嵌入照片的最小预览图像。

选项"嵌入"和"子文件"，Lightroom 将使用受相机支配的最大预览。显示所需时间稍长，但还是比标准大小的预览快。

"标准"，Lightroom 生成一个标准尺寸的预览，其预设为 1440 像素。通过"文件 / 目录设置"（Mac 系统为 Lightroom/ 目录设置）和选项卡里的"文件操作"确定标准预览的尺寸。

"1 ∶ 1"的设置，将生成 100% 视图的高分辨率预览。这种预览需要很大的存储空间，只有在对照片进行处理时，才会用到这种预览。

» 激活选项"不复制可能的副本"，确保只有新的照片被纳入目录。

» 使用选项"在接下来的位置建立第二副本"，Lightroom 在导入时将建立一个原始照片的备份。点击灰色小三角，在弹出的菜单里选择选项"选择文件夹"，并在接下来的对话框里给出想要存放备份的位置。

图 12.14　Light-room 可提供强大的自动命名功能。

449

就硬盘上的文件夹结构而言，没有万能的解决方案。如果使用图像管理软件，比如Lightroom，则无须大费周章。根据年月或拍摄时间进行简单划分就足够了。

4. 如果 Lightroom 需要在复制或移动时对原文件名进行修改，在"文件重新命名"里的选项"重新命名文件"前画勾（如果选择"添加"作为导入类型，则无法使用该选项），也可以从中选择一个模板或制定一个自己的名称模板。点击下拉菜单"模板"，在快捷菜单里点击选项"编辑"，打开文件名"模板"编辑器。编辑文件名时，文本窗口上方会出现一个文件名的预览。如果满意文件名，点击"完成"关闭对话框。在接下来的导入过程中，将自动使用建立的名称预设。

究竟如何命名硬盘上的图像文件？摄影师们争论不休。对很多摄影师来说，数码相机自动分配的文件名是个干扰。拍摄大量照片的时候，文件名很快就会用尽，无法有效区分照片。但这也不是什么大问题，元数据比文件名能更好地说明相关信息。

然而你有必要开发一个统一的命名系统。我的文件名是这样的：名字缩写、拍摄日期（年月日格式）和相机的原文件名。2011 年 8 月 22 日，用尼康单反相机拍摄的照片，其名称为 mihe_110822_DSCxxxx.nef。

在我看来，这种命名具有如下优点：

» 我马上就能知道，照片是我拍的。

» 图像浏览器显示照片时，因为日期是数据库格式的，所以根据文件名进行分类时，照片将自动按照时间顺序排列。

» 原文件名使我在需要时能够迅速找到原始 RAW 文件。

5. 选项"在导入过程中使用"，其在导入时可以向照片分派有关特殊元数据的设置，以简化日后的工作。

在下拉菜单"显影设置"中选择一个由 Lightroom 提供的预设。记住：Lightroom 并不影响原始照片。相关设置只作用于预览，可随时进行修改，不会影响照片质量。

一样的文件名会导致冲突，大多数数码相机使用四位数命名文件。先对相机进行设置，为照片连续编号，计数不会在每次存储卡清除照片之后从头开始。但拍摄较多或使用两台同一品牌的相机进行拍摄时，即便是连续编号，也可能出现同样的名称。

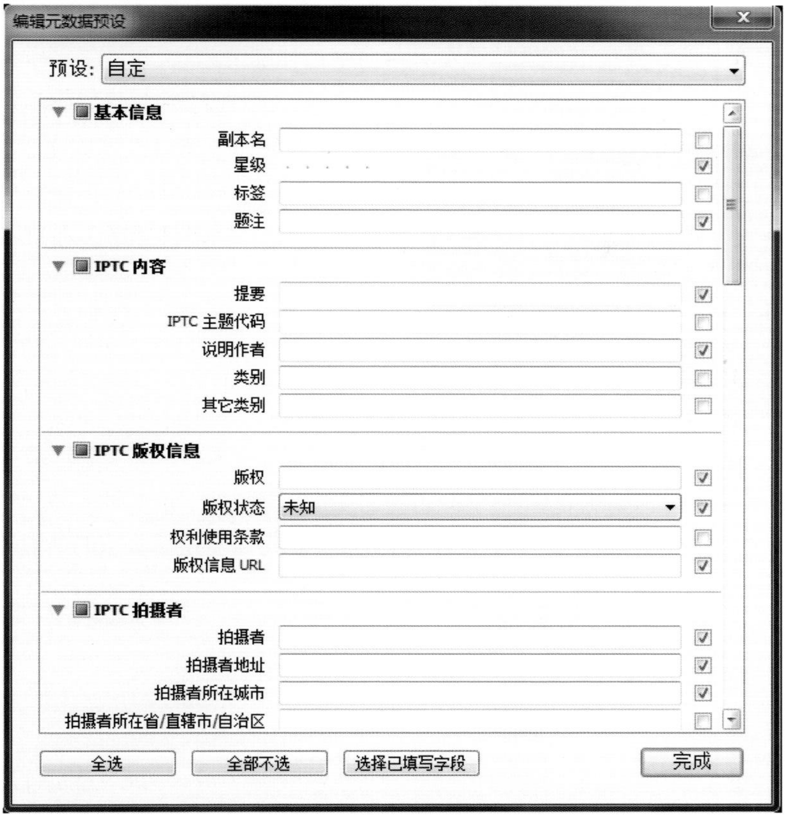

编辑元数据预设

预设：自定

▼ ■ 基本信息
　　　　　　副本名
　　　　　　星级　　· · · · ·　☑
　　　　　　标签　　　　　　　□
　　　　　　题注　　　　　　　☑

▼ ■ IPTC 内容
　　　　　　提要　　　　　　　☑
　　　IPTC 主题代码　　　　　□
　　　　　说明作者　　　　　☑
　　　　　　类别　　　　　　　□
　　　　　其它类别　　　　　□

▼ ■ IPTC 版权信息
　　　　　　版权　　　　　　　☑
　　　　　版权状态　未知　　☑
　　　权利使用条款　　　　　□
　　　版权信息 URL　　　　　☑

▼ ■ IPTC 拍摄者
　　　　　　拍摄者　　　　　　☑
　　　　拍摄者地址　　　　　☑
　　拍摄者所在城市　　　　☑
拍摄者所在省/直辖市/自治区　□

全选　　全部不选　　选择已填写字段　　完成

图 12.15　用对了元数据模板，能够为照片存档和管理节省大量工作。

下拉菜单"元数据"看似不起眼，却是一个非常有用的工具，能够简化把照片向目录的导入，比如自动指派版权标志、同类照片自动指派图像注释或关键字，能省去日后的手动操作。建立一个新的元数据模板：

打开下拉菜单"元数据"，选择"新建"选项。

» 在对话框"新的元数据 – 预设"中，选择适用于导入过程所有照片的相关区域。无论如何，必须填写版权说明。如果是系列照片，还可以指派描述照片内容的标题、拍摄地点及关键字，方便日后查找。给"预设名称"下的模板起个名字，再点击"完成"，将该模板用于导入过程。

6.　在"目标"面板里给原始文件选择一个想要存储的位置。

图 12.16　Lightroom 通过进度条显示导入进度。

451

7. 点击按键"导入",导入开始。Lightroom 将把所选文件夹的照片纳入目录,并在工作区域的左上角显示过程进度。

图 12.17 导入之后,Lightroom 只显示新的照片。如果需要,可在"目录"面板里重新显示目录里的所有照片。

8. 导入结束,工作区域中间的网格视图只显示最后加入目录的照片。在"目录"面板里点击选项"所有照片",将显示整个目录的所有缩略图。

硬盘上的照片自动纳入目录

Lightroom能够监测硬盘上的一个特定文件夹,把新的照片从该文件夹自动纳入目录。如果你不想通过Lightroom的"导入"对话框把照片从存储卡拷到硬盘,可以使用被监测的文件夹进行导入。只要把新的照片存入给出的文件夹,这些照片就会被自动纳入目录。无须重复启动导入过程,Lightroom的目录将自动完成:

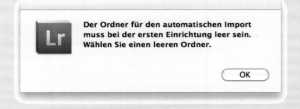

图 12.18 已经存在的文件夹不能用于自动导入。

1. 开始监测新照片时,相关文件夹必须是空的。因此请你先新建一个文件夹。

2. 通过"文件/自动导入/设置自动导入",开启自动导入对话框。

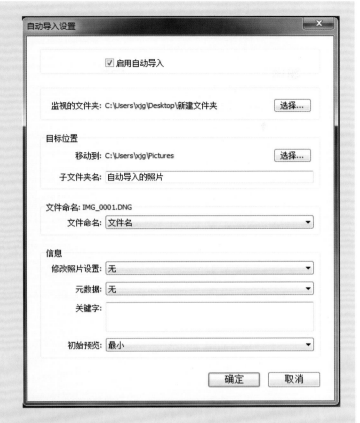

图 12.19　如果
不想在插入存储
卡的时候由Light-
room 自动导入照
片，可以从文件夹
自动导入照片。即
先把照片存入被监
测的文件夹，这些
照片将被自动纳入
目录。

3.　点击"被监测的文件夹"旁边的按键"选择"，在接下来的对话框里找到步骤1建立的文件夹，Lightroom将对该文件夹的新照片进行监测。

4.　在"目标"下指定一个文件夹，Lightroom将被监测文件夹里的原始照片移动到这个文件夹。

5.　后续设置和普通的"导入"对话框类似。

6.　点击选项"启用自动导入"，开始文件夹监测。

7.　点击"确定"，结束并确定对话框"自动导入设置"。

现在，存储在被监测文件夹里的每一张照片都会自动出现在Lightroom目录里。然后通过"文件/自动导入设置/启用自动导入"，开始或关闭"文件夹－监测"。

12.3.2　整理照片档案

照片导入目录只是使用 Lightroom 有效管理照片的第一步。"图库"模式提供了多种功能和工具，可将照片综合建立收藏夹，把相似主题放到一起，对照片进行评价或进一步补充信息。需要时，便于迅速找到想要的照片。

预　选

目录里应该只存最好的照片，模糊的照片或其他失败的照片只会白白占用硬盘的存储空间，造成不必要的负担。导入之后的第一步是预选。虽然选择起来并不容易，但千万不要割舍不下，质量比数量重要得多，所有模糊的、曝光不足的、曝光过度的（当然，使用包围曝光的 HDR 照片除外）或其他拍摄不成功的照片，应统统扔进回收站。

Lightroom 提供了不同的照片筛选工具，"旗帜"标记是可靠且迅速的挑选方法。

1. 通过"目录"面板里的按键"之前的导入"，确保目录只显示最新的照片。

图 12.20　"比较视图"可帮你从一系列照片中选出最佳照片。

2.　一般情况下，Lightroom 会在网格视图同时显示多张缩略图。点击第一张照片，按空格键切换到放大视图，将只显示当前照片的大图。

3.　使用 ← 和 → 翻阅照片，用 P 和 X 对照片进行标记。

按空格键放大照片，检查清晰度。然后点击、拖拽鼠标，移动剪裁区域。

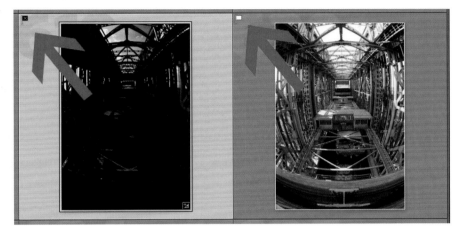

图 **12.21**　用"选择"（白色旗帜）和"放弃"（黑色旗帜）对照片进行标记。

所有需要保留在目录里的拍摄成功的照片，用 P 标记。Lightroom 可通过临时标志"标记为选择"对标记进行确认。在网格视图里，缩略图的左上角将显示白色旗帜。

所有无法使用的照片用 X 标记。存在技术问题的照片，比如模糊、曝光不足、构图失误和拍摄时机不对（比如太阳消失在云彩的后面）的照片都属于拍摄不成功的照片。

对于那些拿不准的照片，先不做任何标记。

4.　隔一段时间以后，比如第二天或下一周（但千万不要一再拖延），再重新看一看这些拿不准的照片。"图库 / 根据标记过滤 / 只显示没有标记的照片"，将显示迄今为止尚无定论的照片，此时照片是否值得存档，请你做出最终抉择。

如果出现标记错误，可用 U 取消。

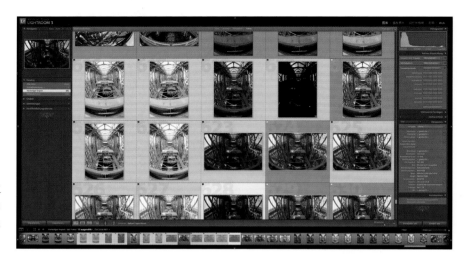

图 12.22　通过菜单命令，可以非常方便地选出不要的照片。

5.　在这步之前，你只是对照片做了标记。在网格视图里，不想保留的照片虽然已经不再是灰色的，但这些照片仍然在目录里，占据着硬盘的存储空间。彻底删除拍摄失败的照片，目录才能一目了然。"图库 / 根据标记过滤 / 只显示不要的照片"，然后按 Entf 删除。

图 12.23　挑选出来的照片，是彻底删除还是只移出目录。

6.　Lightroom 将打开一个对话框，询问你：只把照片"移去"目录，还是同时把照片"从磁盘删除"？

尽管彻底从硬盘删除显得比较武断，有一定风险，但根据我的经验，没有必要让这些拍摄失败的照片给硬盘增加负担。之前提到过，我会把所有 RAW 文件从存储卡直接存到一个外置硬盘，用作紧急情况下的备份。从事数码摄影 10 多年，我从未怀念过在预选时删除的任何一张照片。

使用五角星和色彩标识对照片进行评价

除了旗帜外，Lightroom 还可以用五角星和色彩标识对目录里的照片进行分类。评价方法多种多样，只有在极少数情况下才会把它们一起用上。评价照片，没有什么王道，你最好尝试一下不同的评价方法，形成一个适合自己使用且能够帮自己迅速找到想要照片的工作模式。

我一般使用五角星评价照片质量。出色的照片五星，较好的照片四星，虽然没有技术问题但是算不上出众的照片三星。需要时，我可以根据五角星的个数过滤照片，迅速挑出最好的照片。

五角星评价法具体如下。

1. 在初始状态下，目录里的照片是没有经过评级的，缩略图下面是五个小黑点。想给选出的照片几星，就用鼠标在此点击显示相应个数的五角星。

图 12.24 在网格视图里可用鼠标或键盘评价照片。

还可以使用下述方法进行评价。

» 通过键盘进行五角星评级时，输入想要的数字即可，从 0–5。

» 指定一个"色彩标识"，用鼠标左键点击缩略图右下方的灰色小方块，选择想要的色彩。除紫色外，其他色彩均可使用键盘：6 表示红色，7 的表示黄色，8 表示绿色，9 表示蓝色。

可以把五角星、旗帜和色彩标识组合起来使用。

457

图 12.25 使用"图库过滤器"可以根据评级和标识对显示的照片进行过滤。

评级和标识并不是目的，它们的作用在于帮助你迅速找到想要的照片。使用屏幕上方的"图库过滤器"面板，根据星级、色彩标识或其他属性对照片进行过滤。如果没有显示过滤器工具栏，用"视图 / 显示过滤器工具栏"开启。

1. 点击选项"属性"，开启"评价过滤"。

2. 在控制面板里点击想要的星级。如果选择大于等于号，除了该星级的照片外，还会显示高于此星级的照片；选择小于等于号，则除该星级的照片外，还会显示低于该星级的照片。用鼠标左键点击符号，从快捷方式菜单里选择想要的选项。

使用键盘中的 Strg L / ⌘ L 可以开启和关闭"图库过滤器"。

3. 此外，还可以根据旗帜和色彩标识进行过滤。比如点击想要的评价，所有不符合标准的照片就会被滤出。若再次点击评价标准，可取消选择。用鼠标右键点击"图库过滤器"面板里的一个色域，再从快捷方式菜单里选择选项"否"，可取消色彩标识过滤。

使用元数据更加有序

元数据在照片管理和照片存档方面发挥着重要作用，它包含大量信息，随图像数据一起存入数码照片（也可存入 Lightroom 目录）。元数据可分为不同格式：

EXIF（可交换图像文件）：拍摄时它就已经嵌入到不同的照片当中，比如所用焦距、快门速度、拍摄日期和时间。EXIF 信息被数码相机自动保存后，嵌入 JPEG 文件、TIFF 文件或 RAW 文件。

IPTC（国际出版电讯委员会）：IPTC 信息主要针对出版机构和媒体机构，可存入作者、照片版权、关键字和照片描述。使用 IPTC 数据，将为进一步传播保存重要信息。

1. 可在"元数据"面板里看到 Lightroom 的元数据。若选择照片的缩略图，元数据将自动显示在右侧的"元数据"面板里。

2. 通过控制面板上方的下拉菜单对元数据的显示进行确定。"标准"选项可显示文件名称、副本名称、评价、文本记录，以及所选的 IPTC 元数据和 EXIF 元数据。

3. 如果选择了多张带有不同元数据的照片，Lightroom 会用选项"混合"标明相关的元数据区域。若选择"元数据 / 只为目标照片显示元数据"，则只显示活动照片（在屏幕左上方"导航器"面板的"预览"里）的元数据。

图 12.26 Light-room 在"元数据"面板将显示拍摄期间的相机设置和照片的其他参数。

4. "元数据"面板不仅能够显示元数据，而且能够制作新的说明或修改存在的选项（当然，由相机存储的拍摄参数不算，比如光圈和快门速度）。此时点击相应的区域，通过键盘输入修改。

图 12.27 不仅可以看见元数据，而且可以直接在"元数据"面板修改或添加信息。

元数据模板是一个非常有用的工具，能够自动导入照片说明，如你在导入时所见的那样。如果很多类似的照片需要导入同样的说明，可将当前选项存为模板，这样接下来的照片，就不用再手动输入信息了。

图 12.28 通过下拉菜单"预设"建立一个新的元数据模板。

1. 在"元数据"面板的下拉菜单"预设"中，选择选项"编辑预设"。

图 12.29 "编辑元数据预设"是一个内容很丰富的对话框。

2.　此时弹出"编辑元数据预设"对话框，在此输入想要存入的模板信息，比如版权、拍摄地点或关键字。

3.　一旦向某一区域输入说明，区域后面就会打上对勾，选项也会纳入元数据模板。单个选项纳入模板，或从模板中取消，可以点击小方框，或使用三个按键"全部标记、不标记任何选项及标记填写项"。这些方法适合对已经存在的模板进行修改。

4.　用鼠标点击按键"完成"，关闭对话框。

图 12.30　把新的元数据模板保存在一个表意清晰的名称下。

5.　新建立的模板若没有被保存，Lightroom 将弹出一个警示对话框。点击"保存在……下"，然后在接下来的对话框里输入想要的名称，点击"完成"进行确认。

图 12.31　使用元数据模板，可为一系列照片自动填写相关说明，无须大量打字。

建立一个新的元数据模板，便可以很轻松地为一张或多张照片指派模板，节省了大量打字工作。

6.　在网格视图里选择想要的照片，在下拉菜单"预设"里选择想要使用的模板。

7.　还可以使用"喷涂工具"确认元数据模板：

461

在下方的工具栏里点击"喷涂工具"。

从第一个下拉菜单里选择选项"元数据",在第二个下拉菜单里选择想要的元数据模板。

把光标移动到照片上,"喷射"(也就是点击)照片,确认模板。

在工具栏里点击左侧的暗色光斑,取消"喷涂工具"。此时"喷涂工具"不再是活动的,将重新回到工具栏里。

删除元数据模板

Lightroom可将元数据模板自动存入预设文件夹,也只能在这个文件夹里删除建立的模板。通过"编辑/预设"(Windows系统)或"Lightroom/预设"(Mac系统)打开"预设"对话框,切换到选项卡"预设"。在此点击按键"显示Lightroom预设文件夹"。元数据模板就在文件夹"元数据预设"下的子文件夹"Lightroom设置"里。

Lightroom使用XMP标准存储元数据。

如果你想把元数据存入目录,那么在Lightroom里修改过的元数据就不会被其他应用所识别。

Lightroom 可以把元数据的修改存入目录或存入原始的图像文件。如果是 RAW 格式的照片,为了避免受损,不要把 XMP 数据存入原始文件,而应存入所谓的子文件。

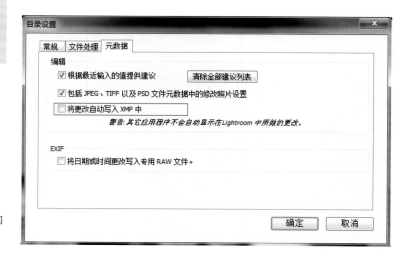

图 12.32 "目录设置"对话框。

1. 选择"编辑 / 目录设置"（Windows 系统）或"Lightroom/ 目录设置"
（Mac OS 系统），切换到选项"元数据"。

勾选"自动以 XMP 存储修改"，将元数据的修改存入图像（RAW 格式）
子文件；关闭该选项，则只将修改存入 Lightroom 目录。

2. 关闭"自动以 XMP 存储修改"，可在事后的任何时候将目录里的
元数据设置手动纳入图像文件。也可在网格视图里标记文件，选择"元数
据 / 元数据存为文件"。

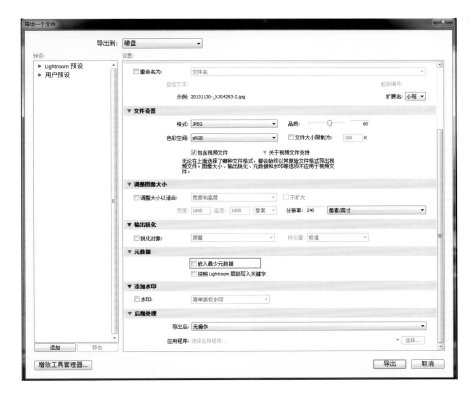

图 12.33　当你从
Lightroom 导出照
片时，决定元数据
是否嵌入。

如果希望从 Lightroom 导出的 JPEG 文件和 TIFF 文件包含元数据，在"导
出"对话框里关闭选项"最小化嵌入的元数据"。

想必你一定有过这样的经历，在 Explorer 或 Finder 里找到一张照片，往往需要花费大量时间。照片收藏越多，越是难以一目了然，图像浏览器也就越无法胜任查找工作。关键字可使硬盘上的照片变得有序，便于查找。

使用关键字，应该保证概念统一，比如不要总是在关键字"度假"、"假期"和"旅行"之间换来换去，始终都用统一的称谓。

在 Lightroom 里点几下鼠标，就能给一张照片分派关键字，这些关键字可对照片内容进行描述，比如风景、日落、孩子聚会或所拍任务的名称。输入关键字，就能找到照片。

我已经在"'导入'对话框里的选项"相关内容中，向你展示过如何在导入目录时给出关键字。但这只适用于对所有照片都有效的常规关键字，你还需要使用其他关键字对照片进行描述。使用关键字描述图像内容，描述得越详细，查找照片时，就越是简单方便。

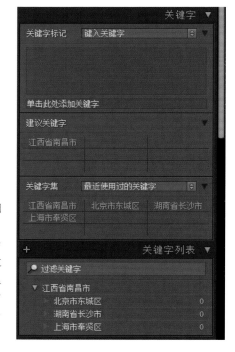

图 12.34　右侧是"关键字"面板。它可以输入新的关键字，或从关键字组选择一个选项。"关键字列表"将显示所有给出的关键字。

1. 在标准设置下，Lightroom 在工作区域右侧显示"关键字"面板。如果没有显示，可以通过 ⌘ + 2 或 Strg + 2 开启控制面板；或用鼠标点击选项"关键字"前的灰色小三角，打开控制面板。

2. 想要给哪张照片设置关键字，就在网格视图里点击哪张照片。一个关键字可以同时分配给多张照片，只须按住 ⇧ 或 Strg / ⌘ 即可。

3. 可以通过多种方式给出关键字：» 然后用鼠标在"关键字"面板里点击"点击这里添加关键字"，输入想要的关键字。按回车键◄，将关键字指派给所选照片。

» 点击"建议关键字"（Lightroom 在此处将自动显示之前用过的关键字）或"关键字组"中的一个记录。

» 拍摄量大的话，不仅照片收藏夹多，关键字也多，通常一个关键字组最多可以输入 9 个关键字。在"关键字"面板的下拉菜单中选择选项"关键字组"，然后根据时间、地点或主题建立自己的关键字组。

» 如果想把 Lightroom 自动显示的以前用过的关键字存入新的关键字组，在"关键字"里点击下拉菜单"关键字组"，选择"当前设置作为新的预设"。然后给关键字组输入一个名称，点击"完成"建立一个新的关键字。

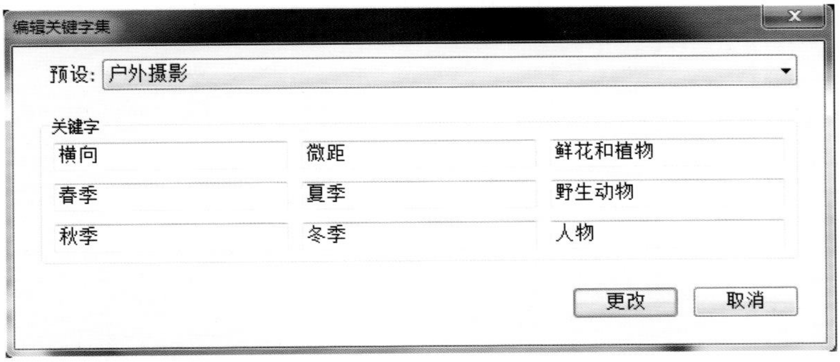

图 12.35　将关键字制成关键字组，便于快速查找。

» 建立一个新的关键字组，也可选择"元数据 / 关键字组 / 编辑"。在对话框"编辑关键字集"里输入 9 个关键字，再从下拉菜单"预设"里选择选项"存为新的预设"。最后给新的关键字组输入一个名称，点击"完成"确定。

Lightroom 可提供不同方式，将关键字归入一张照片。通常在"关键字"面板里输入关键字，或从"关键字列表"面板里选择一个选项拖至照片。

分类关键字。使用关键字组能够更快找到所需关键字。而对于关键字选项特别多的目录来说，关键字组是非常有用的。

Lightroom 自带 3 个关键字组，分别"户外摄影"、"肖像摄影"和"婚礼摄影"。

图 12.36 把关键字列表里的一项记录拖至一张照片或一组照片，以把关键字指派给它们。

Lightroom 在关键字列表将里显示所有由你输入的关键字。此时把关键字选项从清单拖至相应照片，即可把一个已经建立的关键字迅速指派给照片。反之亦然，你可按住鼠标，把照片拖至关键字选项。

图 12.37 "喷涂工具"在屏幕下方的工具栏里。

除了关键字，"喷涂工具"还可以把其他元数据或设置迅速传输到一张或几张照片上。如果工具栏里没有显示图标，点击工具栏最右边的小三角，从快捷方式菜单里选择"喷涂工具"选项。

工作区域下方的工具栏里有一个"喷涂工具"，可使用"喷涂工具"将关键字添加到一张或几张照片。

1. 点击工作区域下方的"喷涂工具"图标。

2. 图标从工具栏消失，显示为选项。然后点击下拉菜单，从菜单里选择选项"关键字"。

3. 在弹出的文本区域输入想要的关键字，可以同时输入多个关键字。

4. 想把关键字分派给哪些照片，就用"喷涂工具"点击哪些照片的缩略图。

5. 如果出现错误，再次点击相应的缩略图（这时鼠标指针变成了橡皮擦），可去除关键字。

6. 完成关键字指派后，把"喷涂工具"重新放回工具栏左侧暗灰色的光斑里。你也可以用 Esc 结束"喷涂工具"。

图 12.38　指派了关键字的照片，右下角会出现一个小标签。

指派了关键字的照片，Lightroom 会在网格视图的缩略图右下角显示一个标签，所有出现在目录里的关键字都将被纳入"关键字列表"面板（选项后面的数字表示使用该关键字的照片张数）。

关键字可随时添加、编辑、重新命名或删除。嵌入所选照片的关键字显示在"关键字"面板的"关键字标签"下，以确保在下拉菜单可选定选项"输入关键字"。

如果选定多张照片，则显示所有照片的关键字，而选项旁边的星号表示该关键字只分派给了部分照片。

如果想把关键字彻底从照片和目录中删除，在"关键字列表"面板里用鼠标右键点击想要删除的关键字，接着在菜单里选择"删除"选项。然后选择"元数据/删除不用的关键字"，从目录自动清除所有不用的关键字。请注意，该命令是不可撤销的。

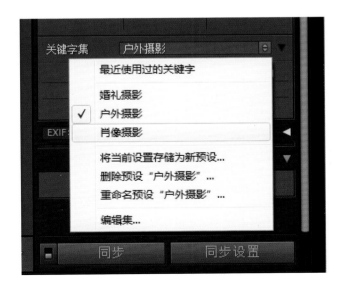

图 12.39　对关键字进行分级，一目了然。

7. 对关键字进行分级。比如，关键字“假日旅行”下设“马略卡岛”、“马尔代夫”和意大利等旅行地点作为子关键字。用鼠标右键在“关键字列表”面板里点击相应的上一级关键字，就可在快捷方式菜单里选择“在……内生成关键字”标签，以此建立一个分级的关键字。

8. 如果指派了错误的关键字，在网格视图里选择关键字出现错误的照片，并在“关键字”面板的“关键字标签”里删除相应的关键字。

确认
Lr
是否要删除关键字“微距”？
此关键字用于 5 张照片，并将从中移去。
删除(D)
取消

图 12.40 可删除不用的关键字，这一命令是不可撤销的。

时尚
0
室外
30

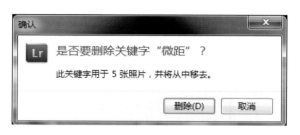

图 12.41 在“关键字列表”面板中点击关键字后面的白色箭头，照片将过滤到“虚拟光表”。

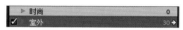

9. 完成关键字指派后，体验一下它的功能和效果。首先在“关键字列表”面板里，把鼠标移到想要过滤的关键字上，其中选项右侧是隶属于该关键字的照片张数。然后点击数字右侧的白色箭头，将照片过滤到网格视图。

文本
属性
元数据
无
相机
全部 (11 个相机) 297
DMC-LX5 2
DSLR-A550 25
Hasselblad H4D-50 1
HP Scanjet G3110 1
IQ250 1
NIKON D200 1
镜头
全部 (6 个镜头) 297
18.0-105.0 mm f/3.5-5.6 115
85.0 mm f/1.8 28
HC 35 1
Mamiya MACRO 120mm f/4.0 D 1
Tamron AF 17-50mm F2.8 XR Di-II LD 14
未知镜头 138

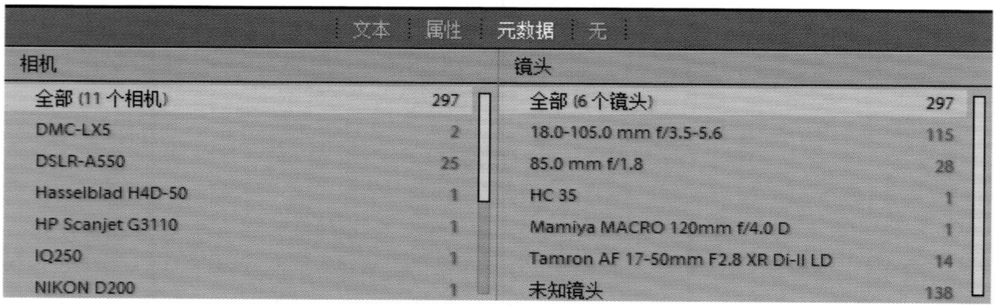

图 12.42 “图库过滤器”面板能够根据元数据和其他标准过滤缩略图显示，非常方便。

10. 上方的“图库过滤器”面板也可以根据关键字进行过滤，即在“图库过滤器”点击选项“元数据”。在标准设置下，控制面板包含四栏“日期”、“相机”、“镜头”和“文字说明”。

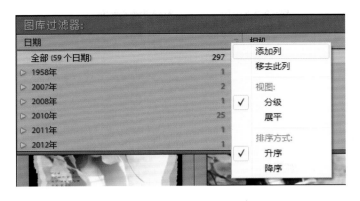

图 12.43　通过快捷方式菜单修改过滤标准。

11. 点击各栏后的双箭头（比如日期），打开快捷方式菜单，并在菜单里修改相应栏的过滤标准。从快捷方式菜单里选择选项"关键字"，或点击对话框右侧的小灰三角，打开快捷方式菜单，添加其他栏。

12. Lightroom 将在栏里自动显示所有在目录里使用过的关键字。若点击所查找的关键字，则只显示被指派了相关关键字的照片。

图 12.44　可将多个查询标准组合起来精确过滤。

13. 按⌘或 Strg，点击第二个关键字选项，可在一栏里标记多个关键字，Lightroom 显示的照片至少包含其中的一个关键字。若想进一步限制查询，就要查找含有两个或多个关键字的照片，即像步骤 7 那样建立其他关键字栏，在此标记第二个想要的关键字。

关键字是一个非常强大的工具，能够很好地组织照片档案。若想让关键字充分发挥其优势作用，就必须根据对照片的喜好程度开发一个全面的关键字系统，并使用多个关键字尽可能准确地描述照片内容。就某一主题进行查询时，如果把多个关键字组合起来，能够很好地限制查找。只要做好相应的准备工作，点几下鼠标，想找的照片便会呈现出来，比如上次在瑞典度假时拍的日落，或所有孩子在动物园拍的照片。

使用"叠放"更加一目了然

对照片进行叠放，目录会变得更加有序，它操作简单，功能强大。就像把传统的幻灯片叠放在光桌上，也可以把同类照片（比如使用包围曝光拍摄的照片）的缩略图在 Lightroom 里叠放起来。

1. 在"图库"模式里点击Ｇ，激活网格视图，然后用鼠标标记想要叠放的照片。对于挨在一起的照片，先点击第一张缩略图并按住⇧，再点最后一张缩略图，从而使所有缩略图都被选中。如果想选的多张照片，其目录里的缩略图不是挨在一起的，可在选择期间按住Strg / ⌘。

2. 用鼠标右键点击所选缩略图中的一张，然后从快捷方式菜单里选择"堆叠 / 组成堆叠"。

Lightroom 自动叠放照片时，只显示照片叠放器里最上一张，其缩略图左上角会显示一个叠放标志，标志里还会显示照片叠放器里的照片张数。

图 12.45　可在快捷方式菜单里找到不同的照片叠放命令。

3.　点击缩略图左上角的叠放标志，打开叠放器，查看里面的照片。或者用鼠标右键点击缩略图，从快捷方式菜单里选择"堆叠／添加一个堆叠"或"堆叠／添加所有堆叠"，打开一个或多个叠放器，显示单张缩略图。

4.　再点击照片叠放器里第一张照片的叠放标志，照片将重新叠放。你也可以点击叠放器里最后一张缩略图右侧的双箭头，重新叠放照片。

图 12.46　左上角会显示一个叠放标志，数字表示叠放照片的张数。

整理收藏夹和智能收藏夹里的照片

收藏夹和智能收藏夹是关于特定主题的照片收藏，因为 Lightroom 不是以文件夹为基础的，它用的是缩略图目录和原始照片的参考，所以一张照片可以同时存入不同的收藏夹，也可以在 Lightroom 里编排多个收藏夹。

照片纳入收藏夹之后，便可对其加以使用，比如幻灯片展示、洗印照片或是显示 Web 图库。通过"收藏夹"面板可迅速找到建立的收藏夹，无论是一个还是多个，非常方便。收藏夹不仅可以用于"图库"模式，而且可以用于"幻灯片放映"模式、"打印"模式和"Web"模式。

如果你经常拍摄全景照片或使用包围曝光进行拍摄，可以试一试"叠放器"快捷方式菜单里的"根据拍摄时间自动叠放"，这样先后拍摄的照片会自动叠放，无须手动操作。

如果只是临时将一组照片用于某一特定任务，最简单的办法是把这些照片纳入"快捷收藏夹"。点击缩略图右上方的小圆圈，或按住鼠标键，把缩略图拖到"目录"面板里的"快捷收藏夹"选项。

其不同于收藏夹的是每个目录只有一个"快捷收藏夹"。

图 12.47　屏幕
左边的 "收藏夹"
面板。

1. 在网格视图里标记想要加入收藏夹的照片。

2. 在 "收藏夹" 面板里点击加号，从展开的菜单选择选项 "生成收藏夹"，建立一个新的收藏夹。或者通过 "图库 / 新收藏夹" 生成一个新的收藏夹。如果用键盘，请点击 Strg + N 或 ⌘ + N。

图 12.48　使用
收藏夹对照片档案
进行整理，能够迅速
找到有关某一主题
的一组照片。

3. 在接下来的对话框"生成收藏夹"中输入想要的名称，并在"组"里保持选项"无"。标记选项"包含所选照片"，点击"生成"结束对话框。

Lightroom 建立收藏夹，只显示所建收藏夹里的照片缩略图，新收藏夹的名字则显示在"收藏夹"面板下方，呈亮灰色。

图 12.49　通过拖放鼠标把照片加入新的相簿。

4. 在"目录"面板选择"所有照片"，将其他照片加入收藏夹，且显示当前目录的所有照片。点击其他缩略图，按住鼠标向左拖动照片，直到"收藏夹"面板的收藏夹名称。

5. 从收藏夹清除照片也很轻松。在"收藏夹"面板点击想要的收藏夹，标记相关照片。接着按鼠标右键，选择选项"从收藏夹取消"，照片就被从收藏夹清除，但并没有扔进回收站，还在目录里。

把相似的收藏夹编成收藏夹组，更加一目了然。比如在收藏夹组"假期"里建立不同的旅行收藏夹，便能迅速找到度假照片。收藏夹组本身不包含任何照片，它只是一个内含相似收藏夹的容器。

点击缩略图边缘和点击缩略图里的照片，Lightroom 的反应是不一样的。因此必须点击缩略图里的照片而是边缘，再将其拖进收藏夹（鼠标指针变成照片叠放器），才能把一张照片加入收藏夹。

图 12.50 组收藏夹是装收藏夹的容器。

6. 通过"图库 / 新的收藏夹组"创建一个收藏夹组，或者在"收藏夹"面板点击加号，选择"创建收藏夹组"。

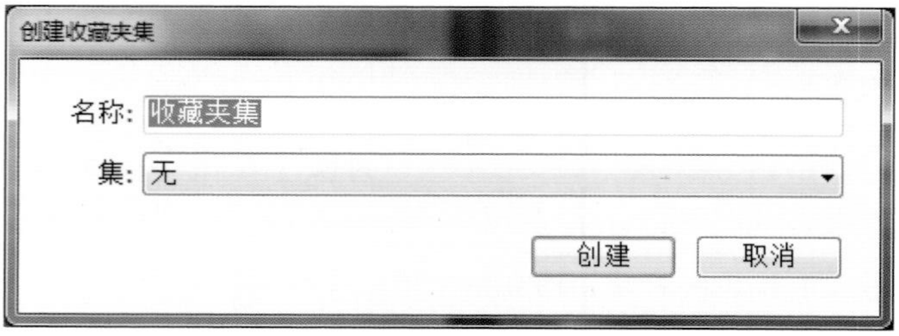

图 12.51 给新的组收藏夹输入一个名称，甚至可以交错嵌套其他组收藏夹。从下拉菜单"组"选择一个已经存在的组，且成为一个已经存在的组的一个部分；反之，则选择"否"。

创建收藏夹集	
名称：收藏夹集	
集：无	
	创建　取消

7. 在对话框"创建收藏夹组"为其输入一个名称，点击"创建"进行确定。

8. 生成一个新的收藏夹，可同时在"创建"对话框里将其加入一个组。然后在"收藏夹"面板点击收藏夹，按住鼠标把收藏夹拖到收藏夹组文件夹内，从而将一个已经存在的收藏夹移动到收藏夹组。

可在一个组收藏夹里建立多个收藏夹。

图 12.52　通过鼠标拖放，把已经建立的收藏夹移动到组收藏夹。

看起来，收藏夹过滤类似于关键字过滤，但两者有一重要区别：收藏夹里的照片有固定顺序，这个顺序可以由你决定（但这只适用于普通收藏夹，接下来要介绍的智能收藏夹，用户则无法对顺序进行定义）。

9.　点击缩略图，按住鼠标将其拖到收藏夹里想要的位置，即可改变顺序。如果将收藏夹用于幻灯片展示或 Web 图库，顺序会被自动采用。

智能收藏夹是收藏夹的一种特殊形式。Lightroom 根据由你确定的挑选标准从目录中自动找出合适的照片，并加入收藏夹。Lightroom 自带 7 种智能收藏夹："尚未加入收藏夹"（所有未指派收藏夹的照片）、"五星级"（被评为五星的照片）、"新近修改"（过去两天修改过的照片）、"上个月"（上个月录入的所有照片）、"无关键字"（直到现在没有指派关键字的照片）、"红色"（所有使用红色标记的照片）和"视频文件"（目录里的所有视频文件）。

通过鼠标拖放改变照片顺序：先点击照片，再按住鼠标把它拖到需要的位置。

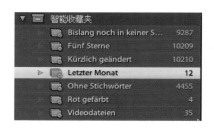

图12.53 Light-room 带有一系列智能收藏功能，非常实用，能够迅速找到一组特定照片。

查找照片时，所有元数据均可用作查询标准，包括关键字、评价、相机保存的拍摄参数，还可以把它们组合起来，将想要的照片自动加入智能收藏夹，而不需要手动查找和添加。

1. 在"收藏夹"面板点击加号，选择"生成智能收藏夹"，打开"查询标准"对话框。或通过"图库/新的智能收藏夹"来建立。

2. 在接下来的对话框里给新的智能收藏夹输入一个名称。我将以风景照片为例，向你展示如何使用 3 个简单的过滤标准建立一个收藏夹，却无须任何准备工作，比如输入关键字。

3. Lightroom 总是把一个新的智能收藏夹插入收藏夹组。如果你想把一个新的收藏夹用作已经由你建立的收藏夹组的一部分，可从下拉菜单选择"组"。

现在输入查询标准，该标准决定 Lightroom 将哪些照片自动纳入智能收藏夹。然后点击鼠标，在对话框里编排一个多层次的查询请求。你既可以使用相机自动存入照片的拍摄参数，又可以使用后来输入 Lightroom 的关键字或评价。

假如你和我一样，喜欢拍摄风景，就先把风景照片汇编成一个收藏夹。这样照片变得一目了然，很快就能选出最好的照片制作挂历。

如果所有风景照片都归入了关键字"风光拍摄"或其他相似的关键字，智能收藏夹用起来自然简单，且不会出错。就算你没有做任何准备工作，Lightroom 的多种过滤功能也能够帮助你完成查找。

比如，试着在智能收藏夹里找一找用小光圈和广角镜头拍摄的横幅照片。此时 Lightroom 无法自动识别照片内容，收藏夹里可能会出现一张或几张使用上述参数拍成的建筑物照片，但是收藏夹里符合查询标准的大部分照片一定都是风景照片。

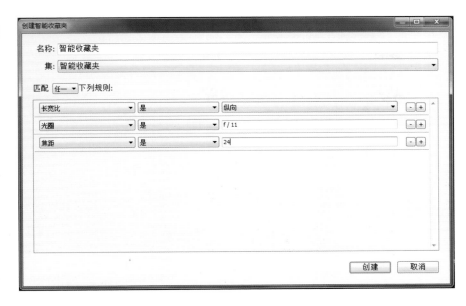

图 12.54　在对话框里确定查询标准，符合标准的照片会自动加入收藏夹。

4.　首先在第一个下拉菜单里决定，要求照片是符合下述标准中的每一个标准，还是至少符合下述标准中的一个标准，比如选择选项"任一"。

5.　在接下来的区域里输入各个查询标准。以之前的风景照片为例，从第一个下拉菜单选择选项"长宽比"。第二个选择随第一个下拉菜单的选项而变化。如果预设"长宽比"的条件得到"满足"，最后一个选择区域将变成带"竖幅"、"横幅"或"正方形"的下拉菜单。

6.　点击右边第三个选择区域的加号，进一步限制查询，并根据屏幕显示添加查询标准，但设定选项"光圈"很容易出错。记住：小的光圈值代表着大的光圈开口。想要过滤出光圈为 f/11 或更小的所有照片，就要在条件里选择"大于"。

7.　最后选择"焦距"作为查询标准，条件是"小于"。接着在最后一个选择区域输入想要的焦距，比如 24mm，将所有用超广角镜头拍摄的照片纳入收藏夹。

8.　现在点击"创建"，以建立一个新的智能收藏夹。

9.　Lightroom 建立新的智能收藏夹后，将自动填充符合查询标准的所有照片。

"收藏夹"面板里，带齿轮的相框表示"智能收藏夹"。

图 12.55 Light-
room 会用合适的照
片自动填充收藏夹。

10. Lightroom 会把目录里所有合适的照片加入新的智能收藏夹，且每向目录输入一张符合查询标准的新照片，这张照片就会自动加入新的智能收藏夹。比如，你建了一个"孩子照片"的收藏夹。每次当你给一张照片添加孩子的姓名时，这张照片就被自动加入智能收藏夹。在如此短暂的时间里，就为一本相簿的制作做好了准备工作。

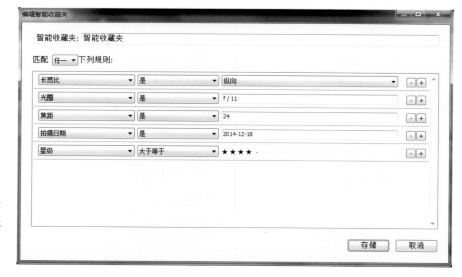

图 12.56 事后
可对查询标准进
行修改、添加，需
要时还可以分级。

11. 如果你不满意收藏结果，还可以继续精确查询。双击"智能收藏"，打开对话框"编辑智能收藏夹"，点击减号清除标准，点击加号添加标准。

12. 点击"保存"，修改后的查询条件将被纳入智能收藏夹。

按 住 [Alt]（Windows 系统）或（Mac OS 系统），点击加号，生成分级的查询条件。

12.4　图像优化

每张数码照片都可以通过电脑的后期处理变得更加完善。尤其是 RAW 格式的照片，通过正确调节亮度、白平衡、色彩还原、灰度值、对比度和清晰度，照片质量得以优化。

Aperture（只适用于 Mac OS 系统）和 Lightroom 等软件简化了 RAW 格式照片的处理，不仅提供多样化的存档功能，而且可对照片进行优化。也因其针对性强、操作方便，堪称全方位的"数码暗房"。

使用 Lightroom 优化照片，处理步骤类似于通过 Adobe Camera RAW 插件向 Photoshop 或 Photoshop Elements 输入 RAW 格式照片。但 Lightroom 不能直接修改和设置，而需要把 RAW 格式照片先存为一个单独的设置文件。其优点在于，不会损害原始照片，能够很快撤消修正。而且工作期间无须缓存，Lightroom 就会把修改值自动存入目录。一旦找到适合某一类照片的最优设置，还可将修改设置用于其他照片。

最后一步是输出图像文件。比如，你需要一个 JPEG 格式的文件用于网络展示，则应该先输出 RAW 格式文件和修改设置。

在工具栏
里找到"免除
叠加工具",
或按R。

使用Lightroom进行简单的图像处理

Lightroom主要是针对RAW格式照片的,因此不适合使用蒙版和图层等复杂的图像处理,比如合成照片等。但可以胜任简单的修改,比如照片的剪裁、修饰润色或局部修整。

选择剪裁和旋转照片

"免除框"看似不起眼,却是一个性能强大的工具,对最终照片的效果具有很大影响。正确选择剪裁,可轻松去除背景中的干扰因素。倾斜的照片也能迅速校正。

1. 从工具栏里选择"免除叠加工具",把剪裁框在照片里拉至最终你需要的区域。

2. 在框内移动鼠标,当鼠标变成一只小手时按住鼠标点拽,将照片向框内移动以选择你想要的剪裁区域。

3.　如果你想修改剪裁框的大小，可把鼠标指针放在一个角的小点上，等指针变成双箭头时，按住鼠标将其拉伸到你想要的大小。

通过挂锁决定用于免除的控制元件，是否被锁定或被修改。

图 12.60　你可从给出的宽高比中选择，也可自己输入一个宽高比。

4.　若想赋予剪裁某个特定的宽高比，点击挂锁前的双三角，从展开的菜单里选择一个选项。如果选项里没有想要的比例，可以选择"用户自定义"，在接下来的对话框里输入一个合适的数值。

图 12.61　以剪裁框为准，旋转照片，最终得到端正的照片。

5.　"免除框"不仅可以用来选择剪裁大小，还可以用于对齐照片。先把鼠标移到框外的某处，再按住鼠标参考"免除框"，旋转照片。

481

使用"角度"工具，可以根据一条水平线或一条垂直线精确对齐照片。

使用"区域修复"工具克隆单个图像。

图 **12.62** Light-room可自动选择所选目标区域旁边的区域作为来源区域。这两个区域分别会用两个圆圈表示。

6. 照片旋转时，Lightroom会自动显示一个精细的网格，便于对齐照片中的直线。在照片中也可使用"角度"工具精确对齐直线，比如水平线，更加简单。或沿着一条需要水平对齐或垂直对齐的线拖动"角度"工具。

7. 按回车键，"免除"和"旋转"命名将被执行。

从现在开始，Lightroom只显示所选择的剪裁区域。若想撤销"免除"，可在"免除叠加工具"的工具栏里点击"还原"。

修饰润色

"区域修复"工具类似于Photoshop或Photoshop Elements中的"仿制图章"，能够克隆照片的某一区域，且通过复制其他位置的图像内容，对某一特定位置的图像进行修饰和润色。就这两点而言，Lightroom是非常直观的：两个相互连接的小圆圈，一个表示目标，一个表示复制来源。

1. 在工具栏里点击"区域修复"工具："仿制图章"则把来源圆圈的图像内容复制到目标圆圈，修改包括所选区域的结构、光线和阴影。

2. 在照片里用"区域修复"工具点击想要修饰的位置。

3. Lightroom在所选目标区域附近将自动选择一个来源区域，显示为两个圆圈，且两者通过一个箭头相连，箭头表示复制方向。

图12.63　接着，可以任意移动圆圈，箭头表示复制方向。

4. 在来源圆圈或目标圆圈所在区域移动、点拽鼠标，可修改相应圆圈的位置。

图 12.64　通过工具栏里的滑块控制器控制修饰区域大小和"区域修复"工具的涂改能力。

5. 接下来确定修饰区域的大小和修改强度，并通过"大小"控制器确定圆圈直径。当设置为100时，目标圆圈将被来源圆圈的内容全部替代。向左拉控制器，可得到一个透明度值。

6. 按 Ⓗ 显示圆圈，检查修改结果。

使用小型相机进行拍摄时，如果用到闪光灯，经常会出现红眼，此时使用"红眼修正"工具可去除。

局部修改

　　使用"修改照片"模式里的滑块控制器（见"图像优化"相关内容）可修改整张照片，使用"效果"和"画笔"工具可修改照片的一个部分。

图 12.65 使用"效果"工具对局部照片的亮度和色调进行修改，比如加强天空的蓝色。

　　使用"效果"和"画笔"工具进行局部修改，但仅限于所选照片区域。

　　"效果"工具模拟拍摄时所使用的渐变滤镜，旨在克服强烈反差。你可以对滤镜的作用范围进行调节，可窄可宽。"效果"工具主要适用于界限分明的大面积区域；"画笔"工具则是具有选择性的，你可以用它在照片中的任意一个区域"作画"。逆光下拍摄的人像照片，可用"画笔"工具提高脸部亮度，效果非常好。

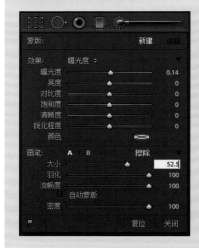

图 12.66 "画笔"选项界面。

1.　由"修改照片"模式的工具栏里选择"画笔",并点击"效果"后面的双三角,从展开菜单里选择想要的局部修改方式,使用滑块控制器调整效果强度。

2.　接着,通过"大小"控制器确定以像素为单位的笔尖直径。其中"柔和边缘"选项的作用在于,在受"画笔"影响的像素之间和邻近的图像区域之间形成平缓过渡。再通过"密度"控制器调整画笔的涂改能力。

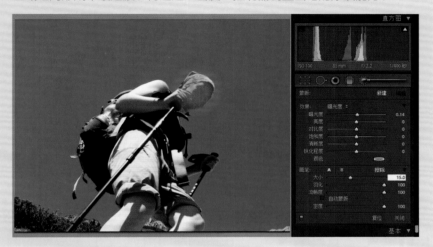

图 12.67　使用"画笔",有针对性地修改单个图像区域。

3.　用鼠标在照片中点击想要应用"画笔"的位置。此时"画笔"在这一点上显示为一个圆圈,选项中的标记模式变为"编辑",然后用鼠标在需要修改的图像区域上"作画"。

按 O 可弹出或隐藏蒙版,它会将所有受"画笔"影响的区域显示为红色。

接下来，我将向你展示 Lightroom 中 RAW 格式文件的基本处理流程。所介绍的技术和工具也可以用于其他图像处理软件，方法相同或类似。

图 12.68 Photoshop Lightroom 软件的"修改照片"模式。

1. 在"图库"模式里选择想要处理的照片。接着点击"修改照片"选项，切换到"修改照片"模式。右边是一系列面板，可对亮度、对比度、色彩还原和很多其他设置进行调整。

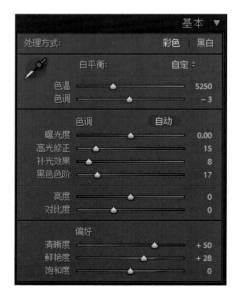

图 12.69 根据处理步骤确定控制器的顺序。

2.　首先设置白平衡。如果拍摄时就已经考虑过白平衡，可以忽略修改，保持下拉菜单里的设置"如同拍摄"。若要设置白平衡，Lightroom 提供了三种方法。

从下拉菜单"WA"里选择一个光照条件，但它会将选项"如同拍摄"作为标准（比如日光、阴影或闪光灯）。

通过"色温"和"色调"控制器手动设置色温。如果照片中存在中性区域，使用滴管可精确调整色彩还原。

图 12.70　Light-room 提供了滴管工具，可通过不同的设置和滑动控制器来对白平衡进行调整。

直方图能够很好地控制曝光质量，并针对每个色彩通道显示照片中的灰度分布频率，从黑（左）到白（右）。如果灰度分布适中，曲线峰值基本位于中间位置，既不偏左也不偏右。

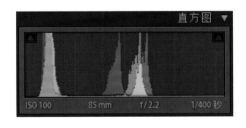

图 12.71　直方图可显示单个色彩通道在照片中的灰度分布。

通过左上角和右上角的两个三角插入"削波警告"，接着预览照片中所有曝光过度的部分（高光处没有影像）显示为红色，曝光不足的部分（全部是黑色阴影）显示为蓝色。通过"削波"，所有亮于某一灰度的灰度值将转换成白色，所有暗于某一灰度的灰度值将转换成黑色。被削弱的部分不是纯白就是纯黑，没有任何图像细节。

如果修改导致灰度值丢失，马上能在"削波警告"里看到。

3.　点击右侧三角，为高光插入"削波警告"。然后向右移动"曝光"控制器，直到照片中最亮的部分在预览窗口显示为红色。你也可以在直方图里查看效果，如果整个曲线向右移动，则把控制器往回拉一点儿，直到再没有高光溢出。

图 12.72 继白平衡之后，对高光的亮度进行优化。

使用"曝光"控制器向左或向右移动整个直方图，以此控制亮度。控制器向左移动时，照片变暗；向右移动时，照片变亮。

显示的数值相当于拍摄时的光圈级别，+1 相当于光圈开大 1 挡，或曝光时间增加 1 倍。

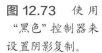

双击各个控制器取消修改，并将其设置为标准数值。

可先解决照片中最亮的部分。目标就是，尽可能把最亮的图像部分塑造成纯白，但是不能丢失图像信息。

4. 下一步是阴影，也就是照片中最暗的部分。使用"曝光"控制器提亮之后，最暗的图像部分不是黑色的，而是灰色的，照片的对比度较弱。在直方图里点击左侧三角，削减将显示在阴影部分。在不遗失细节的前提下尽可能向右移动"黑色"控制器，直到直方图抵达左侧边缘。

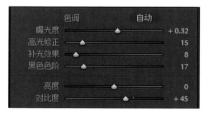

图 12.73 使用"黑色"控制器来设置阴影复制。

曝光不足警告和曝光过度警告

　　高光和阴影都没有溢出的照片才称得上最佳曝光。Lightroom可提供两种削减警告。

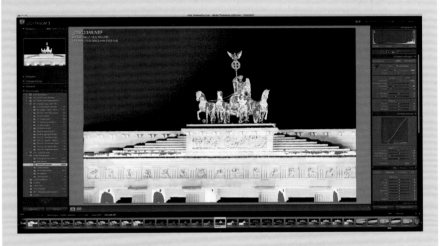

图 12.74　可在直方图里使用两个小三角插入阴影削减警告和高光削减警告，可使预览里曝光过度且不再显示任何图像的像素被染成红色。阴影削减则用蓝色标记。

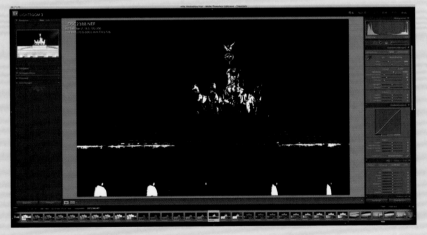

图 12.75　曝光警告的第二种方法是，按住 Alt 操作"曝光"或"黑色"控制器，预览将被暂时染成黑色（"曝光"控制器）或白色（"黑色"控制器），所有被削减的像素以一个对比鲜明的色彩呈现出来。

"黑色"控制器决定最终照片里的灰度值从哪一个级别开始被复制成黑色，向右移动控制器（也就是提高数值），则更多区域被复制成黑色，且对比度提高。

暗色调的改变最大，中等色调和亮色调的变化则明显小得多。对控制器进行设置时，暗部虽然要尽可能复制得暗一些，但是不能遗失细节。

5. 使用"亮度"控制器设置照片的亮度。控制器向左移动，照片变暗；向右移动，亮度提高。

"亮度"控制器看似有着和"曝光"控制器类似的效果，但事实上两者有一重要区别：使用"曝光"控制器移动整条曲线，是决定照片采用哪个灰度值范围；使用"亮度"控制器是对已经存在的灰度值进行重新分配。也就是说，向右移动"亮度"控制器，高光区域扩大，但这是以牺牲阴影区域作为代价的。

因此用"曝光"控制器确定纯黑和纯白的削减点之后，再用"亮度"控制器调节照片的整体亮度。

6. 如果某一区域里的一个或两个色彩通道被削减为白色或黑色，可以使用"修复"控制器和"填充光线"从高光或阴影里恢复细节。调节控制器时，必须格外小心。过度应用，照片容易变得平淡，缺乏对比度。如果到现在为止的设置里，既没有削减阴影也没有削减高光，那么将控制器置于初始位置。

7. "对比度"控制器主要影响照片的中等色调。数值高一点儿，照片的对比度提高；数值低一点儿，照片的对比度降低。

8. 使用"对比度"控制器的时候，要配合使用"透明度"控制器，它主要影响局部对比度，以此提高细节忠实度和图像清晰度。

9. "动态"和"饱和度"控制器则服务于色彩控制。

"饱和度"控制器调整照片的色彩饱和度，最终数值从 –100（纯单色）到 +100（双倍饱和度）。一般建议稍微提高一点饱和度，多从 +10 到 +20，因主题而定。数值再高，色彩看来起过于醒目，不够自然。

更合适的是"动态"控制器。它也是用于提升色彩的，但是不同于"饱和度"控制器，"动态"控制器主要影响饱和度低的非彩色色彩。

使用色调曲线控制对比度

　　Lightroom软件的"色调曲线"为对比度控制和曝光控制提供了另外一种可能。

　　设置曝光和对比度时，究竟是使用"基本设置"面板里的控制器，还是使用色调曲线，这纯属个人喜好，当然也可以把两种方法结合起来。控制器操作起来更加直观，色调曲线则更加精准。

　　色调曲线很好理解。下面的水平轴表示初始照片的亮度值，从黑（最左边）到白（最右边）；垂直轴则表示编辑后的目标亮度值，从黑（最下方）到白（最上方）。通过修改曲线形状，可有针对性地控制图像的灰度值和对比度。

　　在曲线上移动鼠标。Lightroom在下方的曲线边缘会显示相应的亮度区域。点拽曲线点，即可获得你想要的图像亮度。

　　比在曲线上找点更简单的方法是在照片里有针对性地修改特定图像区域的对比度，即在"色调曲线"面板里激活"目标调节工具"。现在在照片里点击想要的区域，按住鼠标上移可提高对比度，下移可降低对比度。接着再点击"目标调节工具"，结束调节。

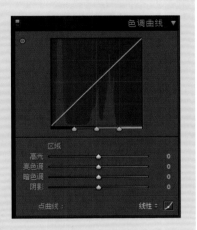

图 12.76　点击白色小三角，可展开色调曲线。

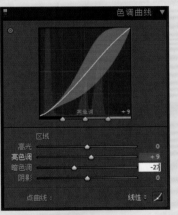

图 12.77　色调曲线能够精确修改对比度，比控制器更加灵活。

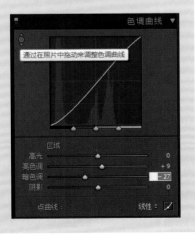

图 12.78　使用"目标调节工具"直接在照片里控制对比度。

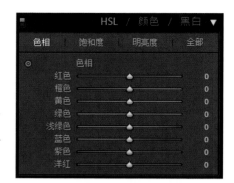

图12.79 "HSL/颜色/黑白"面板为控制色彩还原提供了多种可能。

10. 点击小三角，展开下一个"HSL/颜色/黑白"面板，调节色彩还原。在此既可对色调进行控制，又可对单个色彩区域的饱和度及亮度进行控制。

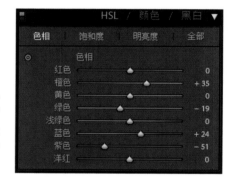

图12.80 可在"颜色/颜色/黑白"面板中对色彩还原进行详细和更有针对性的控制。

已经在"基本设置"面板里用"色相"、"明亮度"和"饱和度"对色彩处理进行过设置，"HSL/颜色/黑白"面板里的控制器则可用于加强、加深单个色彩或修改其色调。

"HSL/颜色/黑白"面板是一个非常强大的工具，能够有针对性地调整单个色域的色调、饱和度及亮度。你如果觉得蓝天不够蓝，就用蓝色调的"饱和度"控制器进行调整。但要注意一点，控制器影响照片中所有的蓝色调。它与调整"颜色"结果相似，控制器只是在两个控制面板里的分布不同而已。"黑白"用于黑白照片，你可在此处精确控制色调向灰度值的转换。

11. 最后一个重要的控制面板是"细节"，你可在该区域设置锐化强度和降噪强度。

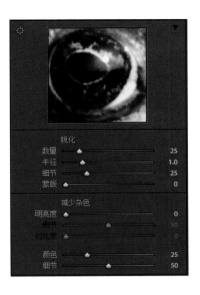

图 12.81　通过"细节"控制器可进行锐化和降噪。

再次点击鼠标或按空格键回到全图。

12. 在预览照片里点击鼠标，将视图变成 1：1。因为只有放大到这种程度，才能在屏幕上看清清晰度和图像噪点的修改情况。1：1 的视图或 100% 的视图，一个图像像素相当于一个显示器像素。也只有这样放大之后，才能对显示在屏幕上的最终照片的图像质量作出准确评价。

用控制面板前的开关打开或关闭修改。

13. 操作"锐化"控制器的时候，一定要特别小心，避免过度锐化。因为人眼很快就能适应清晰度变化，所以评价效果时，需要交替着打开、关闭控制面板前的滑块开关。

"数值"控制器决定相邻像素对比度提高的强度。数值"0"，即锐化被关闭。

"半径"控制器用于加强轮廓。比起细节粗糙的照片，细节精致的照片所需半径更小。而"细节"控制器则用于调整相邻像素或边缘的锐化。

在 RAW 转换时使用锐化，必须特别有节制。如果在转换中锐化照片，应在其他图像处理软件里完成进一步处理之后，有针对性地分配到各个应用区域，效果会更好。

通过"蒙版"控制器可决定从哪一亮度差异开始对相邻像素进行锐化，对柔和、对比度低的区域进行保护，比如单色的蓝色。设置"0"，整张照片被均匀锐化；设置"100"，锐化则限制在最强边缘旁边的区域。

14. "降噪"只用于感光度高的照片和曝光时间长的照片。如果照片的感光度正常，可将控制器保持不动。

感光度高的照片，先把 "色彩"控制器往右拉，减少因感光度高导致的色彩干扰。

"亮度"控制器用于清除照片灰度里的干扰，使用时须特别小心，避免整张照片变得过于柔和。

15. 除之前描述的控制面板外，Lightroom 还提供下面 4 种控制面板：

» 使用 "部分调色"对灰度照片进行染色，既可以给整个灰度区域指派一种色彩，也可以通过部分调色分别给阴影区域和高光区域指派不同的色彩。

» 使用 "镜头修正"纠正镜头的技术不足，比如色边或边缘暗角。Lightroom 具有适用于常见相机镜头组合的配置文件。在 "镜头修正"面板里点击 "配置文件"，开启选项 "激活镜头修正"，自动应用修改。如果 Lightroom 无法根据 EXIF 元数据找到合适的配置文件，你可以手动选择一个配置文件，然后手动调节控制器。

» 通过 "效果"选项给照片添加渐晕或胶卷颗粒感。

» 使用 "相机校准"建立用于不同相机色彩转换的预设。

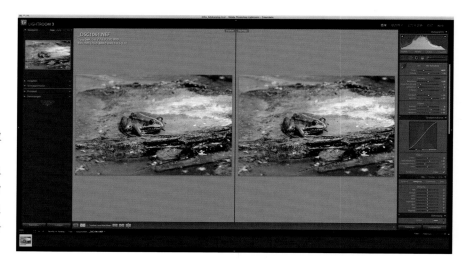

图 12.82　处理完成的 RAW 照片，色彩鲜艳、对比鲜明。通过 "视图 / 之前 / 之后"可显示比较视图，对修改效果进行评价。

最后一步是照片输出，其相关设置会被用于 RAW 文件，再存于图像文件里。Lightroom 能够同时输出一张或多张照片。你可在"导出"对话框里进行输出设置。

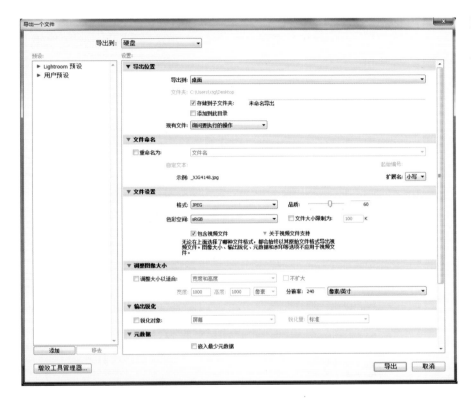

图 12.83　Light-room 的"导出"对话框。

16. Lightroom 提供了多种方式来开启"导出"。最简单的就是打开"导出"对话框，在"图库"模式里选择想要输出的照片，打开"文件/导出"。

在"导出位置"下指定一个存有输出照片的文件夹。点击"选择"，可定位到你想要的索引处。激活"插入子文件夹"，在所选文件夹里生成一个新的文件夹。如果文件夹里已经存在和新输出照片同名的文件，可在 Lightroom 下拉菜单里选择"存在的文件"，以决定处理方式。

在"文件命名"中确定输出照片的文件名，再从下拉菜单"预设"中选择一个常用的名称格式，此时 Lightroom 会显示一个已给出名称的预览。

使用"预设"可以迅速设定有关输出的所有重要设置。Lightroom 提供"预设 JPEG"、"按照 DNG 导出"和"用于邮件"，当然你也可以建立自己的常用预设。

495

在"文件设置"里可确定以何种文件格式进行输出，其选择有"JPEG"、"PSD"、"TIFF"、"DNG"和"原始"。每次只能输出一种文件格式，但前一个结束之后，就可以开始一种新格式的输出，其他设置取决于你想以哪种格式输出。JPEG 文件，可用"质量"控制器设置压缩强度；TIFF 文件，则要在 Lightroom 中选择是否需要压缩，是以何种色彩深度（8 比特或 16 比特）存储照片。此时在下拉菜单"色彩空间"中选择一种色彩配置文件，指派给想要输出的照片。

在"图像大小"设置输出照片的像素大小。若关闭该选项，照片则按照原始尺寸输出。此外，你还可以自行设置想要的分辨率。

通过"输出清晰度"设置，可以锐化想要输出的照片。

接下来决定 Lightroom 要将哪些元数据纳入想要输出的照片。如果关闭这个选项，Lightroom 将输出来自 RAW 文件所有 IPTC 区域的完整元数据。如果选择选项"添加版权 – 水印"，Lightroom 会将来自元数据的版权信息插入照片，且多为半透明字体。

接下来你要告诉 Lightroom 在输出结束之后做什么。如果选择"无作为"，Lightroom 将回到输出前所使用的模式。

17. 点击"导出"，开始输出照片。

12.5　地理标签

你可能遇到过这样的问题：在旅行途中拍了很多照片，有些景物容易识别，比如柏林的国会大厦或新天鹅堡；有些景物，则事后很难想起来照片究竟是在哪儿拍的。时间越久，记忆越苍白，"究竟是哪里"最终成了一个无解的问题。

全球定位系统（简称 GPS）能够帮你填补记忆空缺。卫星定位虽然主要用于汽车导航，但对于摄影师而言，它也是一个非常有用的工具，能够让你清楚地知道照片是在哪儿拍的。

早期的数码相机就已经装有内置的 GPS 接收器，一些专业的数码单反相机可以直接接到匹配的 GPS 接收器上。过不了多久，所有相机都能把照片和相应的 GPS 数据组合到一起。

你可以把 GPS 数据嵌入照片的 EXIF 元数据，从而任何时候都能知道拍摄地点的准确坐标（经度和纬度）。需要时，还可以在卡上显示拍摄时你的具体位置，可精确到米。使用专业版软件，甚至可以把国家名称、城市名称嵌入元数据。

今天不费吹灰之力，就可以在任意一台数码相机给照片配上拍摄地点的 GPS 数据，而这只需一个 GPS 接收器和匹配的软件。

地理标签的原理很简单，即数码相机把照片的拍摄时间存入 EXIF 元数据。接着地理标签软件会将 GPS 追踪（位置数据的连续记录）的时间信息和所拍数码照片同步，以便准确算出各自的拍摄位置并进行指派。

GPS 接收器详见第 5 章。

12.5.1　同步GPS追踪和照片

地理标签有很多不同软件。你将在这一专题中学到如何使用 GeoSetter 软件给照片配上地理坐标。很多免费的软件除了可以匹配 JPEG 文件外，还可以匹配相机的 RAW 格式文件以添加地理信息。除了纯粹的地理坐标，软件还可以将地名、城市名称和国名嵌入照片的元数据。

选择哪种 GPS 接收器？这个问题有点像汽车导航。虽然不用也行，可一旦用过，就离不开了。

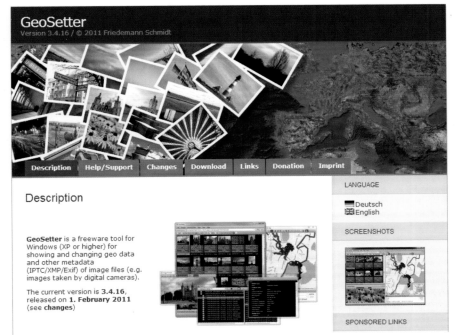

GeoSetter 软件只能用于采用 Windows 系统的电脑。Mac OS 系统可以用 App-Store 里的 myTracks 软件。

图 12.84　GeoSetter 是免费的，在网上就能找到。

1. 安装 DVD 光盘里或网上下载的 GeoSetter 软件。

2. 双击软件图标，启动 GeoSetter 软件，通过屏幕上方的下拉菜单打开相应的文件夹，需要给哪个文件夹里的照片配上地点信息，就打开哪个文件夹。

3. 通过"文件 / 设置"，打开 "设置"对话框，可为经验丰富的用户提供多种设置。你也可先关注"文件选项"，完成最重要的设置。

4. 如果要修改某些文件格式的设置，就在左面一栏点击想要的文件格式；按 Strg 或 ⇧，可标记多个格式；通过"选择所有"可选择整个清单，共同修改所有受 GeoSetter 支持的图像格式的设置。

图 12.85 在"设置"对话框决定 GeoSetter 如何将地点信息输入照片。

根据我的经验，GeoSetter 用于尼康相机的 RAW 文件和 JPEG 文件从未出过问题，所有数据还能在 Photoshop 和其他软件里打开。尽管如此，你最好先用几张照片副本试一试，看看 GeoSetter 是否能够毫无障碍地进入你的工作流程。

激活选项"将信息保存在 XMP sidecar 文件"，地点信息将存入一个单独的 XMP 文件，图像文件保持不变。

» 选择选项"对图片中的已存在信息进行更新"。但此时图像文件里必须已经存在地点信息，比如之前手动输入了地点信息，这个选项才能发挥作用，以确保图像文件里的选项和 XMP 文件里的选项是一样的。

» 激活选项"总是更新图中的 EXIF 信息（GPS 和拍摄时间）"，目的在于及时更新照片 EXIF 信息里的 GPS 数据和拍摄日期。

激活"将 IPTC 数据以 Unicode 保存（不适用本地的字符编码）"，IPTC 数据通常按照统一码格式存储。这个安全设置能够避免图像文件进行国际传输时出现问题。

关闭选项"如果 IPTC 数据已经存在，使用原来的编码（Unicode 或者本地字符编码）"，否则 GeoSetter 软件将采用已经存在的 IPTC 数据选项的字符格式。

激活选项"保存时覆盖原文件"，避免硬盘上的数据量加倍。测试阶段，可以关闭这个选项。GeoSetter 软件则在插入地点信息之前生成一个带相同文件名的安全文件，其文件名附有后缀"_original"。

激活选项"保存时保留文件的日期和时间"。如果没有激活这个选项，保存时，文件日期和文件时间会改为保存时的日期和时间点。

从存储卡导入照片时，操作系统总是更新修改日期。激活选项"将拍摄日期设为文件日期"，GeoSetter 软件则会在保存地点信息时恢复原始的拍摄日期。

关闭选项"忽略小错误"，只保存元数据选项正确的照片。

5.　点击"确定"，采用经过修改的设置。

6.　如果想将地理数据用于哪些照片，就通过"图片 / 目录"找到装有该照片的文件夹。

7.　在窗口左上角点击第一张照片，按住⇧，再点击最后一张照片，选中当前目录里的所有照片。

8.　通过"图片 / 与 GPS 数据文件同步"，或用键盘 Strg + G，打开对话框"与 GPS 数据文件同步"。

选择 GPS 追踪的存储位置。

» 如果带路线记录的 GPS 追踪和照片存在同一文件夹里，可以选择选项"在当前目录与追踪同步"。

» 如果 GPS 插入到硬盘的另外一个位置，请使用选项"与 GPS 数据文件夹同步"。

» 如果是持续多天的旅行，GPS 接收器会将旅行的每一天存为一个单独的追踪文件，此时可选择选项"与目录里的所有 GPS 数据文件同步"。

图 12.86 在对话框"与 GPS 数据文件同步"里可确定 GeoSetter 以何种方式将 GPS 数据同照片组合起来。

激活选项"内插拍摄时间及最后或下一个坐标",GPS 接收器将在各点以特定(可设置的)间隔记录路线。这样定位照片最准确。

在"追拍摄时间与路径点的最大时间差距"下设置"60 秒",这样可以避免由于 GPS 在一个拍摄地点没能得到接收而产生的错误。

调整时间,最简单的方法就是"根据图像内容调整"。你可以先给接收器的显示屏拍张照片,拍下时间,将其用作参考照片,纠正相机时钟和 GPS 接收器之间的时间差。

当进入另一时区或夏令时区域时、冬令时,会导致相机时钟和 GPS 接收器之间出现延期。每进入另外一个时区就要重新调整相机时钟,这对我来说实在太麻烦了,所以我宁愿使用"附加的时间调整",直接输入 GPS 接收器和相机时钟之间的时间差。

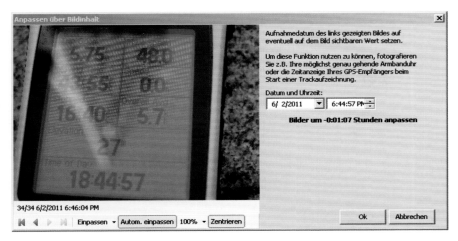

图 12.87　途中给 GPS 接收器的显示屏拍张照片，这样易于调整 GPS 追踪和相机的时间设置。

9. 点击"确定"，GPS 数据开始嵌入照片。

图 12.88　GeoSetter 软件可将拍摄坐标嵌入照片。

10. GeoSetter 软件常会根据照片调整 GPS 文件，并将结果显示在对话框中。然后点击"是"进行确定。

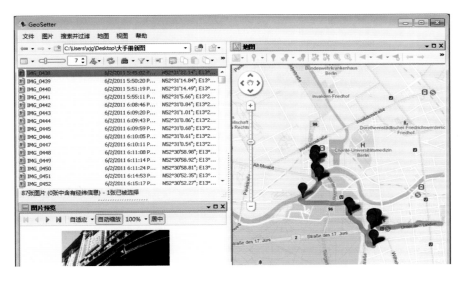

图 12.89　GeoSetter 软件可算出坐标，并在地图上显示拍摄地点。

图 12.90 一开始,Geo-Setter 软件只是把坐标记入相应的元数据区域。但通过对话框"编辑数据",GeoSetter 软件还可以通过网络查出照片拍摄地的地名。

11. GeoSetter 软件算出拍摄地点的地理坐标之后,还可将拍摄地点的地名嵌入元数据。通过"图片 / 编辑数据"打开"编辑数据"对话框,在"地点"里点击按键"在线查询所有"。

图 12.91 GeoSetter 软件在 www.geonames.org 上可查出坐标对应的地名。

12. 在网络数据库 www.geonames.org 查询位置数据。GeoSetter 软件则会列出一张可能的地名清单，一般第一个选项是最合适的。点击"总是选择最近"，其他照片将自动采用最近的地名。

13. 点击"确定"，关闭"编辑数据"对话框。

GeoSetter 软件虽然算出了坐标和地名，并将其指派给照片，但修改还没有存入元数据。所有未经保存的修改在窗口里都被标记为红色。

图 12.92　所有经过修改但没有保存的 EXIF 数据都用红色标记。

14. 通过"图片 / 保存修改"，或用键盘 Strg + S 保存照片中经过修改的元数据。

第 13 章
呈现照片

　　花费大量时间、精力进行拍摄和后期处理之后，终于到了可以展示照片的时候。数码时代，自己打印或（在线）图片社打印的纸质照片尚未过时。不过，除了传统照片，又加入了很多新的呈现形式。把自己拍的照片做成画册或挂历，效果相当不错，你还可以开一家网络艺廊，通过网络向大众公开照片。

13.1 打印照片

在电脑显示屏或电视上观看数码照片，既简单又快捷。但是，比起能够拿在手里的照片，感觉上还是差了一点儿。此外，真正的纸质照片还可以作为明信片寄给朋友或挂在墙上。至于电子相框，想一想它的价格和显像效果，你一定会同意我的观点：数码时代，纸质照片依然大有前途。

13.1.1 自己打印

图 13.1 佳能的 Pixma IP 4700 是一款分辨率为 9600×2400dpi 的五色喷墨打印机。

高品质的打印效果需要 300ppi 的分辨率（大一点的照片，从远处看，也需达到 150ppi）。打印机通过若干由基准色组成的微小彩色像点制成色彩。以最高品质打印一张 300dpi 的照片，8×8 英寸的打印网屏需要 2400×2400dpi 的打印分辨率。喷墨打印机的分辨率一般用 dpi（每英寸点数）表示。

摄影发烧友最喜欢的输出设备就是价格相对便宜的喷墨打印机，一般用 A4 纸打印，稍微贵一点的机型还可以用 A3+ 纸打印。简单来说，喷墨打印机把墨滴喷到纸上，墨滴越小，分辨率越高。打印机的质量不只取决于分辨率，因为喷墨打印机无法打印过渡色调，只能通过网屏模拟色彩层次。

专业的喷墨打印机用 6 种或 7 种色彩进行打印，墨滴非常小，效果很好。传统的喷墨打印机只有 4 种色彩，黑色、青色、品红色和黄色，根据所用技术和网点类型，质量稍差一些。

对打印效果来说，墨水的质量至关重要，因为墨水质量决定色彩是否逼真，照片是否容易褪色。

市场上常见的墨水类型有两种：染料墨水和颜料墨水。染料墨水的使用寿命长，所能覆盖的色彩空间比较小，色彩略显苍白。颜料墨水虽然色彩鲜艳，但是比染料墨水更容易褪色。制造商称染料墨水百年不褪色。

若想无障碍打印，最好使用和打印机配套的纸和墨水，因为打印机驱动是根据原装纸和墨水校准好的。如果使用其他品牌的纸和墨水，则需要一定的经验、技术，而且要先试打印几次，才能得到一个好的效果（详见第12章的"色彩管理"相关内容）。

墨水很重要，用纸也很重要。一般来说有两种相纸，也就是带微孔涂层的多孔相纸和光面相纸。多孔相纸如佳能 Photopaper Pro（PR-101）、爱普生 Premium Glossy Photo Paper（SO41287）和惠普 Advanced Photo Paper，将墨水渗入涂层后，表面可速干。这种相纸的缺点在于：容易褪色。光面相纸如佳能 Glossy Paper（GP-401）、爱普生 Photo paper（SO41140）、惠普 Premium Plus Photo Paper（C6832A）、利萌 Premium Glossy Photo Paper，墨水落在纸的表面，纸开始膨胀，墨水慢慢渗入，水分蒸发之后，表面重新收缩。干燥时间需要几个小时，甚至是几天时间，但是墨水不容易褪色。

制造商很少就相纸类型给出说明，是多孔纸还是光面纸？通常如果看见"速干"字样，就是多孔纸。如果不知道是哪一种相纸，可以用大拇指轻轻划过相纸表面，若感觉不到任何阻力，就是光面纸。

图 13.2　佳能小型热升华打印机，可以打印照片和明信片，尺寸可达 10×15cm。

不一定非要通过网点进行色彩混合，也可以用热升华打印机打印数码照片。它是用三条色带进行工作，即青色、品红色和黄色。打印时，色带被高温加热，颜料转化成气体，沉淀在纸上。根据温度不同，不同的色量和色调分别到达介质，一共打印4次（青色、品红色和黄色三条色带各一次，第四次是透明保护层，用作表面保护）。热升华打印机适合打印小尺寸的照片，最大可达10×15cm。今天，热升华打印机常被用作小型便携打印机，它无需电脑可直接插入存储卡打印。

用自家打印机打印完美照片

» 采用sRGB色彩空间。

» 校准显示器。如果没有用于显示器校准的比色计，至少要安装显示器制造商的标准硬件配置文件。

» 使用适合打印机、墨水和相纸的色彩配置文件，以便在显示器上就能估算打印的色彩还原。如何使用色彩管理在显示器上正确显示色彩，请见第12章相关内容。

用Lightroom打印照片

使用 Lightroom 的"打印"模式，不仅可以打印单张照片，还可以在喷墨打印机上完成照片集和照片目录。

图 13.3 Lightroom3 的"打印"模式。

Lightroom 的"打印"模式分成四个部分：

» 左上方，预览显示打印布局。

» 在模板浏览器里选择布局。鼠标滑过选项，获得预览；鼠标点击选项，选择布局。通过"打印 / 新的模板"，建立自己的模板。

» 大窗口里显示带打印预览，以及辅助线和直尺的工作区域。

» 利用右侧控制面板调整打印外观。

用 Lightroom 打印照片目录，比如将照片缩略图用作照片光盘目录：

15. 在"图库"模式里标记所有想要打印成照片目录的照片，或选择一个已经建好的收藏夹。

16. 用键盘 ⌘ + ⌥ + 4 或 Strg + Alt + 4 切换到"打印"模式。

17. 从模板浏览器的两个目录模板（4×5 或 5×8）中选一个。

18. 在预览区域下方的下拉菜单里，将"应用"设为"所选照片"。

19. 用 ⌘ + A 或 Strg + A 选择所有照片。然后下方"电影胶卷"里的所有照片将被马上选定并加入目录。

20. 如果不想打印哪张照片，就按住 ⌘ 或 Strg，把哪张照片从目录里清除。

21. 如果下方没有显示"电影胶卷"，按 F6 即可显示。

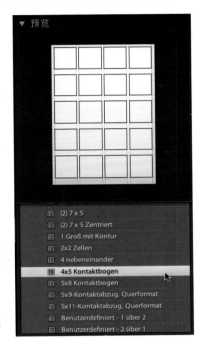

图 13.4　Lightroom 自带两种目录模板。

图 13.5 Light-room 里能很快建好一个所选照片的目录。

　　22. 一并打印照片的文件名，将会更加一目了然。在"页面"面板里激活"照片信息"选项，从右侧的下拉菜单里选择"文件名"选项。

图 13.6 在"页面"面板为目录添加其他信息，比如照片的文件名。

23. 需要的话，通过"图像设置"和"布局"面板调整目录外观，比如列数和行数。

24. 最后一步，在"打印作业"面板里确定输出质量。

激活"草稿模式打印"选项，快速打印，质量较差。Lightroom 会将所存预览用作输出。

若想质量最优，点击"打印分辨率"，采用标准数值 240dpi。在这个数值下，大多数家用喷墨打印机的输出效果都不错。

如果已经在"修改照片"模式里对照片进行过相应的编辑，在选项"打印锐化"中选择"低级"设置，或者试一试其他设置。清晰度依赖于很多因素，比如打印机、墨水、数码照片质量，等等。

如果不想使用色彩管理，将选项"色彩管理"设置为"由打印机管理"。

25. 现在，点击按键"打印"，开始打印作业。此时操作系统的打印对话框被打开，像平常一样，选择打印机、图像质量和纸张等。如果你在第 9 步设置了一个自己的打印机色彩配置文件，记得在打印机驱动里关闭"色彩管理"。

图 13.7　在"布局"面板中确定页边距以及缩略图的张数和间距。

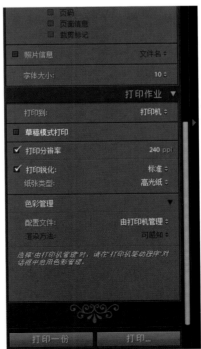

图 13.8　在"打印作业"面板中可以设置图像质量。

13.1.2　委托图片社冲印

　　用喷墨打印机打印照片，虽然很方便，但是墨水和打印纸价格不菲。因此如果是打印大量照片，建议委托图片社或在线图片社对照片进行处理。这样做的另外一个优点是：墨水不会褪色，纸张不会发黄。就耐久性和质量而言，仅次于传统照片，你的孩子，甚至孩子的孩子都还能欣赏照片。

　　这个过程非常简单：带着 CD、DVD 光盘或存储卡去店里，直接下单；或者在网上把数码照片传给在线图片社。如果只是偶尔使用，通过浏览器上传即可。如果经常使用或数量巨大，最好事先下载图片社的客户端。所谓客户端，就是在你的电脑上安装一个小软件，通过这个软件对订单进行编辑。客户端使用很方便，界面一目了然。

　　再棒的风景照片，做成 10×13cm 的尺寸，看起来也不怎么样。只有做成大海报，才能抓人眼球。1200 万像素的数码相机，做成 30×45cm 的照片质量最优，完全看不出单个像素。

　　实际上，你也可以把照片放大到 A1 纸规格。当然越是接近海报尺寸，单个像素就越是明显，不过一般来说，人会站在远一点儿的地方欣赏整张照片，这样看照片是足够清晰的。

　　照片无限放大，其中的瑕疵也随之放大，因此把照片送去图片社之前，必须精心处理。50×75cm 是大多数图片社所能提供的最大尺寸，要想更大，只能选择采用大尺寸喷墨打印机的专业图片社。

很多经营数码照片的图片社，都能够把你的照片制成日历、画册或明信片。

　　随着数码摄影的日益发展，图片社不断开发出有意思的附加服务，除了把照片印在杯子、T 恤衫和鼠标垫上，还可以把你的照片制成拼图游戏、明信片、日历和画册，质量好得惊人。特别成功的照片，值得进一步开发，比如制成银幕。

委托（在线）图片社

» 采用JPEG文件、低压缩级别和sRGB色彩空间（多数相机的预设标准）。虽然TIFF文件的质量更好，但并不是所有图片社都接受这种文件格式。

» 200dpi到300dpi的分辨率效果最佳。更高的分辨率，通常无法加工，只能是无用的大文件，虽然不会损害图像质量。

» 小型相机一般采用4：3的长宽比，而多数数码相机则采用经典35mm胶片3：2的长宽比，因此请你注意所选择的图片社提供哪种规格的纸张。专业数码尺寸（10×13、11×15、13×17、20×27等）适用于小型相机；经典打印尺寸（9×13、10×15、13×18、20×30等）更适合数码单反相机。如果选择了错误的长宽比，不是照片的一部分被切掉，就是照片多出一条白边。

» 委托某家图片社处理照片时，要根据这家图片社的标准对显示器进行校准，否则照片会在亮度、对比度和色彩还原方面令人大失所望。向图片社要一张参考照片，一方面用作图像文件，另一方面用作照片模板，这样无须其他硬件，就可以把显示器的色彩显示和照片进行比较。

» 可上网比较各图片社的价格。如果满意某家图片社的服务和质量，就固定与这家图片社合作，仅因为便宜，导致照片质量受影响，实在划不来。

13.2　制作幻灯片

以前欣赏幻灯片，人们需要从阁楼取下发霉的银幕，把幻灯机摆到合适的位置。如今，你可以在电脑屏幕上或电视机上展示优美的数码照片，非常方便，不费吹灰之力。

很多软件可以帮我们把数码照片编成幻灯片展示，既有专业软件，比如用于 CD 和 DVD 的 Magix Fotos 软件；也有 Photoshop Elements 或免费的照片处理软件，比如 Picasa 或和 Mac OS 系统随机附送的 iPhoto 软件，制作幻灯片的方法多种多样。

13.2.1 Lightroom的"幻灯片放映"模式

Lightroom 的"幻灯片放映"模式将照片公开用于演示。使用该模式，可交错叠化照片并配以音乐，在屏幕上显示照片或将照片转给亲朋好友。

在屏幕左侧的控制面板里选择版式，中间部分用于预览，右侧是各种调整选项，可根据需要调整版式，比如添加文本或音乐、设置演示等。

用预览区域下方的工具栏控制"预览演示"，给幻灯片添加文本或修改所选照片，也就是让幻灯片显示哪些照片。和Lightroom的其他模式一样，下方是带照片缩略图的"电影胶卷"。

用 Lightroom 制作简单的幻灯片：

1. 在"图库"模式里按 G 换成网格视图，然后按住 Strg 或 ⌘ 标记所有想在幻灯片里展示的照片。

2. 在"收藏夹"面板里点加号，选择"生成收藏夹"。在接下来的对话框里对新的收藏夹进行命名，确保选项"包含所选照片"是激活的。点击按键"完成"，建立一个新的收藏夹。

3. 点击新建收藏夹的名称，只显示里面的照片，然后对照片进行排序：点击照片（不是灰框），按住鼠标，把照片拖到想要的位置。

可在"放映"模式里选择照片，但如果事先在"图库"模式里整理好需要的照片，会更简单一些。

图 13.10 制作幻灯片，最简单的方法就是把想要的照片先整合到一个收藏夹里。

如果照片只隶属于一个收藏夹或照片只存在一个文件夹（没有子文件夹）里，也可以事后在"幻灯片放映"模式的"电影胶卷"里重新调整照片顺序。

4. 通过按键组合 ⌥ + ⌘ + 3 或 Strg + Alt + 3 切换到"幻灯片放映"模式，鼠标指针滑过屏幕左侧"模板浏览器"的模板名称，小窗口则会显示各个模板的预览。点击模板名称，为演示选择相应的模板。

"根据窗口大小调整"：照片随屏幕大小变化。照片的某些部分可能会被切掉（尤其是竖幅照片），以适应屏幕的长宽比。

"照片签名和评价"：照片在灰色背景里居中，显示各照片的评价星级和元数据里的图片描述。

图 13.11 Lightroom 有 5 个预制的幻灯片模板。

图 13.12　使用右侧控制面板对幻灯片演示进行个性化设置。

图 13.13　可为各幻灯片显示不同的元数据。

"EXIF 元数据"：使用黑色背景，除评价星级外，还会显示 EXIF 元数据里的拍摄参数。

"标准"：照片在灰色背景里居中，同时包括评价星级和文件名称。

"宽屏"：总是显示整张照片。需要的话，也可显示黑色边框。

5.　现在可以根据你的设想对幻灯片进行调整。你可以输入文本，这个文本将会显示在所有幻灯片，同时设置背景色彩或一个背景图画。

你可以输入一个可在所有幻灯片上显示的统一文本，也可以根据幻灯片选择不同的元数据，比如照片标题、照片签名或拍摄参数。

6.　在预览下方的工具栏里点击按键 ABC，给幻灯片添加文本。

7.　如果想制作一段可在所有幻灯片上显示的文本，就在 ABC 按键旁边的区域里输入这段文本，按回车键确定，文本将马上出现在幻灯片上。

拖拽文本框四个角点中的一个，可修改文本大小。

点击文本框，按住鼠标，把文本框拉到想要的位置，以改变文本位置。

8.　如果想显示单张照片的元数据，在工具栏里点击 ABC 按键旁边的双箭头，然后从弹出菜单里选择想在各张幻灯片上显示的元数据。

9. 一旦选定用于幻灯片展示的文本或元数据，右侧的控制面板就会自动选择"叠加文本"选项。

图 13.14 在"叠加文本"里对文本外观进行修改。

点击"叠加文本"右边的色域，从展开的窗口里选择一种色彩，以修改文本的显示色彩。

用"覆盖功能"控制器控制文本厚度，数值越小，文本越透明。除了控制器，还可以用鼠标点击数值，输入一个百分数。

在接下来的下拉菜单"字体"里选择字体。

在模板浏览器里点击加号，将当前版式存为用户自定义模板，便于事后查找。

10. 如需其他文本区域，再点击工具栏里的 ABC 按键，重复步骤 6 到 8，可为幻灯片添加多个文本区域。

图 13.15 选择配乐，设置幻灯片之间的叠化时间。

11. 最后，在"回放"面板里设置幻灯片的静止时间（"幻灯片"滑动控制器）和两张幻灯片之间的叠化时间（"渐变"滑动控制器）。如果想为演示配乐，激活"配乐"选项，选择一个音频文件。Lightroom 可以播放 MP3、M4A 或 M4B 格式的音乐文件作为背景音乐。

图 13.16 制作完成的幻灯片，既可直接在"幻灯片放映"模式里欣赏，也可以全图模式欣赏。

12. 最后是演示幻灯片。Lightroom 提供两种方式：用鼠标点击"预览"按键，幻灯片在"幻灯片放映"模式的预览窗口里进行播放；

点击"播放"按键，开始全图模式的预览。

图 13.17 可发布 PDF 幻灯片或视频幻灯片。

13. 将幻灯片存为 PDF 文件或视频文件，用于转发。

点击按键"输出 PDF"，生成可在 Acrobat Reader 软件上显示的 PDF 文件，但无法保存背景音乐。在接下来的对话框里，选择输出设置，即 JPEG 质量和图像文件的分辨率（也可以从下拉菜单选择一个常用规格）。最后点击"保存"（Windows 系统）或"导出"（Mac OS 系统）。

图 13.18 只要是安装了 Acrobat Reader 软件的电脑，都能打开 PDF 格式的幻灯片。

点击按键"输出视频"，Lightroom 生成一个视频文件，除照片外，还包括背景音乐，以及你所选择的静止时间和叠化时间。Lightroom 将视频存为 H.264 MPEG-4 文件。在对话框的下拉菜单里选择最适合演示的视频预设，点击按键"保存"或"导出"，Lightroom 将生成你想要的视频文件。

13.3　网络展示

利用网络，可以把照片展现给更多观众，一天 24 小时不间断。Photoshop Lightroom 帮你设计在线影展，引导你循序渐进地完成网络展示。

就算你没有编程知识，也能将照片上网展示。Lightroom（Photoshop Elements 的 Windows 版本中的 Organizer 工具也提供类似功能）使用起来非常方便，能够生成你所需要的一切：从用于预览的照片缩略图到必要的编码。需要的话，软件还可以直接把数据传输到你的网络空间。

图 13.19 和幻灯片一样，网络展示最简单的方法也是把照片做成收藏夹。

1. 想在网上展示哪些照片，就在"收藏夹"面板点击带该收藏夹名称的选项，Lightroom 只显示相关照片。现在，把缩略图按照想要的顺序排好。

图 13.20 "Web"模式可显示在线影展的预览。

图 13.21 为网站和影展命名。

2. 接着切换到"Web"模式。键盘组合是 ⌘ + ⌥ + 5 或 Strg + Alt + 5。

3. Lightroom 为在线影展准备了不同模板，既有任何浏览器都能显示的标准 HTML 影展，又有相对复杂的 Flash 编码。其展示效果非凡，过渡平缓，但需要专门的浏览器插件才能播放。

4. 先试一试标准 HTML 影展。Lightroom 在中间的大预览窗口会显示影展的版式和外观，标准模板还提供缩略图作为预览。观者点击缩略图，照片可显示为全图。

5. 然后在右栏的"网站信息"里为网络展示添加说明。你可以提供一个邮件地址，但我不建议你这么做，至少不要使用常用邮箱。只要上网，就能看见这个地址。用不了多久，你就会收到垃圾邮件，收件箱里也会塞满不想要的广告邮件。

图 13.22 可为 HTML 影展设置背景色彩和文字色彩。

6. 如果你不满意灰色的标准外观，可在调色板里修改文本色彩、背景色彩及其他元素（大多数 Flash 影展提供更多选项）。首先点击一个色域，打开调色板，然后选择你想要的色彩。

7. 在"外观"面板里确定影展外观。通常 HTML 缩略图的大小是改不了的，但可以通过选项"网格页面"决定一页索引显示几张缩略图，然后在矩形网格里点击想要的单元格数。此外，你还可以设置照片页的大小，也就是单张照片的大图。如果是 HTML 影展，请你使用固定的照片大小，而不管显示照片的浏览器窗口大小。

图 13.23 在"外观"面板里可以设置索引页大小和照片大图的尺寸。

8. 在接下来的"图像信息"和"输出设置"面板里可补充照片标题、说明文字和版权说明。选择选项"添加水印"，Lightroom 将元数据里的版权说明以透明文本形式插入到照片左下角。选择"标题"和"题注"选项，Lightroom 可为照片补充元数据里的说明。当然，你只有按照之前第 12 章所介绍的要求输入说明，才能使用这些功能。

图 13.24 有了版权说明和照片标题，在线影展才够完整。

9. 在左下方点击按键"在浏览器中预览"，就可直接在网络浏览器里观看网络影展。

图 13.25 网络浏览器里的在线影展预览。

10. 如果对效果满意，想将同一版式用于其他照片，可选择"Web/新的模板"，将保存经过调整的自建模板。

图13.26 Lightroom 可将制作好的影展直接上传到你的网络空间。

11. 点击按键"导出"，Lightroom 将生成影展所需全部文件，然后手动上传至服务器。

12. 如果希望 Lightroom 将生成的文件直接上传到你的网络空间，在"上传设置"面板里点击"用户自定义设置"后的双箭头，再从展开的菜单里选择"编辑"选项。这时对话框"配置 FTP 文件传输"打开，在此处输入你从供应商那里得到的网络空间通道数据，点击"确定"，设置即被采纳。

13. 在联网状态下，点击按键"上传"。Lightroom 负责完成剩下的工作，几分钟之后，影展便上传到网上，上传速度有赖于网速和照片数量。

13.4　用自己的照片制作画册

度假照片、婚礼照片、孩子的照片，或是一些特别的照片，都值得做成画册保存起来。数码时代，你可以用电脑排版，再通过 CD 或网络把数据传给工作室，几天后你就能得到一本属于自己的画册。

制作画册的公司很多，画册的种类也很多。如不足 100 元的小画册、250 元左右的 A4 画册，或特殊尺寸的画册——全景画册，就算是书脊上印着你名字的精装画册也不成问题。虽然价格不菲，但传统的相簿也是有成本的。另外，如此精美的画册，绝对不会有人弃之不理。

打印前，须在电脑上对单页进行设计，最灵活的当属 Photoshop 的页面设计功能或专业的排版软件，比如 QuarkXPress 或 InDesign。但问题是：很少有工作室接受 Photoshop 或 PDF 格式的文件。从工作室的网站下载免费的专业软件来设计画册，是最简单的，没有任何技术障碍。

选好画册的大小和装帧方式之后，把照片放在单页上。各个工作室的设计软件，差别非常大。简单一点的软件，你只能把照片插入固定的模板；复杂一点儿的软件，你可以对预制模板进行修改，或者自行设计页面。补充照片签名和文本之后，画册会变得更加完善。

如果你对设计满意，可以通过软件把所有照片、文本和排版说明整合成一个文件，从网上寄给工作室，但网速一定要快。如果是调制解调器连接，光是上传文件就需要花几个小时时间。你也可以选择接受 CD 光盘的工作室。数据到达工作室后，你只需耐心等待，几天后就可以拿到用自己照片做成的画册，当然你也可以要求邮寄到家。

简装还是精装？夹子装订还是活页装订？A4、A3 还是正方形？你不需要过多考虑这些问题。你选择哪家工作室制作画册，就由哪家工作室来处理。你可以在网上或摄影杂志上进行比较。有些工作室会寄样册（样册是收费的，但价格不贵）给你，以便你对印刷质量有个直观的了解。工作室的设计软件多是另外一个标准。

我之所以向你介绍 CEWE 设计软件，是因为它允许手动设计页面。若想加快制作速度，软件提供了强大的帮助功能和已经完成的模板，可根据喜好进行调整。在三种操作系统（Windows、Mac OS 和 Linux）中，软件均可使用。

1. 第一步，选择制作画册用的照片。挑选时，一定要非常严格，只选择最好的照片，构图完美，技术完美。然后把所有需要的照片拷到一个共同的文件夹，便于之后手动插入照片。

图 13.27　操作前先下载设计软件。

2. 如果之前没有用过 CEWE 软件，可先从网上下载：在网络浏览器里打开网址 www.cewe–fotobuch.de，点击按键"下载"。把想要的文件存在硬盘里，最好存在一个专门的文件夹里。

3. 安装 CEWE FOTOBUCH 软件并启动。

4. 在开始屏幕里为画册选择想要的大小和样式。

我将在这一专题里向你介绍如何设计旅行画册。因为想要展示大量风景照片，所以我选择了 A4 相纸和横版，这样留给设计的余地才够大，照片也会显得更有感觉。

5. 软件会在接下来的对话框里问你是使用帮助，还是手动制作画册。如果点击"不使用帮助"，软件打开一个带空白页的画册，你可以手动设计页面。

用不用帮助，是个人喜好。使用帮助，很难做出完美的画册。它会将所选照片自动插入各页，不能从空白画册开始，你必须对自动排版进行修改和调整。

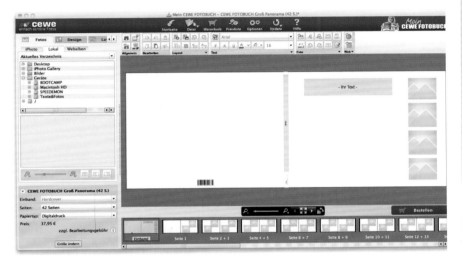

图 13.28　画册设计软件的主窗口。

软件主窗口的视图会向你显示画册的跨页页面。从封面设计开始，均由相邻两页组成。在窗口左侧找到装有所选照片的文件夹，像排版和文本处理那样，在每一页为照片和文本插入输入框，再用鼠标把它们放到想要的位置。

如果是可印刷的简装版和精装，可根据喜好为画册设计外观。如果是人造革或亚麻画册，因为无法印刷，只能选择材料的色彩。

如果你不想在帮助的支持下设计画册，请关闭电脑请求。在屏幕上方的软件主窗口里点击"选项"，在接下来的对话框里点击"帮助"图标，清除"自动开启帮助"前的对勾。这样软件启动后，会跳过帮助，直接从空白画册开始。

取件方式不同。你可以自行前往工作室的门市部取回画册以节省运费，也可以选择把画册邮寄到家。

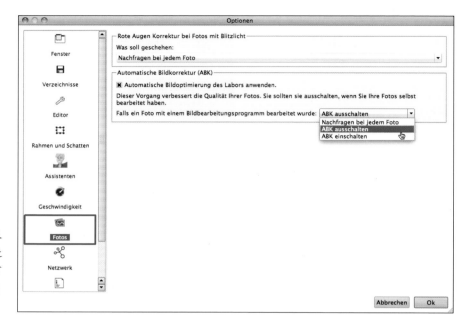

图 13.29 如果你已经对照片进行过后期处理,可在选项里关闭"自动图像修正"。

通过这个图标,在当前页建立新的相框。

使用"文本工具"插入标题、照片签名和说明文字。

6. 打印画册,一般会先对照片进行优化。如果是未经处理的照片,从相机里拿来就用,在该软件中也能获得不错的效果。但如果用图像处理软件对照片进行过后期处理,最好关闭"自动图像修正"。操作时,在主窗口里点击"选项",然后点击"照片"。如果自行编辑照片,选择关闭"自动图像修正";如果使用未经编辑的照片,选择打开"自动图像修正";如果既要自行编辑照片又要使用未经编辑的照片,则选择设置"每次询问"。然后点击"确定",关闭对话框。

7. 软件在每页都会插入空白相框。如果要删除相框,完全手动设计页面,请按住 Strg / ⌘,依次点击相框,一起标记它们。然后按 Entf,删除相框。

8. 在工具栏里点击图标"新照片",软件将建立一个空白相框,然后拖拽角点,直到相框填满整个封面。

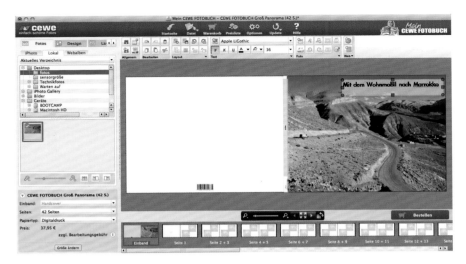

图 13.30 软件把文本建在一个框里，这个框是可以自由放置的。

9. 从工具栏里选择"文本工具"，文字需要显示在哪里，就在封面照片里点击哪里。然后选择想要的字体和大小，为画册输入标题。

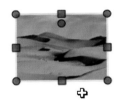

图 13.31 "照片移动"这一功能很常用：先把鼠标指针移到框下的一个位置，等到鼠标指针变成加号后，按住鼠标，把框拉到想要的位置。

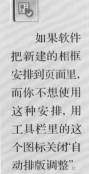

如果软件把新建的相框安排到页面里，而你不想使用这种安排，用工具栏里的这个图标关闭"自动排版调整"。

图 13.32 已经设计完成的封面。

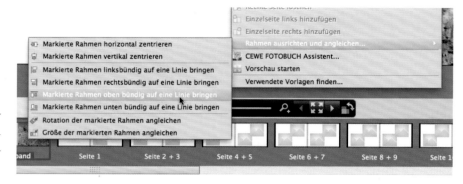

图 13.33 软件提供了若干辅助工具，可以精确对齐相框。

CEWE 画册。如果是可印刷的封面，其背面是一个条形码，生产和出厂时需要使用。条形码既不能清除也不能编辑。

10. 现在设置封封底的照片。先按住 Strg / ⌘，点击想要的相框，一起标记它们。然后按鼠标右键，打开快捷方式菜单，在"相框对齐"下找到对齐工具，精确对齐单个相框。

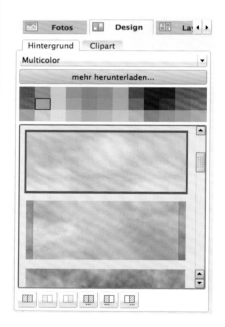

图 13.34 选项卡"设计"为你提供了多种预制好的背景。

用下方的"变焦"控制器控制页面视图的大小。

11. 给封底的白色背景染色，以达到一个和谐的整体效果，然后在左侧屏幕换到选项卡"设计"。在那儿选择"背景"选项，从下拉菜单选择一个选项。接着，把想要的背景向右拉到画册封底为其，给背景染色。

图 13.35 如果
是精装画册，可以
把自己的名字印在
书脊上。

12. 如果是精装画册，可以在书脊印上文字，这样看起来比较专业。点击自动建立的文本区域，输入想要的文本。一般输入与封面一样的姓名和标题。

图 13.36 有了
"故事板"里的缩
略图，可迅速找到
画册单页。

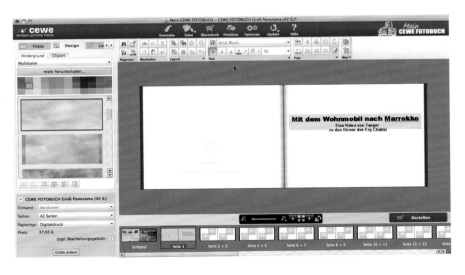

图 13.37 开始
设计画册的扉页。

13. 在"故事板"里点击缩略图"第 1 页",显示画册的前两页。通常左面一页和封面内页粘在一起,是白色的,无法修改。但可按照步骤 8,删除右面一页里的空白相框,建立扉页。

书的第一页叫作扉页,一般印有标题、作者姓名和出版社的标志。扉页由来已久,书刊印刷刚刚兴起的时候,出版商卖的是没有装订的原纸,需对主标题进行保护。在某种意义上,扉页不是必需品,但印刷行业至今仍在使用扉页,它使画册看起来更加专业。

14. 在"故事板"里换到下一个跨页,或者使用右下方的箭头翻页。现在开始建立画册标题。按住鼠标,用一个文件框把两页整个套起来,一并标记所有空白相框,再按 Entf 删除。

软件展示画册的时候,总是跨页显示,因为翻看画册时,一个跨页会构成一个视觉整体。

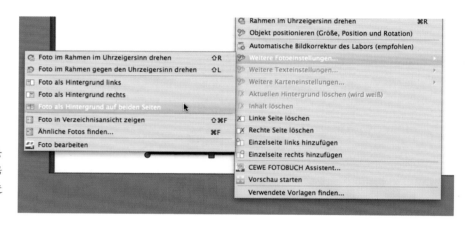

图 13.38　点击鼠标,软件将根据页面大小对照片进行调整。

通过这个按键,可把网上的地图插入画册。

15. 选择大画幅的风光照片作为前两页,可使画册更能引起观者兴趣。然后把相关照片拉到两页中的一页,用鼠标右键点击相框,接着选择"其他照片设置 / 用作背景照片"。

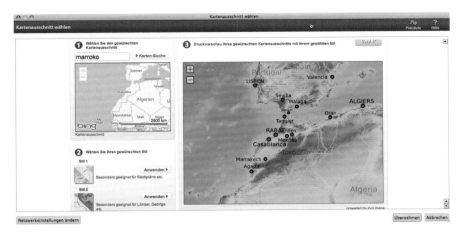

图 13.39 选择想要的地图截面和外观。

16. 对于一本好的旅行日志来说，地图必不可少。地图可以告诉观者，你去过哪里。操作时点击按键"新的地图"，软件会将网上的地图插入画册，非常方便。

在接下来的对话框里确定外观和地图截面。地图往往是收费的，当然你也可以自己扫描一张地图或绘制一张地图。另外，你还可以画下旅行路线，这样读者就能清楚地知道照片是在哪里拍的。

为旅行画册寻找合适的地图，问题在于：地图不是太大就是太小，或者截面不合适，或者地图上无用信息太多。

如果是带地图生成器的地图就再好不过了，这样你便可以自行确定截面和比例尺寸。开始时，你可以试一试谷歌地图。如果使用专业软件，比如 MapCreator（www.primap.com，用于 Windows 系统），效果更佳。如果使用他人地图时，须得到许可。

图 13.40 大照片留有很多空白区域，会使你的画册像个装饰品。

17. 现在，设计画册的其他页面。把最美的照片排在前面，比如海滩、山的全景等自然风光或城市风光。

使用上下左右箭头把当前文本框和相框移动到你想要的位置。

不要在一页上放太多照片，而要选择最好的照片，将其放大。留有一定的空白，照片看起来才会更有感觉。

18. 可随时通过"排版模板"对页面进行分配，对照片进行布局。按住 Strg 或 ⌘，一并标记各张照片，且在左栏切换到选项卡"排版"。在选项卡"页面排版"的下拉菜单里选择相应的照片张数，双击想要的模板，自动定位照片。

图 13.41 在"排版模板"中，可自动布置多张照片。

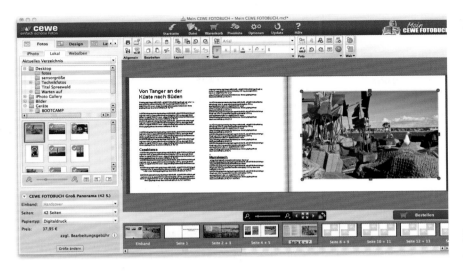

图 13.42　要给文本留够空间。

19. 长文本，比如旅行日志，最好单独做成文本页。画册中，照片是主体。长一点的段落最好自成一体，不要用照片把文本割得四分五裂，甚至可为文本单独留出一个空白页。

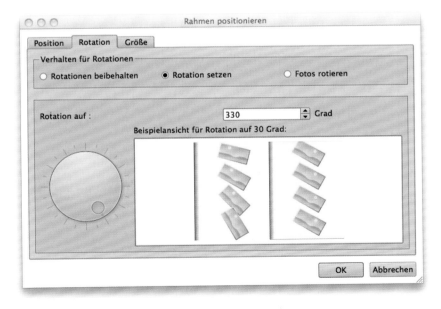

图 13.43　在对话框"定位相框"的索引"旋转"里，为相框输入准确的位置、旋转角度和大小。

图 13.44 通过斜放照片，为画册增添动感。

20. 把照片组成系列，而斜放单张照片，可为画册增添动感。先点击相应的相框，再点鼠标右键打开快捷方式菜单，接着选择"其他相框设置 / 定位活动相框（大小 / 位置和旋转）"。在对话框里选择"旋转"选项，输入想要的角度。

点击"故事板"里的缩略图，按住鼠标左键，把缩略图拉到想要的位置，以此修改页面顺序。

页数越多，画册越厚，折得越紧。所以，要给中间多留一些间距。平铺在跨页上的照片，重要的细节不要落在页面的中缝上。

21. 重视细节的照片，比如花朵、贝壳或其他类似事物，能够帮助画册活跃气氛。旅行途中，多拍一些微距照片，这样选择余地比较大。也不要忽略日常题材，比如桌上的食物。

如果想为照片添加一段说明，最好把文字放在照片下方或左右两侧，便于观者将文字和照片对应起来。最好只作简短说明，画册中的描述不宜过长，否则会喧宾夺主。

图 13.45　在最后一页放一张出彩的照片，为画册画上圆满的句号。

22. 最后一页是画册的另一个高潮。戏剧性的光线效果，如日落或其他类似事物，比较适合用作最后一张照片。

图 13.46　画册做好之后，如果在书中发现打字错误，实在令人恼火。若仔细检查，可避免此类错误。不过如果是常用字词，人们会在阅读时自动忽略错误拼写，也不算太糟糕。

23. 完成设计之后，仔细检查每一页。同时点击单个文本框，检查一下文字拼写错误，有的软件会自动划出错误拼写。须特别注意地名拼写和日期是否正确，最好请其他人通读一遍所有文本。

图 13.47 如果分辨率过低，会出现警告指示。

切换到全屏视图。

24. 检查完文字拼写错误以后，再把画册翻看一遍。这一次，要特别注意照片的分辨率，软件也会把分辨率低的照片用一个带感叹号的三角标出来。此外，工具栏也可通过不同色彩显示照片的打印效果，其中绿色表示质量最佳，橙色表示分辨率不够理想，红色表示最好换掉这张照片。

图 13.48 画册预览。

25. 最后再用全屏视图检查一遍画册效果。在屏幕下方的导航栏里点四角带箭头的图标或选择"视图 / 开始预览"，打开预览后再用箭头按键向前或向后翻书。

须特别注意以下几点：

» 照片组合是否得当？

» 照片和文本是否相互匹配？

» 翻页时，照片和文本是否分布和谐，有没有单个元素突然跳出来？

26. 仔细检查之后，如果画册已没有任何瑕疵，把文件传给工作室，并点击右下方的红色"预订"按键，开始预订过程。如果是第一次预订，需要先注册一个账户。"帮助"会引导你一步步完成预订过程，最后把数据传给工作室。

27. 当数据传给工作室之后，你只需耐心等待。几天以后，画册就会出现在你的邮箱里。

点击购物车，开始预订。

用自己的照片赚钱

如今，想用自己拍的照片赚钱，不再需要资格证书和商业注册。通过代理，摄影发烧友也能在网上出售自己的照片。

原则很简单：不要一次高价出售单张照片，而要多次低价出售数张照片。不到1欧元的单价（代理通常还要扣除一半作为销售佣金）确实没有什么赚头，不过对于那些嗅觉敏锐、技术过硬的人来说，还是有利可图的。

代理要求文件的分辨率至少是百万像素，噪点要少。小传感器的小型相机，通常不符合要求。大传感器的相机，也就是数码单反相机，或无反光镜微型4/3系统相机。

代理每天都会收到成千上万的照片，挑选标准非常严苛。常见的主题，比如路边花卉、日落风光，多如牛毛，平淡无奇，不太好卖。

相反，成功商界人士的照片则比较好卖。比如他们参加会议或使用电脑、手机的照片。精美的食物主题和潮流主题（比如健康类的）的照片也很好卖。

代理对艺术的要求不高。使用RAW格式进行拍摄，被摄主体一定要拍得非常清楚，如果拿不准的话，就用大景深拍摄。此外，照明要均匀，不要有明显阴影，在被摄主体周围留出一些空间，便于顾客剪裁照片，或在被摄主体四周添加文本。

对照片进行常规的后期处理。首先，白平衡要正确，调整色阶，提高对比度，也可视情况稍微提高一点饱和度。锐化时，要注意掌握分寸，既要做到降噪，又不能过度锐化，无论如何细节还是需要保留的。通常存为JPEG格式，以最佳质量上传给代理。

就图片销售而言，关键字也非常重要。照片再好，没有人发现它，还是卖不出去。所以请你把照片上所能看见的一切，比如经理、美女、手机、耳机及办公室等，统统写入IPTC元数据（IPTC元数据能被大多数代理自动采用）。接着想一想照片表达的情绪和主题，比如工作、娱乐、商业及成功等。撰写关键字是非常费时间的，而且需用英文编写，因为大多数代理是面向全世界的。

除了关键字，代理还要求你完成一些文书工作。如果出现在照片里的人能够看清脸部，就需要进行所谓的"模特授权"。有了书面许可，才能公开照片。如果模特是未成年人，则需要监护人签字。

如果是建筑物，则需要"产权授权"，也就是建筑物的所有人允许印刷。各国法律不太一样，比如在德国，可以公开在公共区域拍摄的照片，但如果是带公司标志的照片或受版权保护的作品，则不能公开。

完成准备工作，填好表格之后，将照片上传给图片代理。方法千差万别，最方便的是FTP上传（免费的FTP客户端，可用于Windows系统和Mac OS系统的FileZilla）。

将照片上传至代理的服务器之后，还需要完成一些说明，比如照片类别——照片是独家的，还是也提供给其他代理，然后只需等候代理的筛选和评价。淘汰率因代理而异，一张被某一代理拒绝的照片，可能被另外一家代理所接受。照片一旦被代理接受，便会面向全球顾客。时刻关注哪些照片和主题比较好卖，多拍摄类似照片，以提高销售额。

最后推荐一些主要的图片代理的网址：www.istockphoto.com、www.fotolia.com、www.shutterstock.com、www.dreamstime.com、www.panthermedia.net及www.depositphotos.com。

第 14 章

用数码相机摄像

很早以前，小型相机就已经能摄像了。2008年 9 月面世的尼康 D90 是第一款带高清摄像功能的数码单反相机。如今，很多数码相机都能高清摄像。我将在本章向你介绍一些数码相机的摄像技巧。

在几年之前，摄影摄像分工非常明确：数码相机就是用来照相的，谁想摄像，就再需要一部摄像机。但近年来，小型数码相机已经能够记录动态影像，当然只是 640×480 像素的 VGA 分辨率，帧速率为 15 帧 / 秒或 30 帧 / 秒，制成的视频适合发送邮件或网上展示。如果是用于电脑或电视的高品质视频，质量是远远不够的。

如今，情况有了变化，数码相机同时也是摄像机，很多相机甚至提供高清分辨率。无须第二台机器，就可以在度假时、孩子过生日时或婚礼上记录动态影像。

数码单反相机和无反相机，摄像效果最好，可更换镜头，鱼眼镜头、超远摄镜头都可以。比起摄像机，数码相机的传感器更大，便于创造性地运用景深，使用大光圈镜头时，即使光线微弱，也能很好地摄像。

为度假或孩子生日专门写个剧本，这有些夸张。但在摄像之前，你还是需要做一些简单的规划。否则有可能录了很多，剪辑时却发现漏了某个重要场景。

使用数码相机拍摄视频，其实并不困难：把相机顶部的模式转盘转到视频模式，按下快门就可开始摄像。高级的数码单反相机操作起来更加简单，比如尼康 D5100，其相机上有一个独立的摄像按键，直接按它可马上开始摄像，无须在相机上修改设置。不过刚开始时，摄像的结果总是令人失望，严重影响热情。

14.1　数码相机在摄像方面的局限性

说起高清视频，数码单反相机的摄像功能再怎么改进，也比不上高品质的准专业或专业 3CCD 摄像机。通过有效的数据压缩，摄像机能达到更好的影片质量，分辨率比大多数数码相机高，帧速率也比大多数数码相机快。因为摄像机是专门用于摄像的，所以就录像录音而言，它比数码相机更好操作。

3CCD 摄像机常使用 3 个独立的 CCD 传感器，分别记录红、绿、蓝 3 种基准色。

但如果能够意识到数码单反相机和无反相机在摄像方面的局限性，并在摄像时注意这些问题，使用数码相机，也能拍出非常专业的视频。

就摄像而言，数码相机最大的缺点就在于全自动。也就是说，由相机自主确定感光度数值和光圈值。

在摄像模式下，自动曝光的问题和拍照时是一样的。曝光会自动从中灰开始，这样遇到极端光线条件时就容易出错，比如拍摄一个站在透明窗口前的人。摄像时，情况更糟糕。因为摄像期间，相机一直在自动测光。这听起来不错，但在实际应用中经常会出现问题，比如光线迅速变化时或切换镜头时暗色物体进入画面。

摄像期间调整曝光，结果就是出现难看的亮度跳跃，也就是照片突然变亮或变暗，因为相机对曝光的自动调整不是连续的，而是跳跃的。

因此摄像之前，保存并使用固定的曝光值，能够对拍摄有所帮助。在摄像过程中，自动曝光功能一直是打开的，如果使用固定的曝光值拍摄，相机就不会受当前光线的影响。

除了曝光控制外，自动对焦是数码单反相机在摄像方面的另一缺陷。为了摄像，数码单反相机必须持续上翻反光镜，才能使用即时取景。通常使用即时取景进行拍照时，为了对焦，反光镜会短时复原，以使光线进入自动对焦元件，而摄像是不能这样的。所以，现在很多数码单反相机制造商给相机装了一个附加的"对比度自动对焦"（比如所有的佳能数码单反相机和新型的尼康数码单反相机），它和无反相机所用的自动对焦一样。

"对比度自动对焦"可在即时取景时对焦，但是速度慢一些，而且只能单次对焦，无法使用追踪对焦。更困难的是：一旦按下对焦键或相机快门，光圈便全部打开，这样才能有足够的光线进入传感器。如果开大光圈进行摄像，没有任何问题。但如果在摄像过程中调小光圈，那么这种光圈变化会导致明显的亮度跳跃，非常难看。

有些数码单反相机在摄像模式下允许手动控制曝光，比如宾得 K7 和佳能 EOS 7D。佳能 EOS 5D Mark Ⅱ 通过固件升级后，也可实现手动曝光控制。

最佳存储卡

除了一些专业数码单反相机，目前的数码相机一般采用 SD 存储卡。摄像时会产生非常大的数据量，这些数据须持续写入存储卡，因此使用存储容量大、记录速度快的存储卡，才能充分利用摄像模式。SDHC 卡的容量在 4GB 到 32GB 之间，新的 SDXC 标准容量更大。SDHC 标准还引入了速度等级，且印在卡上来标明记录速度，以 M/s（兆 / 秒）为单位。用于摄像时，至少需要 class 6 等级的存储卡。

14.2　摄像小课堂

接下来，我将向你介绍一些摄像方面的基本常识和 10 个小技巧，来帮助你使用数码相机拍摄视频。

技巧1：避免晃动

在大多数情况下，如果频繁地摇镜头，会显得非常业余，让观者觉得不舒服。数码单反相机是专为拍摄静止照片设计的，而不是录制视频。

图 14.1　无论是高端摄像机还是带摄像功能的数码单反相机，只有使用带摄像云台的三脚架，才能保证图像稳定，摇镜头才够专业。

尽管相机配有一个可翻转的显示器，但在阳光下还是难以看清。如果想在摄像时把显示器用作取景，就必须把数码单反相机拿到离身体远一点的地方，但是这样肯定拿不稳相机。拍照时，使用三脚架可以避免抖动。对摄像来说，更是如此。你也可以使用所谓的稳定支架。它是一种专用三脚架，相机靠自身重量固定在三脚架上。通过一到两个手柄操纵相机，摄影师的身体移动不会影响相机。相机始终固定在水平位置上，摇摆或抖动都不会涉及相机。

技巧2：变换机位

变换机位，多角度拍摄，拍出来的视频才不会无聊。全景、半全景、近景、半近景及特写，经过这样的变化，即使是普通的生活场景，也能拍出有意思的电影。

图 14.2 使用全景，展现全貌。

图 14.3 变换机位，细节初现。

图 14.4 机位再近一点儿，细节更加突出。

图14.5 视觉上，细节很吸引人，能引起观者注意。

技巧3：遇到障碍时手动调焦

　　和发虚的照片一样，模糊的视频也没人愿意看。播放视频的屏幕越大，模糊就越严重。用 42 吋的等离子显示屏看视频，画面如果模糊不清，那简直就是惨不忍睹。如果拍摄时缓慢的"对比度自动对焦"无法胜任远距离对焦，就只能手动对焦了。

　　正如之前所说，小景深是数码单反相机在摄像方面的一大优势。尤其是带摄像功能的全画幅数码单反相机，比如佳能 EOS 5D Mark Ⅱ。另一方面，设置清晰度时要特别小心，无论如何被摄主体必须是清晰的。

技巧4：摇镜头和变焦

　　拍摄度假的视频，经常遇到这样的问题：爸爸本来是想给在沙滩上玩耍的孩子拍段视频，结果孩子没拍着，却把旁边躺椅上人的腿拍了下来。来回变焦、变换机位，几经周折，孩子才最终出现在画面里。

　　通常这样做比较好：摄像前，先确定好变焦目标和好构图。接着调回焦距，开始拍摄。

　　拍摄高大的建筑物时，摄影爱好者非常喜欢无限制地摇镜头。但这样做是不对的，应该让相机静止地为建筑物拍摄特写、近景、中景和全景，然后用电脑进行剪辑，合成一个总体效果。

> 数码单反相机的影像传感器大，镜头通光性能强，可通过小景深将被摄对象同背景分开。但要时刻注意焦点位置。

图 14.6　须谨慎变焦和摇镜头。如果被摄对象是静物，效果最佳。

拍摄动态的物体，相机要稳。静止的物体则相反，要通过摇镜头和变焦让它们变得生动。

说到摇镜头，估计你已经猜到了：要使用三脚架。使用好的摄像云台，正确设置松紧程度，可使镜头摇得顺滑无颠簸。

摇镜头的时候，要尽可能慢，给观众一点反应的时间。非常重要的一点是：在摇镜头之前和摇镜头之后要使用一个静止画面。这样不仅方便剪辑，而且给观众足够的时间进行定位，所以最好在摇镜头之前和摇镜头之后留出默数3下的时间。

拍一些看似无聊的东西，比如街道铭牌；再拍一些普通的东西，比如沙滩上的躺椅或贝壳，因为后期剪辑时会用到这些东西，它们能够将各个场景联系起来。

大多数数码单反相机采用CMOS传感器。这种影像传感器，单个光电二极管的亮度信息是按行读取的。虽然速度不慢，但还是需要一定的时间。快摇镜头时，画面中垂直的线会出现变形，成为对角线，这是因为影响传感器下方的曝光晚于上方的曝光。

技巧5：注意过渡

摄像时，需要注意各个部分之间的过渡。如果直接把两个关系不是很密切的场景放到一起，观众会觉得不知所云。场景一：一家人在收拾行李。场景二：女儿在吃冰激凌。观众一定会问：这是怎么了？

一般来说，一个场景会以一个中性的主题或一个典型的主题作为开场。还是之前的例子，如果画面里先出现一架飞机，接着女儿出现在机场的冰激凌店里，那么观众马上就能明白，这家人马上要坐飞机去度假了。

远摄镜头当大幅度开大光圈时，虚实变化的效果最明显。当然，必须关闭自动对焦。

虚实变化也是一个用于场景过渡的有效手段。小景深的数码单反相机，效果就非常好：一家人到了度假地点，女儿手拿冰激凌站在阳光下，因为景深小，女儿身后的大海略显模糊。接着焦点从女儿脸部转移到海滩上，这样场景就巧妙地从机场转移到了度假地点。

图 14.7 用作视频剪辑的自然风光, 多多益善。比如, 照片中的日落预示着新的一天即将到来。

技巧6: 避免轴线跳跃

转播足球比赛的时候, 场内相机多得数不清楚, 当然全部相机只放在赛场的一边。无论图像来自哪台相机, 观众在看的时候保持方向不变, 观众时刻知晓哪只队伍在哪个球门前踢球。如果突然换成对方画面, 画面则一闪而过。

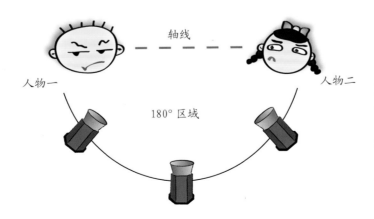

图 14.8 相机只要保持在轴线的 180° 区域内, 就不会有任何问题。但如果从对面拍摄, 电影中的人就换了位置, 目光也变了方向。

就算只用一台相机摄像，也要避免所谓的"轴线跳跃"，否则观众会产生视觉混乱。比如，拍摄两个正在进行对话的人，想象两人之间有一条轴线。在围绕轴线的180°区域内，相机摆在哪里都没有问题。人物一在左，人物二在右，人物一向右看人物二，人物二向左看人物一。如果越过想象中的那条线，从对面进行拍摄，人物二就换到了左边，人物一则换到右边。观众因此会产生混乱，不得不重新定位，进而忽略了本该注意的情节。

技巧7：对摄像进行构图

视频和照片的最大区别在于：因为视频是在电视或显示器上播放，所以摄像时，没有办法选择横竖版式。我清楚地记得：录制竖版被摄对象时，我不假思索地把相机转了90°，结果在电视上看的时候却是横版的，简直笑死我了。如今，可以使用视频软件处理此类错误。但使用数码单反相机摄像，横版的效果始终都是最好的。

此外，摄像的构图原则和拍照也是一致的。摄像时，相机须保持水平，倾斜的地平面会严重影响画面效果。如果是数码照片，处理起来很方便，但如果是视频，数据量非常大，处理起来很困难。

对视频来说，被摄主体的位置也很重要，直接决定构图好坏。正中间，靠左边，还是靠右边？绝对居中，平淡无奇。稍微往左偏一点或稍微往右偏一点，显得有张力，又不失和谐。重要的是，拍摄人物或动物时，一定要给目光所看方向留出足够的空间。比如，一个向右观望的人，把他放在画面靠左一点的位置，这样观众会自动跟随这个人的目光看向画面。如果这个人靠右，观众的目光则很快就会离开画面。

很多数码单反相机的取景器能够显示网格线，这对构图很有帮助。两条水平线和两条垂直线将画面分成9个网格，便于你根据1/3原则进行对齐。

接下来是两个关于拍摄孩子和动物的技巧。拍的时候，一定要蹲下来，从齐眉高度进行拍摄，这样拍出的视频才能给人留下深刻印象。此外，不要用相机追踪高速运动的被摄对象，那样会导致画面混乱，难以剪辑。你可以先让孩子闹够了，再接着录。

图 14.9 要给人或动物所看的方向以及动态物体的运动方向留出空间。在照片中，呈对角线的公路牢牢抓住观者眼球，汽车仿佛迎面开来。如果把车往左放，感觉车很快就要开出画面，关注力也随之消失。

技巧 8：别忘了声音

无论是市场上的叫卖声，还是海浪的拍打声，视频由画面和声音共同组成，缺一不可。观众对于声音的接受是下意识的，因此它在视频的整体效果方面扮演着重要角色。

很多发烧友忽略了声音的重要性。连制造商也把声音看作是视频的附属品，所以只给数码单反相机装了单声道麦克风。当距离声源远的时候，要听清楚尤其困难，因为除了真正的声音以外，还夹杂着摄影师的呼吸声、变焦环的声音、风声或其他干扰性声音。

图 14.10 要想让视频的声音音质好，必须使用外置麦克风。

大多数数码单反相机可外接麦克风。外置麦克风一旦插到相机上，就必须关闭内置麦克风。

你也可以不录音，事后再给电影配上音乐，这总比没有声音好。商店里有很多可用的音乐，如果是自己用，没有任何限制。如果是用于商业目的或想公开视频，那么就必须使用经音乐版权机构许可的音乐。

如果你不擅长"即时演讲"，那么你最好在录制之前想好要说的话，或者录的时候不说话，用电脑进行后期处理的时候再配音。

技巧9：视频剪辑

存储卡里的内容，越多越好。只有经过剪辑，短片才会变得完美。关键在于去除不重要的内容，但要保留内容的主线。同时要缩短时间，如果时间太长，观众会觉得无聊。而对留下的场景进行编排，则会使故事讲得有意思。

图 **14.11**　iMovie 是一款用于 Mac OS 系统的视频剪辑软件。从下方区域选择场景或连续镜头，将其拖到左上区域，经过整合，最终成为短片。你也可在预览窗口查看短片效果。

　　无论是 Windows 系统，还是 Mac OS 系统，均自带视频剪辑软件。Windows Vista 内置 Movie Maker 软件，Windows 7 可加装免费下载的软件。如果觉得不够用，市场上有很多适合家庭使用的视频剪辑软件。这些软件使用起来非常方便，操作直观，根据帮助提示便能快速制成精彩短片。高端的专业剪辑软件包括 Final Cut Pro、Premiere Pro CS5.5、Avid 或 After Effects CS5.5。这些软件比较专业，必须花时间认真学习之后，才能用好。

软件名称	描述	平台	价格	网址
Adobe Premiere Elements	适合发烧友使用的剪辑软件。它分为经典的三部分：视频预览、时间框和选项窗口。	Windows, Mac OS	990 元	www.adobe.de
Corel Video Studio Express	简单的视频剪辑软件。因为单个工作步骤的窗口完全隐藏，所以操作起来有些奇怪。	Windows	390 元	w ww.corel.de
Pinnacle Studio HD	通过拖放可迅速输入视频和照片。	Windows	590 元	www.pinnaclesys.com
Sony Vegas Movie Studio HD	适合新人使用的剪辑软件，性能卓越。	Windows	350 元	www.sonycreativeso ftware.com

表 **14.1**　适合发烧友使用的视频剪辑软件。通过使用各个软件的试用版本，便可知晓哪种软件最适合自己。

技巧10：输出

　　数码摄影，JPEG 格式被用作标准格式，可在网上展示或用作电子相框。数码视频则要比照片复杂得多，因为视频分多种分辨率、文件格式和解码器。完成剪辑之后，你必须考虑一个问题：视频在哪里播放？然后以此来选择一个最佳输出设置。

存储格式和解码器

　　视频的数据量非常大，所以必须用解码器对图像数据和音频数据进行加工，保存时先压缩，播放时再解压缩。

» 大多数数码单反相机采用 MPEG-4 格式（Moving Pictures Experts Group，文件以 .mp4 作为后缀，结尾的数字表示所用解码器）。目前的 MPEG-4 格式比之前的 MPEG-1 和 MPEG-2（文件后缀是 .mpg）使用起来更加高效。

» H.264 是由"视频编码专家组"（Videocoding Experts Group）开发的一种解码器，是对 MPEG-4 的一种扩展。视频数据被有效压缩，文件更小，图像质量更好。

» AVI（Audio Video Interleaved，文件以 .avi 作为后缀）是一款由微软开发的视频格式，被广泛使用，大多数多媒体软件和 DVD 播放器都能播放 AVI 文件。它的缺点是对内存的存储要求高。

» MOV（Movie 的缩写，文件后缀为 .mov）是苹果公司开发的 Quicktime 格式，是一个用来装音频数据和视频数据的文件夹。其文件更小，影片质量更好。

» AVCHD 是松下和索尼共同开发的录像格式，使用 H.264/MPEG-4 AVC 解码器，为存储视频专门进行过优化处理。

视频分辨率

虽然电视能够对异常分辨率进行处理，但如果影片已经是电视的原始分辨率，效果自然最好。

» 全高清分辨率是当前带摄像功能的数码单反相机、无反相机和一些小型相机所能记录的最大的图像大小。单幅画面可达到 1920×1080 像素，图像质量能完美适用于等离子电视，但是文件量非常大。

» 高清分辨率要比全高清略小，即 1280×720 像素，质量也不错，适合自制DVD。

» 商业 DVD 通常采用 SD 分辨率（720×576 像素的标准定义）。

» VGA 分辨率，即 640×480 像素，小型相机多年前就已经采用这个分辨率进行录像，它也是数码单反相机可以设置的一个选项。小影片适合用作网络视频短片或邮件附件。

摄影词典/术语汇编

A

APS-C 数码相机影像传感器的经典规格。其规格与胶片时代先进摄影系统（APS）C型画幅（25.1×16.7mm）相似。

APS-H 佳能EOS 1D系列单反相机所采用的影像传感器规格（28.7×19.1mm）。

ASA ASA是"美国标准协会"（American Standards Association）的简称。在摄影领域，ASA代表20世纪40年代美国制式的胶卷感光度，类似于今天的ISO值（国际标准化组织制定的标准）。

暗角 由于光线倾斜射入，导致图像边角亮度下降变暗。

凹槽 影棚摄影所用的弯曲背景纸板，在物体后面形成从地面向背景的无缝过度，无干扰线条。

B

B门 长时间曝光时用于曝光控制的特殊设置，按住（遥控）快门键多久，快门就打开多久。

白平衡 通过设置白平衡，数码相机能够在不同的照明条件下正确显示色彩。

拜耳滤镜 含有红（25%）、蓝（25%）、绿（50%）三种色彩的马赛克滤镜，数码摄影中用来记录色彩信息。

包围曝光 用不同曝光组合拍摄的系列照片。通常在遇到难以应对的照明条件时使用包围曝光，可确保至少有一张照片是正确曝光的。或者在光比强烈的时候，使用HDRI，可得到一个均衡的画面。

饱和度 色彩的纯度。饱和度高，色彩鲜艳；饱和度低，色彩倾向于灰度。

曝光补偿 调整相机测光表给出的自动曝光值，让照片变亮或变暗。

夜晚拍摄曝光时间长。由于快门打开期间，一些被摄对象处于运动中，所以出现了光线轨迹效果。
拍摄参数：奥林巴斯E-P2，24mm，f/5.6，1秒，ISO100。

曝光混合　将包围曝光拍摄的单张照片重叠合并，得到一张最理想的照片（即照片相互重叠，只选取正确曝光的部分。不同于HDRI，曝光混合最终形成一张高动态范围的32比特照片）。

曝光值　正确曝光所需的绝对光量，与被摄对象的亮度和影像传感器的感光度有关，常用缩写LW或EV（exposure value，曝光值）表示。+1表示2倍光量，−1表示1/2光量。

背照式CMOS　CMOS传感器的一种特定结构，用于感光的光电二极管在微透镜和拜耳滤镜下面，所需电路转移到背面。

比特　二进制最小单位，0或1。

变焦镜头　镜头焦距可变，与定焦镜头相对。定焦镜头的光圈一般更大，这是由镜头结构决定的。

变焦反光罩　电子闪光灯内的装置，可将闪光光线的反射角调整至镜头所用焦距。因为只对所需视角照明，所以焦距长的时候，闪光的有效照明范围更大。

C

CCD（电荷耦合元件） 一种常见的数码相机传感器结构类型。当光线射入时，硅二极管释放电子。曝光期间，这些电子将被一个电容器收集起来。

CMOS（互补金属物氧化半导体） 一种常见的数码相机传感器结构类型。其处理信号是以像素为基础的，每个感光的CMOS单元将被单独写入和读取。

CMYK 一种色彩模式，由青（Cyan）、品红（Magenta）、黄（Yellow）和黑色（Key）组成，是印刷采用的色彩模式。

插件 附加软件，与特定软件绑定。比图像处理软件Photoshop或Photoshop Elements有很多这样的软件，可补充提供电子"滤镜"或其他附加功能。

插值 一种数学计算方法，通过分析邻近像素，补充缺失像素的色彩数值和亮度数值，比如人工放大照片时。通常在缩小图像文件时，也要用到插值，可删除一些已经存在的信息。

超声波自动对焦马达 该马达通过电压产生的超声波移动镜头里的透镜。超声波马达速度快，噪音小，因为产生的声波是高频的，所以耳朵是听不到的。

传感器 参见影像传感器。

缩写（厂商）	名称
HSM (Sigma)	超声波马达（hypersonic motor）
SDM (Pentax)	声波驱动马达（sonic direct drive motor）
SSM (Sony)	超音速马达（supersonic motor）
SWD (Olympus)	超声波驱动器（supersonic wave drive）
SWM (Nikon)	超声波驱动器（silent wave motor）
USM (Canon)	超声波马达（ultrasonic motor）
XSM (Panasonic)	超高速静音马达 (extra silent motor)

厂商用这些缩写表示带超声波马达的自动对焦镜头。

D

DIN　"德国标准化学会"的简称，常用于表示胶卷的感光度（比如21°DIN）。

DNG　2004年由Adobe公司发布的原始数据公共存档格式，以取代现在不同厂商的RAW格式。

DPI　每英寸点数，用于表示打印机的打印分辨率。一般，DPI指的是在该打印机最高分辨率模式下，每英寸所能打印的最多墨点数（参见PPI）。

DSLR　即数码单反相机，使用反光镜进行光学取景的相机。

低调　特定的拍摄技巧，明暗对比强烈，以暗色调为主。通常只对重要部分照明，其他部分显示为黑色（参见高调）。

动态范围　又称"对比度范围"，指的是被摄对象最亮部分和最暗部分的亮度差异，以"挡"为单位来表示。

豆袋　三脚架的替代物，是一种装有豆子或颗粒材料的软包。拍照时，把相机放到豆袋上，可防止抖动。

　　Pod 公司进一步发展了传统的豆袋。很多时候，有了它，不再需要笨重的三脚架。

561

独脚架　三脚架的特殊形式，只有一条腿。在长焦拍摄时，使用独脚架可以避免模糊。而且更换位置时，使用独脚架要比三脚架快。总的来说，独脚架更加灵活。

独脚架便于使用远摄镜头进行拍摄。图为金钟牌独脚架。

对比度范围　参见动态范围。

对比度自动对焦　一种自动对焦方式，常用于无反光镜的相机，通过对比度测量直接在影像传感器上测算。就数码单反相机的自动对焦而言，对比度对焦方式比相位对焦方式速度慢。

E

EV　参见曝光值。

EVIL　EVIL是英文"Electronic Viewfinder Interchangeable Lens"的缩写，是一种新型的数字系统相机，没有反光镜，但有电子取景器，是一种可换镜头相机。一般称作"无反相机"或"微单相机"。

EXIF　EXIF是英文"Exchangeable Image File"（可交换图像文件）的缩写。拍摄期间的相机设置（包括机型、拍摄日期、快门速度、光圈值、感光度和白平衡）将按照EXIF格式存入图像文件的元数据（参见IPTC）。

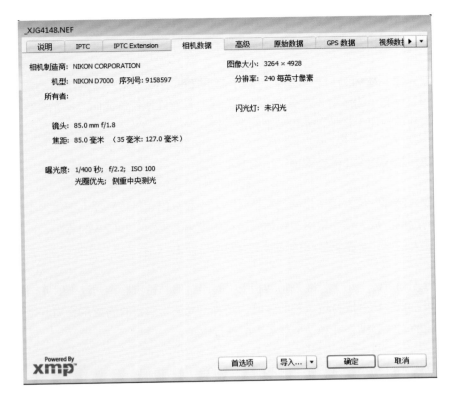

XJG4148.NEF

| 说明 | IPTC | IPTC Extension | 相机数据 | 高级 | 原始数据 | GPS 数据 | 视频数据 |

相机制造商: NIKON CORPORATION

机型: NIKON D7000　序列号: 9158597

所有者:

镜头: 85.0 mm f/1.8

焦距: 85.0 毫米　（35 毫米: 127.0 毫米）

曝光度: 1/400 秒；f/2.2；ISO 100
光圈优先；侧重中央测光

图像大小: 3264 × 4928

分辨率: 240 每英寸像素

闪光灯: 未闪光

Powered By XMP

首选项　导入...　确定　取消

拍摄时的所有相机设置以EXIF格式存入图像文件，可用Photoshop或Photoshop Elements显示这些参数。

F

Foveon X3　此为CMOS传感器的一种特殊形式，通常采用三层感光元件，每层记录红、绿、蓝中的一个色彩通道。

法兰距　胶卷平面或影像传感器和镜头卡口之间的距离。常见的数码单反相机法兰距在40–50mm之间，无反相机要短一些，一般为30mm左右。

反光板　反光板由反射性材料组成，可将射入的光线反射到被摄对象上，能照亮阴影，通常白纸、白板或白色的塑料泡沫都可以用作简易反光板。摄影商店里销售的便携式反光板，是由一个可折叠的弹簧钢圈组成，上面绷有白色、银色或金色的反光材料。

反光镜预升　数码单反相机的"反光镜预升"功能是在拍摄之前就把反光镜

提升并锁定，以此减少曝光时的震动。使用三脚架进行拍摄时，经常用到"反光镜预升"功能，尤其是长焦距拍摄和微距拍摄。

反光伞 伞内为白色或银色，用于制造柔和的漫射光。与封闭的柔光箱不同，反光伞的漫射光是溢出来的，无法有针对性地控制光向。反光伞通常结构简单，便于携带，使用起来非常方便。

防摩尔纹滤镜（低通滤镜） 见摩尔纹。

放大倍率 放大倍率指的是物体实际大小和数码相机传感器上图像大小之间的比例。放大倍率取决于物体到透镜的距离（物距）和镜头的焦距。1∶1的放大倍率，是指物体和传感器上的图像一样大。

分光光度计 用于校准显示器和喷墨打印机的测量仪器。通过衍射或全息摄影，光线被分成特定波长的频段。接着，光电二极管的测量系统确定每个频段的光线强度，并和一个参考数值进行比较。

副闪光灯 外置闪光灯，由主闪（主闪光灯）引闪。

用 Spyder 3 校准显示器。图为 Datacolor 股份公司生产的分光光度计。

G

GPS接收器　GPS是英文Global Positioning System（全球定位系统）的简称。20世纪80年代，美国国防部将这个由卫星支持的导航系统用于全球定位。使用GPS接收器，能够自动确定位置，可精确到米。

感光度　用ISO表示。拍摄时，感光度越高，表示胶片或影像传感器的感光效率越高。

高调　特定的拍摄技巧，照片以淡色调为主。

高光　照片中最亮的区域。

高速闪光同步　一种特殊的闪光模式，可以使用比相机的最高闪光同步速度更高的快门速度，由一系列低功率的闪光连续释放，照明时间更长。由于单个闪光并没有释放全部功率，致使闪光强度有所下降。

固件　数码相机的软件。

光斑　强烈逆光下，总有一些不想要的光束到达镜头，导致影像对比度下降，

逆光拍摄，光斑在所难免。在小光圈下，太阳变成了星芒。
拍摄参数：尼康D300,16mm,1/320秒,f/22,ISO200。

并在照片里形成反射光斑。根据光斑形状，要么是带棱角的彩环，要么是圆形彩环。光斑与镜头质量有关。在直接的逆光下，难以避免光斑。

光圈　镜头内的开口，影响进入影像传感器的光量，大小用光圈值表示（缩写为f）。焦距除以光圈开口的直径就是光圈值。光圈开口大（小的光圈值，比如f/2.8），大量光线到达传感器，图像较亮；光圈开口小（大的光圈值，比如f/22），只有少量光线通过，图像较暗。此外，小的光圈开口会带来较大的景深。参见有效光圈。

光线帐篷　一种辅助灯具。使用"光线帐篷"可以使照明均匀、柔和，没有阴影。透明材料制成的帐篷可将被摄对象围起来，从外面进行照明。

光晕　在镜头和相机内部反射的漫射光，会降低照片的对比度。

H

HDRI　英文High Dynamic Range Image（高动态范围成像）的缩写。不同于JPEG的8比特色彩深度，HDRI可存储至32比特。多张不同曝光的照片可组合形成HDRI，普通的打印机或显示器无法显示高动态范围，HDRI必须压缩成LDR照片（低动态范围照片）。

环形闪光灯　带圆形电子闪光管的闪光器材（或用多个电子闪光管围成一个

新霸牌环形闪光灯auto16R pro。

圆），固定在镜头前，对物体进行均匀的正面照明。环形闪光灯主要用于微距摄影，可实现无阴影照明。

I

IPTC 英文International Press Telecommunications Council（国际出版电讯委员会）的缩写，是一种标准格式，可将照片信息，如签名、标题和关键字等存入图像文件的元数据（参见EXIF）。

ISO 国际标准化组织制定的感光度国际标准。其数值高，表示感光度高。

J

JPEG 英文Joint Photographic Experts Group（联合图像专家小组）的缩写，一种广泛使用的文件格式。基本上，所有的数码相机和图像处理软件都支持JPEG格式（文件名一般以.jpg作为结尾）。它是通过有损耗的压缩，以一个尽可能小的文件来保存照片，可在相机上（以及在编辑过程中进行保存时）选择压缩率。压缩越强，文件越小，质量损失越明显。

畸变 用于表示镜头成像线条变形的专业术语。

即时取景 拍摄前，可在相机显示屏或电子取景器上预览影像传感器接受到的光线可用于取景对焦。

假HDR 看似是HDR照片，其实是后期处理时通过一张照片的曝光调整产生的照片（参见HDRI）。

减光镜 减光镜又叫ND滤镜（中灰密度镜）。减光镜的整个表面都是灰色的，把减光镜装在镜头前，可减少到达影像传感器的光量。需要特别长的曝光时间，或需要光圈开得很大的时候，需要用到减光镜。

焦点偏后/焦点偏前 自动对焦系统的对焦误差：焦点偏前，自动对焦设置的距离在原本瞄准的对焦点之前；焦点偏后，自动对焦设置的距离在原本瞄准的对焦点之后。

借助Spyder工具校准数码单反相机的自动对焦系统。

节点 相机镜头的光学中心。当全景拍摄时，相机围绕节点（准确地说是镜头的入射光瞳）转动，避免视差。

近摄镜 近距（微距）摄影时装在镜头上的镜片，可有效缩短镜头的最近对焦距离。

近摄接环 近摄接环装在数码单反相机机身和镜头之间，可延长像距，扩大放大倍率。

景深 所谓景深，就是当焦点对准某一点时，这一点前后所呈现的清晰范围。放大倍率小，光圈值大（参见光圈），景深就大。

景深预视钮 景深预视钮用于在取景器中检查景深。按快门之前，镜头的光圈总是开到最大，取景器里的图像很亮。按下景深预视钮后，镜头光圈收缩到所设置的光圈值，取景器变暗，显示实际光圈下的景深。

镜头焦距 光线通过镜头之后，聚焦在胶片或传感器的一个点上，也就是焦点。从镜头的相对中心到焦点之间的距离就是焦距。焦距越短，视角越宽。焦距短的叫广角镜头，焦距长的叫远摄镜头。

镜头遮光罩　遮光罩装在镜头前端，可以有效防止导致对比度降低的漫射光进入。此外，遮光罩还可以有效保护镜头的前组镜片，避免受外物撞击，也可以起到一定的防尘作用。

K

卡口　通过相机卡口，可迅速更换镜头。通过卡口上的多个触点，数据可在相机和镜头之间传输（比如光圈值和对焦信息）。不同品牌的相机卡口不同，只有匹配的镜头才能装到相机上。

可翻转闪光灯头　外置闪光灯的可动部分，可向上翻转90°，对着天花板间接闪光。

快门　相机内控制光线穿过镜头光圈到达影像传感器的时间长度的装置。

L

LDR　低动态范围，参见HDRI。

M

MTF曲线　即调制传递函数曲线，表明镜头的成像品质。摄影杂志的镜头测试中经常刊登MTF曲线。

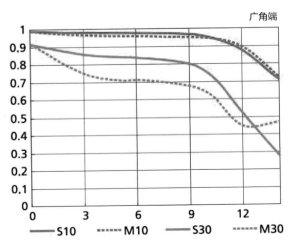

广角端

此为DX Nikkor 10-24mm镜头在广角端的MTF曲线图。乍一看，曲线图很乱，其实它能够很好地反映镜头的成像品质。完美的镜头，无论虚线还是实线都在表格上端，覆盖整个横座标。

漫射光　一种柔和的光线，没有阴影。比如阴天时、有雾时的光线，或者拍照时给闪光灯加上柔光罩后的闪光。

美颜罩　用于人像摄影的专业灯光造型工具。其中间是强烈的定向光，光线向外散开，变得柔和。美颜罩是一个加了不透明涂层的的反光设备，又宽又平，反光镜则直接装在电子闪光管上。

美颜罩能产生
柔和的定向光。图为
Profoto 牌美颜罩。

名义光圈　参见有效光圈。

摩尔纹　在数码照片中，当两个相似的图案在一个特定角度重叠会产生条状图案，有时是彩条。为了消除摩尔纹，厂商在相机里装了专门的低通滤波器。但厂商须在清晰度和摩尔纹之间作出平衡：滤镜性能强，虽然可以有效去除摩尔纹，但会导致清晰度下降；滤镜性能弱，则无法有效清除摩尔纹。

N

ND滤镜　即中灰密度滤镜，参见减光镜。

内对焦　对焦时，镜头组在镜头中运动，镜头长度保持不变。

尼康DX规格 尼康单反相机的传感器规格，大小为23.7×15.6mm，参见APS-C。

尼奎斯特极限 传感器的极限分辨率，相当于垂直像素数的一半，因为线对总是显示为黑像素和白像素。比如，尼康D300s的传感器为288×2848像素，面积是23.6×15.8mm。传感器的尼奎斯特极限就是2848/2=1424线对或1424线对/15.8mm=90线对/mm。

P

PPI 每英寸像素数，是分辨率的单位，主要用于扫描仪和显示器。打印机叫DPI，扫描仪和显示器叫PPI（参见DPI）。

旁轴相机 光学取景器相机的一种特殊形式，镜头与机身的测距器联动，可精确手动对焦。相机相对紧凑，因为没有反光镜，快门释放时声音非常轻。

传统机身里的高科技：装备全画幅传感器的徕卡M9数码旁轴相机。

皮腔 近距离摄影时，相机和镜头之间长度可连续调节的连接装置。皮腔的作用在于扩大像距（镜头到胶平面的距离），常用于微距拍摄提高放大倍率。

偏振镜 偏振镜只允许特定振动方向的光线通过，可用于清除非金属表面的反射光，比如玻璃或水面。同时，偏振镜还可以加强色彩饱和度和对比度。

频闪闪光 借助于电子闪光灯的连续闪光，可在一个画面上记录运动体的连续运动过程。

Q

球形云台 球形云台装在三脚架上，只使用一个旋钮，可以向各个方向调整相机。

带集成水平仪的紧凑型云台。图为金钟牌云台。

全画幅 数码摄影中的"全画幅"表示传感器大小相当于35mm胶片标准画幅尺寸（36×24mm）。

全景云台 装在三脚架上，用于全景拍摄，可精确调节相机，拍摄单张照片。

R

RAW 直接来自相机传感器的原始数据，未经相机进一步处理。

RGB 一种色彩模式，通过对红（R）、绿（G）、蓝（B）三个色彩通道的变化及相互叠加得到各种色彩，大多数数码相机和显示器都能够记录和显示这些色彩。

热靴 相机上插放外置闪光灯或其他附件（比如水平仪）的插座。

高度压缩 JPEG
导致的人工瑕疵。

人工瑕疵　拍摄照片、编辑照片或输出照片时出现的瑕疵。一般是文件压缩率太高导致，比如JPEG格式下过度压缩。

柔光箱　一种闪光附件，有一透明散射屏，可产生柔和的漫射光。柔光箱和反光伞的透射光不一样，柔光箱的侧面是封闭的，漫射光比较少。

使用适配器，
柔光箱也可装到电
子闪光灯上。

柔光罩 罩在外置闪光灯上，将闪光灯强烈的直射光转化成柔和的散射光。

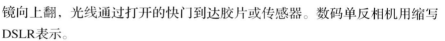

S

SDHC卡 对SD存储卡标准的扩展，存储能力可达到32GB甚至更高。

SDXC卡 对SD存储卡标准的扩展，理论上存储能力可达2000GB。

SLR 单镜头反光相机的缩写。镜头所成图像经过反光镜反射到光学取景器。拍摄时，反光镜向上翻，光线通过打开的快门到达胶片或传感器。数码单反相机用缩写DSLR表示。

SLT 半透镜反光相机的缩写。带透明反光镜的单反相机，拍摄时反光镜不必为了让光线通过而向上翻起。

35mm胶片 标准画幅尺寸为36×24mm。35mm画幅最早是奥斯卡·巴纳克从35mm的电影胶片中派生出来的。

三向云台 装在三脚架上，用于相机定位，可围绕三个轴中的任意一个轴来调节相机，而不会改变其他两个轴。

带摇杆和斜杆的三向云台。图为金钟牌的三向云台。

散景 在景深较浅的成像中，落在景深以外的画面，会逐渐产生松散模糊的效果。不同形状的光圈开口产生不同效果的散景（一般光圈开口越圆，散景效果越好）。

沙姆定律 当被摄对象主平面、镜头平面和胶片（影像传感器）平面的延长面相交于一点时，被摄对象主平面上的任意一点都能在胶片（传感器）上形成清晰影像，再适当调小光圈便可获得极限景深。沙姆定律得名于其发现者希奥多·沙姆禄格。沙姆禄格是遥控勘探的先锋，曾乘坐热气球拍摄风光。为了把所拍风光照片制成地图，他发明了一种用于矫正倾斜景物的专业仪器。

色彩管理 运用软件和硬件管理和调整不同设备（比如显示器和打印机）的色彩，以保证色彩一致。

色彩空间 相机、显示器或输出设备所能显示的全部色彩。在数码摄影中，最常用的色彩空间是Adobe RGB和sRGB。

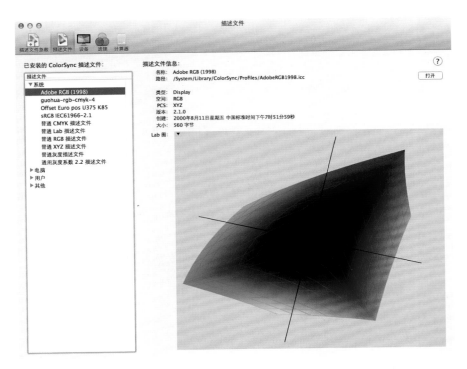

在 Mac OS 系统下用Color Sync Dienst 软件显示色彩配置文件。

色彩配置文件 色彩管理的组成部分，含有输出设备或图像文件的色彩空间信息，与TIFF文件或JPEG文件存在一起。

色彩深度	可显示的色彩数量
1 Bit	$2^1 = 2$
2 Bit	$2^2 = 4$
3 Bit	$2^3 = 8$
4 Bit	$2^4 = 16$
8 Bit	$2^8 = 256$
10 Bit	$2^{10} = 1024$
12 Bit	$2^{12} = 4096$
16 Bit	$2^{16} = 65536$
24 Bit	$2^{24} = 16777216$
48 Bit	$2^{48} = 2,81475E+14$

色彩深度为 1 比特的"照片"只由黑色像素和白色像素组成。随着色彩深度不断提高，可显示的色彩也越来越多。

色彩深度 用于描述色彩的比特数，可显示色彩的数量，通常用2^n表示。如果色彩深度是1比特，那么可以显示两种色彩（黑色和白色），8比特是256种色彩，16比特是65536种色彩，24比特是16777216种色彩。

色差 因光线波长不同，透镜对其折射率不同，于是产生色差。一般影像边缘的色边较为明显。

色调曲线 后期处理软件中的一种工具（在Photoshop Elements里叫"色彩曲线"）。曲线图下方的水平轴线表示初始照片的亮度数值，从黑（最左边）到白（最右边）；垂直轴线表示修改后的目标亮度，从黑（最下方）到白（最上方）。通过改变曲线，可有针对性地控制色彩还原和对比度。

色温 标示光线色彩的术语，单位是K（开尔文）。暖色红光的色温低（比如灯泡大约是3200K），冷色蓝光的色温高（比如高山地区的日光超过10000K）。正午日光大约是5600K。

闪光同步速度 使用闪光灯拍摄的最高快门速度（一般为1/125秒或1/250秒）。在此速度，快门完全打开，光线完整传至传感器。数码单反相机一般采用焦平快门，高于最高闪光同步速度时，掠过传感器的快门前后帘幕形成"缝隙"，如果此时使用闪光照明，会出现部分画面全黑。

闪光指数 用于表示闪光灯功率（一般是在ISO100时的功率）。闪光指数除以光圈值，即得到以米为单位的有效闪光范围。

视差 全景拍摄转动相机时，单张照片上的近处物体将出现位置变化，而拼成的全景照片里则会出现鬼影。

视角 拍摄的范围。广角镜头焦距短、视角宽；远摄镜头视角窄，远处的被摄对象会被拉近。

数码分辨率 一张数码照片的像素数量。数码相机的像素总数用百万像素表示，显示器用每英寸像素（ppi）表示，打印机用每英寸点数（dpi）表示。

数码变焦 小型相机的一种功能，数码变焦之后，视角比使用镜头最长焦距所得到的视角更窄。实际上，数码变焦只是通过插值放大照片局部。

4/3系统 一种开放的数码相机传感器标准，拥有统一的相机和镜头规格。传感器的长宽比为4：3，规格为17.3×13.0mm。4/3系统的相机和镜头不受厂商限制，可相互通用。

缩略图 图像文件的缩略图（比如Windows系统的Explorer或Mac OS系统的Finder）。

T

TTL测光 一种通过镜头测光的方法，对穿过镜头到达传感器的光进行测量。

天光镜 淡粉色的滤镜，可消除蓝色调，比如在高山上拍摄或在海边拍摄。与紫外线滤镜一样，天光镜也不是必须使用的。

调小光圈 调小光圈（设置一个较大的光圈值）。这样，只有少量光线到达影像传感器，从而使景深扩大。

投影仪 数码投影仪，可在投影屏上放大显示视频信号（比如数码照片）。

投影仪是幻灯机的最新发展。图为佳能投影仪。

图像稳定器 徒手拍摄时，用于降低相机抖动的技术设备。有两种类型，因制造商而异：镜头里的特定透镜组随着抖动进行补偿运动，或通过影像传感器的反向运动抵消抖动。

图像噪点 一种图像干扰，由多个色彩错误的像点组成。在高感光度下，较暗的图像区域尤其容易出现噪点。

在高感光度下，照片里会出现噪点。
拍摄参数：尼康D80，70mm，f/8，1/125秒，ISO3200。

U

UV镜（紫外线滤镜） UV镜可以过滤掉日光中的紫外线，使照片更清楚，对比更明显。在数码时代，质量好的镜头已经能够有效过滤光线中的紫外线部分，所以紫外线滤镜不是必须使用的。

W

微距镜头 一种特殊镜头，放大倍率至少达到1∶1，适合近距离拍摄。

物距 镜头的相对中心到被摄对象的距离。参见像距。

X

吸光板 黑色物体，常用于减少漫射光和反光。

相对孔径 镜头最大光圈开口。例如，镜头的最大相对孔径为f/2.8。

相位法自动对焦 常见的数码单反相机自动对焦系统，通过检测相位偏移进行自动对焦。聚焦面与聚焦屏重合时，通过聚焦屏的光束同时到达后面的两个受光元件。离焦时，光束先后到达两个受光元件，输出信号之间存在相位差。因此有相位差的两个信号经过电路处理后可以调节物镜的位置，使聚焦面与聚焦屏平面重合。

像差 在理想状况下，镜头拍出来的照片无变形、清晰度均匀、色彩正确。但由于物理原因，镜头只能按照就一定的拍摄倍率进行光学校正，成像的部分区域会出现不同程度的模糊、色边和变形。

像距 镜头相对中心点到胶片或影像传感器的距离。参见物距。

像素 像素（Pixel）由Picture（图像）和Element（元素）两个单词组合而成，是构成数码影像的最小单位。

Y

衍射　基于光的波动性所产生的一种现象。光线穿过一个小开口（比如镜头的小光圈）时会发生衍射，从而不再沿直线传播。

移轴镜头　一种特殊镜头，光轴可以偏移和倾斜。使用移轴镜头拍摄建筑物，可以避免线条倾斜，还可以转移聚焦平面（见沙姆定律）。

影棚背景　摄影中，背景是重要的构图手段，影棚摄影常用背景纸，而织物背景也能取得很好的效果。

影棚闪光设备　影棚拍摄所用的闪光灯和相应的光线造型附件。

影像处理器　数码相机主板上的"微型电脑"，可将影像传感器的数据加工成照片。通常，影像处理器还负责测光、自动对焦和白平衡。

紧凑型影棚闪光设备，两个闪光头加反光伞。图为Profot公司生产的影棚闪光设备。

尼康D5100数
码单反相机的影
像传感器元件。

影像传感器　影像传感器负责将成像光线转换成电荷，接着，这些电荷由影像处理器加工成带亮度信息和色彩信息的数码照片。

有效光圈　某些情况下，取景器或显示器上的光圈值不同于在镜头上设置的光圈值。名义光圈，指的是焦距和光圈开口直径的比值。而有效光圈则是像距和光圈开口直径的比值。距离远的时候，名义光圈和有效光圈相差无几（无限远的时候，焦距等于像距）。根据视觉成像法则，进行微距拍摄时，像距和焦距存在明显差异，名义光圈和有效光圈之间的差异也随之加剧。在1：1的放大倍率下，像距刚好是焦距的两倍，有效光圈比在镜头上设置的光圈低2挡。使用最大光圈f/2.8的微距镜头拍摄放大倍率1：1的照片，最大光圈降到f/5.6，最小光圈则从f/32降到f/64。

鱼眼镜头　鱼眼镜头是一种特殊的广角镜头，前镜片凸出，视角接近或等于180°，影像严重变形。

元数据　一系列数据的总称，比如拍摄期间的相机设置（EXIF）和照片信息（IPTC），以及图像自身信息，可一起存入图像文件。

Z

增倍镜 加在数码单反相机和镜头之间的一种转换器，可延长焦距。1.4倍的增倍镜和2倍的增倍镜比较常见，可将焦距延长1.4倍或2倍。一般来说，1.4倍的增倍镜会损失相当于1挡光圈的光线，2倍的增倍镜会损失相当于2挡光圈的光线。另外，小型相机和桥式相机既有远摄镜头转换器又有广角镜头转换器，拧到相机上或插到相机上，可扩展机身内置镜头的焦距范围。

增倍镜可以扩展小型相机镜头的焦距范围。图为尼康增倍镜。

自动对焦 镜头自动向被摄对象对焦。单反相机采用相位差自动对焦，速度较快；无反相机和即时取景模式下的数码单反相机在影像传感器上进行对比度自动对焦，对焦速度慢一些。

字节 1字节由8比特组成，用于计量存储容量的单位。比如，它可用于描述电脑的系统内存或硬盘，以及数码相机存储卡的容量。

尼康 ViewNX 2 软件所显示的单个色彩通道的直方图和整体亮度（白色曲线）。

直方图　用图形表示暗色像素和亮色像素的分布，可精确评价曝光。直方图左侧是照片的阴影部分，右侧是高光部分。

中灰渐变镜　一种局部被染成灰色的滤镜，灰色渐变直至透明，用于平衡高光比下的亮度差异。比如拍摄前景暗淡无光、背景天空却蓝得发亮的风景，这时需要使用中灰渐变镜平衡前景和背景的亮度差异。

拧到镜头螺纹上的中灰渐变镜。图为天芬牌渐变镜。

583

主闪光灯　使用多个无线闪光灯时的主要闪光灯（参见副闪光灯）。

转换系数　也叫"换算因数"，在描述影像传感器较小的数码相机的镜头视角时，换算到同样视角在35mm相机镜头上的等效焦距。比如，采用APS-C型传感器的数码单反相机，转换系数是1.5，那么使用焦距50mm的镜头时，其视角相当于35mm胶片相机75mm的镜头。

转换系数	传感器规格(以 mm 为单位)	名称	相机
0.6	40.2 x 53.7	数码中画幅	哈苏 H4D-60
0.8	30 x 45	数码中画幅	徕卡 S2
1	24 x 36	全画幅（相当于 35mm 胶片）	尼康 D810、佳能 EOS 5 D Mark Ⅲ
1.3	28.7 x 19.1	APS-H	佳能 EOS 1D Mark Ⅳ
1.5	15.6 x 23.6	APS-C（尼康 DX）	尼康 D5300
1.6	14.9 x 22.3	APS-C（佳能）	佳能 EOS 70D
2	13.5 x 18	（微型）4/3	松下 GF6、奥林巴斯 EP5
4.6	5.6 x 7.6	1/1.7 英寸	尼康 Coolpix P7100、佳能 Powershot G16
7	5.3 x 3.2	1/4 英寸	摄像机和拍照手机

不同传感器的转换系数。